Mecânica das Rochas

Eduardo A. G. Marques
Euripedes A. Vargas Jr.

Mecânica das Rochas

oficina de textos

Copyright © 2022 Oficina de Textos

Grafia atualizada conforme o Acordo Ortográfico da Língua Portuguesa de 1990, em vigor no Brasil desde 2009.

Conselho editorial Aluízio Borém; Arthur Pinto Chaves; Cylon Gonçalves da Silva; Doris C. C. Kowaltowski; José Galizia Tundisi; Luis Enrique Sánchez; Paulo Helene; Rozely Ferreira dos Santos; Teresa Gallotti Florenzano.

Capa e projeto gráfico Malu Vallim
Diagramação Malu Vallim
Foto capa Erwan Hesry (www.unsplash.com)
Preparação de figuras Mauro Gregolin e Victor Azevedo
Preparação de textos Hélio Hideki Iraha
Revisão de textos Natália Pinheiro Soares
Impressão e acabamento BMF gráfica e editora

Dados Internacionais de Catalogação na Publicação (CIP)
(Câmara Brasileira do Livro, SP, Brasil)

Marques, Eduardo
　　Mecânica das rochas / Eduardo Marques, Euripedes Vargas. -- 1. ed. -- São Paulo : Oficina de Textos, 2022.

　　ISBN 978-85-7975-347-3

　　1. Minerais 2. Rochas 3. Rochas - Propriedades 4. Solo I. Vargas, Euripedes. II. Título.

22-105467　　　　　　　　　　　　　　　　CDD-549

Índices para catálogo sistemático:
1. Rochas e minerais : Mineralogia 549
Aline Graziele Benitez - Bibliotecária - CRB-1/3129

Todos os direitos reservados à Editora **Oficina de Textos**
Rua Cubatão, 798
CEP 04013-003　São Paulo　SP
tel. (11) 3085 7933
www.ofitexto.com.br　　atend@ofitexto.com.br

GEOESTÁVEL
consultoria e projetos

Com sede própria na cidade mineira de Belo Horizonte e filial em São Paulo, a empresa atua em todo território nacional e internacional.

Fundada em 2009, a GEOESTÁVEL vem crescendo de maneira sustentável e estruturada, fruto do trabalho pregresso dos seus sócios fundadores e, também, da qualidade dos serviços prestados ao longo dos anos.

Equipe técnica constituída por profissionais qualificados e renomados dentro de sua área de atuação.

Inicialmente trabalhando com geotecnia, geologia e hidrologia-hidráulica de mineração, ampliou seus horizontes, atendendo a uma solicitação do mercado para a área de meio ambiente e ferrovias.

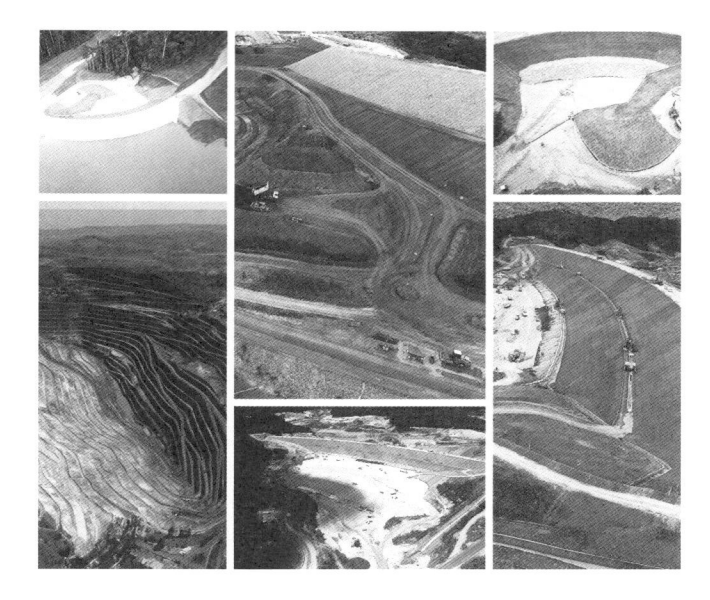

Nossa missão é atender o cliente de forma personalizada com o objetivo de buscar soluções inovadoras, práticas e com o melhor custo--benefício.

Saiba mais em: www.geoestavel.com.br

Loctest
LABORATÓRIO DE GEOTECNIA

Com anos de experiência comprovada em trabalhos de consultoria e projetos geotécnicos no Brasil, a LOCTEST foi criada em 2012 com foco nos seguimentos de mineração, hidroenergia, obras industriais e infraestrutura.

Com sede própria na região da Pampulha em Belo Horizonte/MG, a empresa conta com a colaboração de diversos profissionais renomados nas áreas de geotecnia, geologia/hidrogeologia, hidráulica/hidrologia, meio ambiente, engenharia de estruturas, entre outros nas áreas da Engenharia oferecendo a seus clientes serviço de excelência.

Atua na execução de ensaios geotécnicos de laboratório e campo em solo, rejeito e rocha.

Realiza também monitoramento geotécnico em obras de terra (barragens, pilhas etc.) atuando constantemente em diversas obras industriais, mineração, siderurgia e modais de transporte.

Saiba mais em: www.loctest.com.br

Agradecimentos

Os autores gostariam de agradecer aos seus orientados e orientandos dos cursos de graduação e dos programas de mestrado e doutorado dos Departamentos de Engenharia Civil da Universidade Federal de Viçosa e da Pontifícia Universidade Católica do Rio de Janeiro e do Departamento de Geologia da Universidade Federal do Rio de Janeiro. Esses alunos e ex-alunos contribuíram significativamente ao longo de muitos anos, por meio do resultado de suas pesquisas, ao conteúdo deste livro. Os autores também agradecem aos seus colegas de várias instituições pela sua contribuição direta ou indireta através de discussões e conhecimento em Mecânica de Rochas.

Agradecem ainda à Geoestável Consultoria e Projetos Ltda. e à Loctest Laboratório de Geotecnia, nas pessoas de seus diretores Ney Amorim e Leonardo Ventura, pelo apoio financeiro e pela parceria que permitiram a publicação desta obra.

À Universidade Federal de Viçosa, à Pontifícia Universidade Católica do Rio de Janeiro e à Universidade Federal do Rio de Janeiro, instituições nas quais os autores atuaram ou atuam há mais de duas décadas e nas quais foi desenvolvida grande parte das pesquisas e dos trabalhos de extensão e ensino cujos dados foram utilizados nesta publicação.

O Prof. Eduardo Marques gostaria de agradecer profundamente ao Prof. Euripedes Vargas Jr. pela parceria iniciada em 1988, portanto, já há longos 34 anos. O Prof. Vargas foi o principal responsável pelo interesse do Prof. Eduardo Marques por essa área.

Sobre os autores

Eduardo A. G. Marques é Geólogo formado no Departamento de Geologia da Universidade Federal do Rio de Janeiro (UFRJ) em dezembro de 1987. Realizou mestrado e doutorado na mesma instituição sob orientação do Prof. Euripedes do Amaral Vargas Júnior, coautor desta obra. Tem pós-doutorado em Engenharia Civil pela Faculdade de Engenharia da Universidade do Porto (Portugal) em 2000 e pela Universidade de Queensland (Austrália) em 2015. É Professor Titular do Departamento de Engenharia Civil da Universidade Federal de Viçosa (UFV) e Pesquisador Nível 1-B do Conselho Nacional de Desenvolvimento Científico e Tecnológico (CNPq). É consultor de diversas empresas de engenharia, entidades civis e órgãos públicos nas áreas de geologia, geotecnia, mineração, obras de infraestrutura, hidrogeologia, risco geológico-geotécnico e meio ambiente.

Euripedes do Amaral Vargas Júnior é Engenheiro Civil formado na Escola de Engenharia de São Carlos da Universidade de São Paulo (USP) em 1971. Concluiu mestrado em Geotecnia no Departamento de Engenharia Civil da Pontifícia Universidade Católica do Rio de Janeiro (PUC-Rio) em 1975. Em 1978 concluiu o mestrado e em 1982, o doutorado, ambos em Mecânica de Rochas, no Imperial College de Londres. Desde 1983 é professor no Departamento de Engenharia Civil da PUC-Rio e desde 1986, professor no Departamento de Geologia da Universidade Federal do Rio de Janeiro (UFRJ), com dedicação a atividades acadêmicas de ensino e pesquisa em Geotecnia com ênfase em Mecânica de Rochas básica e aplicada à solução de problemas de engenharia. É atualmente Pesquisador Nível 1-A do Conselho Nacional de Desenvolvimento Científico e Tecnológico (CNPq).

Prefácio

A ideia deste livro surgiu da necessidade de ter um texto em língua portuguesa que apresentasse conceitos introdutórios atualizados de Mecânica das Rochas. O livro mais famoso nesse tema em nossa língua foi publicado pelo Engenheiro Manuel Rocha originalmente em 1971, com posteriores modificações. A despeito de se tratar de uma obra de cinco décadas, ainda possui inúmeras informações atuais, em especial aquelas referentes a conceitos fundamentais. Entretanto, desde sua publicação, diversos avanços têm sido observados, o que justifica a elaboração e a publicação de um novo livro.

Nesse contexto, esta obra apresenta uma visão atualizada sobre conceitos básicos e sobre propriedades de rocha, de descontinuidades e de maciços rochosos, cujo objetivo é fornecer ao seu público-alvo – engenheiros civis, engenheiros de minas, geólogos e outros profissionais com atuação na área – uma perspectiva geral e atualizada sobre aspectos básicos da Mecânica das Rochas, considerados pelos autores como essenciais para a compreensão do comportamento dos materiais rochosos. O conteúdo do livro também reflete a experiência dos autores como professores em cursos de graduação e pós-graduação sobre o assunto na Universidade Federal de Viçosa, na Pontifícia Universidade Católica do Rio de Janeiro e no Departamento de Geologia da Universidade Federal do Rio de Janeiro.

Nesse sentido, o Cap. 1 apresenta os campos de aplicação da Mecânica das Rochas e a natureza desses materiais, com distinção do comportamento de rochas e maciços rochosos devido à influência da presença de compartimentação do maciço, dada pelas descontinuidades, e do efeito de escala.

No Cap. 2 listam-se informações a respeito da influência da mineralogia e dos diferentes tipos genéticos de rochas sobre o seu comportamento mecânico e da influência do intemperismo e da alterabilidade sobre esse comportamento, além de dados de propriedades-índice, com inúmeros dados de rochas brasileiras e de alguns outros países do mundo.

No Cap. 3, que é o mais extenso do livro, tem-se uma vasta e detalhada caracterização das propriedades de resistência e de deformabilidade de rochas, descontinuidades e maciços rochosos, finalizando com a apresentação dos principais sistemas de classificação de maciços rochosos e suas particularidades.

O Cap. 4 apresenta as características de fluxo em meios rochosos, com foco nas propriedades hidráulicas e nos modelos de fluxo em maciços rochosos, além da apresentação de ensaios de campo.

No Apêndice são expostas informações sobre o uso da projeção estereográfica, suas principais aplicações e exemplos de uso e de interpretação de dados com essa ferramenta em análises cinemáticas.

Em todos os capítulos procurou-se ilustrar, com inúmeras figuras e fotografias – sempre que possível coloridas –, os principais aspectos discutidos ao longo do texto.

Uma extensa lista de referências bibliográficas atualizadas consta no final.

Finalmente, os autores esclarecem que o objetivo deste livro é apresentar, ainda que de forma detalhada, e considerando que são fundamentais no conhecimento dos maciços rochosos, aspectos *introdutórios* relativos à Mecânica das Rochas. Uma outra contribuição, na qual serão apresentados dados de aplicações práticas em escavações subterrâneas, taludes, estabilização de maciços, mecânica das rochas aplicada a petróleo e instrumentação e monitoramento, encontra-se em fase inicial de elaboração e complementará as informações aqui expostas.

Sumário

1 Introdução à Mecânica das Rochas 13
    1.1 Campos de aplicação da Mecânica das Rochas 16
    1.2 Natureza das rochas 20

2 Minerais, classificação, intemperismo e propriedades-índice das rochas 23
    2.1 Minerais de rocha 23
    2.2 Classificação das rochas 24
    2.3 Alterabilidade e grau de intemperismo das rochas 27
    2.4 Propriedades-índice das rochas 34

3 Propriedades de resistência e deformabilidade de maciços rochosos 53
    3.1 Propriedades de resistência de rochas intactas 54
    3.2 Propriedades de resistência de descontinuidades 89
    3.3 Propriedades de resistência de maciços rochosos 113
    3.4 Deformabilidade das rochas 120
    3.5 Classificação e caracterização de maciços rochosos 141

4 Fluxo em maciços rochosos 153
    4.1 Propriedades hidráulicas de maciços rochosos 154
    4.2 Modelos de fluxo em maciços rochosos 163
    4.3 Ensaios de campo 166

Apêndice – Projeção estereográfica 169
    AP.1 Termos geométricos 169
    AP.2 Projeção estereográfica 171
    AP.3 Construção 172
    AP.4 Tipos de ruptura nos diagramas de contorno 177

Referências bibliográficas 179

Introdução à Mecânica das Rochas 1

Rochas são definidas como materiais sólidos consolidados, formados naturalmente por agregados de matéria mineral e outros componentes, tais como carvão, óleo, gás e vidro vulcânico, que se apresentam em grandes massas ou fragmentos (blocos).

O homem tem, ao longo da história, desenvolvido diversos usos para as rochas, seja como material de construção (blocos, agregados etc.), seja elaborando, mais recentemente, projetos de engenharia envolvendo sua escavação. Apesar de essa utilização remontar há muito tempo – Coulomb, por exemplo, já havia escrito um artigo em 1773 no qual relatava resultados de testes em rochas –, foi apenas no século XX que diversos pesquisadores começaram a realizar estudos sobre o comportamento das rochas em obras de engenharia. A década de 1960, em especial, marcou um período muito importante no desenvolvimento da Mecânica das Rochas em todo o mundo em razão dos diversos acidentes catastróficos que ocorreram, como os das barragens de Malpasset (França, 1959) e Vajont (Itália, 1963).

As principais propriedades que distinguem uma rocha de um solo são a coesão interna e a resistência à tração.

A coesão interna é a força que liga as partículas umas às outras (ligações entre os átomos). Esse valor difere da coesão aparente, que é resultante do atrito entre as partículas quando submetidas a forças de cisalhamento. A areia, por exemplo, tem coesão interna nula, mas pode apresentar valores para a coesão aparente de 4,34 kg/cm^2 (Lambe; Whitman, 1969). Como regra, o solo apresenta coesão interna nula ou quase nula, enquanto uma rocha geralmente exibe valores elevados dessa propriedade.

Com relação à resistência à tração, um solo possui, usualmente, resistência nula ou desprezível, ao passo que uma rocha possui resistência positiva. Já com relação à compressão uniaxial, as rochas apresentam valores iguais ou superiores a 1 MPa; essa divisão é arbitrária, porém conveniente (Hudson, 1989).

Além da diferença entre rocha e solo, em problemas de engenharia envolvendo rochas, outro aspecto importante a ser considerado é a distinção entre rocha e maciço rochoso.

Rocha é o material definido anteriormente, sendo também comum designá-la como *matriz rochosa*. Ela mostra descontinuidades nas escalas ultramicroscópica,

microscópica e macroscópica (amostra de mão) e é geralmente caracterizada por seu peso específico, deformabilidade (módulo de Young e coeficiente de Poisson) e resistência (resistência à compressão não confinada, à compressão confinada, ao cisalhamento e à tração). Essas propriedades podem ser medidas diretamente ou através de correlações com ensaios-índice, os quais fornecem uma indicação da qualidade da rocha.

Maciço rochoso é um meio descontínuo formado pelo material rocha e pelas descontinuidades que o atravessam. Apresenta descontinuidades nas escalas megascópica (afloramento) e regional.

Descontinuidade é o termo utilizado em engenharia de rochas, para todos os tipos de superfície – que pode ocorrer em várias escalas, desde microfissuras, fissuras, juntas e planos de acamamento até falhas de extensão regional –, para indicar que o maciço rochoso não é contínuo. A natureza, a localização e a orientação das descontinuidades afetam profundamente a maioria das propriedades dos maciços rochosos (deformabilidade, resistência, permeabilidade etc.) e, portanto, as aplicações da engenharia de rochas.

Assim, o material existente entre as fraturas forma a *matriz rochosa*, muitas vezes denominada *rocha intacta*, termo por vezes inadequado, já que o material pode apresentar alguma alteração.

As descontinuidades em diferentes escalas, na rocha e no maciço rochoso, de acordo com Talobre (1957), são apresentadas a seguir.

Na rocha:

1. *Escala ultramicroscópica*
    - ionização e estados excitados da matéria (10^{-8} mm);
    - átomos intersticiais (10^{-6} mm);
    - deslocamentos da rede cristalina (10^{-4} mm) etc.
2. *Escala microscópica*
    - lacunas (10^{-6} mm a 10^{-2} mm);
    - união entre grãos de minerais (10^{-2} mm);
    - clivagem (10^{-2} mm);
    - foliação (10^{-2} mm a 1 mm);
    - microfissuras (mm);
    - microdobras (mm) etc.
3. *Escala macroscópica*
    - estratificação (cm);
    - laminação (mm-cm);
    - foliação (mm);
    - diaclases (cm-dm);
    - fissuras (mm-cm);
    - microfalhas (mm-cm);
    - microdobras (mm-cm) etc.

No maciço rochoso:
1. *Escala megascópica*
    - estratificação (cm-m);
    - laminação (mm-cm);
    - xistosidade (mm-cm);
    - diaclases (cm-m);
    - falhas (cm-m);
    - dobras (cm-m) etc.
2. *Escala regional*
    - diaclases (hm);
    - falhas (hm-km);
    - dobras (hm-km) etc.

A Fig. 1.1 exibe a imagem de um microscópio eletrônico de varredura, em que se pode observar o arranjo mineralógico em escala microscópica. Já a Fig. 1.2 apresenta um exemplo de lâmina petrográfica de filito, mostrando algumas das estruturas observáveis nessa escala.

Na Fig. 1.3 apresenta-se uma imagem do satélite Landsat mostrando o maciço quatzítico do Caraça (MG), em que se pode observar a presença de inúmeras descontinuidades no maciço rochoso.

De acordo com o Committee of Rock Mechanics da National Academy of Sciences (NAS; NRC, 1966, p. 10), a Mecânica das Rochas é "a ciência teórica e aplicada do comportamento mecânico da rocha; é o ramo da Mecânica que se preocupa com a resposta da rocha aos campos de força do seu ambiente físico".

Algum conhecimento sobre Mecânica das Rochas é vital para engenheiros civis, engenheiros de minas e geólogos, apesar de somente a partir de 1960 ela ter sido reconhecida como assunto de uma disciplina especial nos programas de Engenharia e Geologia. Esse reconhecimento foi uma consequência inevitável das novas atividades de engenharia em rocha, que incluem instalações subterrâneas complexas, enormes minas a céu aberto e maior uso do espaço subterrâneo, entre outras.

A Mecânica das Rochas desenvolveu-se mais lentamente do que a Mecânica dos Solos. A razão aparente para isso é que esse material era considerado mais competente do que o solo e os engenheiros enfrentavam um menor número de problemas relacionados a fundações ou escavações em rocha.

A rocha, como o solo, é um material bastante distinto dos outros materiais da engenharia; por isso, projetos em rocha são realmente especiais. No caso de estruturas de concreto armado, por exemplo, o engenheiro primeiro calcula as forças

Fig. 1.1 *Imagem de microscópio eletrônico de varredura, na qual se observa a presença de cristais de pirita*

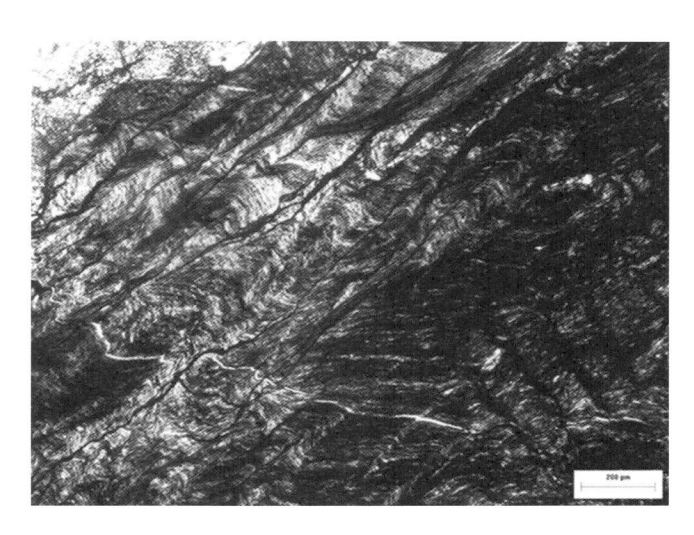

Fig. 1.2 *Imagem de uma lâmina petrográfica de filito, podendo-se observar a presença de foliação, dada pela orientação dos minerais planares; uma fratura paralela à foliação; e a clivagem de crenulação*

Fig. 1.3 *Imagem do satélite Landsat mostrando o maciço quartzítico do Caraça (MG)*

externas a serem aplicadas, define o material com base na resistência necessária e determina a geometria estrutural. Em estruturas de rocha, por outro lado, as cargas aplicadas são frequentemente menos significativas do que as forças originadas pela redistribuição das tensões iniciais. Finalmente, a geometria da estrutura é, pelo menos em parte, ditada pela estrutura geológica, e não somente pelo projetista. Por essas razões, a Mecânica das Rochas inclui alguns aspectos não considerados em outros campos da Mecânica Aplicada – além da seleção geológica do terreno, acrescentam-se o controle das propriedades dos materiais, as medidas das tensões iniciais e a análise, por meio de gráficos e modelos, dos múltiplos modos de ruptura. A Mecânica das Rochas está, então, estreitamente relacionada com a Geologia e a Engenharia Geológica (Goodman, 1989).

Outro aspecto muito importante nos maciços rochosos é que são cortados por fraturas, juntas e falhas e que fluido sob pressão está frequentemente presente tanto nas juntas quanto nos poros da rocha propriamente dita. Acontece também que, devido às condições que controlam a mineração e a localização das estruturas em Engenharia Civil, vários tipos litológicos com inúmeras descontinuidades podem ocorrer em determinado local. De início, dois enfoques distintos estão sempre envolvidos: um da direção e das propriedades das descontinuidades; e um das propriedades e da textura das rochas entre as descontinuidades.

Em qualquer investigação prática em Mecânica das Rochas, o primeiro estágio consiste em uma investigação geológica e geofísica para estabelecer as litologias existentes e as fronteiras dos tipos de rocha envolvidos, tanto em superfície quanto em profundidade; o segundo estágio consiste em estabelecer um perfil detalhado do fraturamento e em determinar as propriedades físicas, mecânicas e petrológicas das rochas e dos produtos de seu intemperismo, a partir de amostras obtidas por meio de sondagens e de escavações de exploração; e o terceiro estágio, em alguns casos, consiste em medir as tensões preexistentes na rocha não escavada. Com essas informações, deverá ser possível prever a resposta do maciço rochoso com relação à escavação ou ao carregamento (Jaeger; Cook, 1979).

1.1 Campos de aplicação da Mecânica das Rochas

Desde a Pré-História, as rochas vêm sendo utilizadas pelo homem para a fabricação de armas, ferramentas e utensílios. Casas, fortificações, esculturas, construções de modo geral e até mesmo túneis foram construídos com esse (ou nesse) material. Os templos e as pirâmides do Egito e as principais barragens do Egito e do Iraque são um testemunho da técnica refinada de seleção, extração e corte e do trabalho em rochas. A pirâmide de Quéops, por exemplo, foi construída com mais de dois milhões de blocos de calcário há 4.700 anos.

Considerando a profundidade como critério de avaliação, têm-se:

1.1.1 Atividades de superfície (< 100 m) (Fig. 1.4)

▶ *Fundações de edifícios e estruturas em geral*: problemas associados à capacidade de suporte.
▶ *Fundações de barragens*: problemas associados à capacidade de suporte e à percolação.
▶ *Vias (rodovias e ferrovias), cortes em geral, minas a céu aberto*: problemas associados à instabilidade dos taludes.

Essas estruturas, em geral, exigem estudo menos complexo das propriedades e do comportamento da rocha, a menos que a estrutura seja muito grande ou especial ou a rocha tenha propriedades não usuais. O engenheiro, naturalmente, estará sempre atento a riscos, como falhas ativas ou escorregamentos, que possam afetar a estrutura (por exemplo, os prédios próximos de morros na cidade do Rio de Janeiro).

No caso de estruturas muito grandes, como pontes e fábricas, podem ser necessários ensaios para estabelecer o recalque elástico e o recalque ao longo do tempo (retardado) da rocha sob cargas aplicadas.

Outro aspecto da Engenharia que envolve a Mecânica das Rochas é a fundação de novos prédios, que, nas cidades, pode estar muito próxima a estruturas mais antigas. Com isso, é necessário o controle de explosões, para que estruturas vizinhas não sejam danificadas pelas vibrações. Escavações temporárias (para a fundação de novos prédios) podem exigir ainda sistemas de escoramento, a fim de evitar o deslizamento ou o desmoronamento dos blocos de rocha.

As grandes barragens são as estruturas que apresentam os maiores desafios em Mecânica das Rochas, porque impõem altas tensões nas fundações, simultaneamente com a força e a ação da água. Além da possibilidade de existirem falhas ativas na fundação, há ainda o perigo de deslizamento de massas rochosas para dentro do reservatório, o que deve ser cuidadosamente avaliado. Nesse contexto a Mecânica das Rochas está também envolvida na escolha dos materiais de construção: *rip-rap*, para a proteção dos taludes da barragem contra a erosão provocada pelas ondas; agregados, para o concreto; materiais filtrantes; e enrocamento. Podem ser necessários ensaios para determinar a resistência e a durabilidade desses materiais. Ademais, uma vez que diferentes tipos de barragem exercem tensões diferentes nos maciços rochosos, a Mecânica das Rochas permite selecionar o tipo de barragem adequado para um determinado local, uma vez que diferentes tipos de barragem exercem tensões diferentes nas rochas.

As explosões para a retirada de rocha (*rock cleanup*) têm que ser calculadas de modo a preservar a integridade da rocha remanescente e a limitar vibrações nas estruturas vizinhas em níveis aceitáveis.

A Engenharia de Transportes também se utiliza da Mecânica das Rochas de várias maneiras. O projeto de corte em taludes para rodovias, estradas de ferro, canais e tubulações pode envolver ensaios e análises do sistema de descontinuidades. A decisão de construir parte dessas vias no subterrâneo fica parcialmente determi-

Fig. 1.4 *Tipos de projeto envolvendo engenharia de rochas: (A) fundação e (B) talude*
Fonte: (A) cortesia de Alexandre Azeredo.

nada a partir de um julgamento das condições da rocha e dos custos relativos de cortes a céu aberto e túneis.

Escavações na superfície para outros propósitos também necessitam da Mecânica das Rochas no controle das explosões, na seleção dos cortes e na definição de suportes. No caso de minas a céu aberto, uma escavação viável do ponto de vista econômico determina que um estudo considerável se faça necessário na definição da inclinação dos taludes operacionais e finais. Métodos estatísticos de abordagem das muitas variáveis têm sido desenvolvidos com o intuito de habilitar o projetista de minas a determinar os custos de explotação da forma mais proveitosa. Normalmente, nessas obras, devido ao custo muito elevado, à dinâmica da lavra ou a condicionantes técnicos, não são usualmente executadas obras de suporte. Por se levar em conta que não se trabalha com coeficientes de segurança confortáveis, essas obras são frequentemente monitoradas com relação à deformação.

1.1.2 Atividades em profundidade (> 100 m) (Fig. 1.5)

- Minas em profundidade.
- Túneis para uso civil.
- Cavernas para hidrelétricas.
- Aproveitamento de energia geotérmica.

> Problemas associados a tensões iniciais, mudança no estado de tensões, fluxo etc.

No caso da mineração, a decisão principal está relacionada à possibilidade ou não de deixar as cavidades abertas na extração do minério e deixar a rocha deformar-se e eventualmente romper, ou se algum tipo de suporte deve ser utilizado para evitar a ruptura e a possibilidade de ela se propagar em direção à superfície. A decisão correta vai depender das condições da rocha e do estado de tensão a que ela está submetida.

Um exemplo de caverna construída para hidrelétricas é mostrado na Fig. 1.5B, que apresenta a casa de força da Usina Hidrelétrica de Serra da Mesa, em Minaçu (GO).

Câmaras subterrâneas têm sido progressivamente mais utilizadas por razões de economia, segurança e proteção ambiental no armazenamento de alguns produtos. No caso de armazenamento de gás natural liquefeito, por exemplo, exige-se a determinação das propriedades da rocha sob temperaturas extremamente baixas e a análise da transferência de calor nela. Já o armazenamento de rejeitos radioativos, óleo e gás exige um ambiente estanque, para que não haja vazamento.

Fig. 1.5 *Tipos de projeto envolvendo engenharia de rochas: (A) túnel/poço; (B) caverna; (C) mineração; e (D) energia geotermal*
Fonte: (C) cortesia de Gilmar Lopes e (D) Mike Gonzalez (Wikimedia, CC BY 2.0, https://w.wiki/Gdv).

Outra atividade importante relativa à mecânica das rochas diz respeito à utilização do calor da Terra como fonte alternativa de energia (energia geotérmica). Nesse processo, injeta-se água em profundidade, por meio de poços de injeção. O calor gerado pela energia geotérmica aquece a água, criando vapor, que é utilizado para girar turbinas e produzir energia elétrica em zonas hidrotermais (por exemplo, Caldas Novas/GO).

1.1.3 Atividades especiais
- Engenharia de petróleo.
- Engenharia geotécnica.
- Armazenamento de produtos em cavernas (petróleo, água, produtos tóxicos, resíduos radioativos etc.).

O armazenamento de lixo atômico em grandes cavernas subterrâneas é uma aplicação mais recente da Mecânica das Rochas. Essa aplicação tem gerado interesse nas propriedades das rochas submetidas a altas temperaturas por longos períodos de tempo. É o caso, por exemplo, das rochas salinas, que apresentam elevada deformabilidade sob condições de umidade variável, o que reduz sua permeabilidade a zero. Essas rochas sempre foram um problema em mineração subterrânea de sal, mas em anos recentes têm sido utilizadas para produzir espaços subterrâneos com paredes impermeáveis e, portanto, estanques.

Novas aplicações envolvendo essa área do conhecimento, como a construção de instalações desportivas e de lazer, a previsão de terremotos, o armazenamento de ar comprimido em câmaras subterrâneas, a exploração petrolífera a grandes profundidades (pré-sal brasileiro) etc., necessitam de um maior desenvolvimento da tecnologia de rochas. A natureza especial das rochas torna esse material possivelmente mais difícil de lidar do que outros materiais utilizados na engenharia.

O trabalho do profissional envolvido com rochas está, portanto, relacionado com a previsão, a construção e o acompanhamento de estruturas em rochas, cujo objetivo é definir a grandeza dos deslocamentos sofridos pela estrutura e a segurança contra sua ruptura.

1.2 Natureza das rochas

Para formular o comportamento mecânico dos sólidos, admite-se, idealisticamente, que os materiais sejam homogêneos, contínuos, isotrópicos, elásticos e lineares. As rochas, entretanto, podem não ser ideais de várias maneiras, já que raramente são contínuas, em razão da presença de poros e fissuras. O comportamento das redes de fissuras é tão ou mais importante, com relação às propriedades da rocha, do que sua própria combinação mineralógica. As fissuras são pequenas descontinuidades comuns a rochas resistentes que sofreram deformação interna.

Em combinação com os poros, as fissuras produzem uma série de efeitos:
- provocam um deslocamento não linear como resposta a um carregamento, especialmente para tensões baixas (devido ao fechamento de poros e fissuras);
- reduzem a resistência à tração;
- fazem com que as propriedades do material fiquem dependentes da tensão;
- causam variação e dispersão nos resultados dos ensaios;
- introduzem um efeito de escala na previsão do comportamento do material (Fig. 1.6).

As macrodescontinuidades estão presentes na maioria das rochas, alterando radicalmente seu comportamento. Falhas e fraturas regulares são comuns a pequenas profundidades, e algumas persistem em profundidades de milhares de metros. A mecânica de rochas descontínuas é especialmente relevante para profissionais envolvidos com o projeto de estruturas de superfície, escavações superficiais e escavações a baixas profundidades.

Como já mencionado, foi o movimento de um bloco de rocha entre falhas e juntas que provocou o acidente na barragem de Malpasset, na França, em 1959. Por sua vez, foi o movimento de rocha ao longo de falhas e fraturas, em decorrência da elevação do lençol freático e de sismos induzidos, que causou o acidente na barragem de Vajont, na Itália, em 1963.

O efeito de uma única fratura na massa de rocha é diminuir a resistência à tração quase a zero na direção perpendicular ao plano da fratura e restringir a resistência

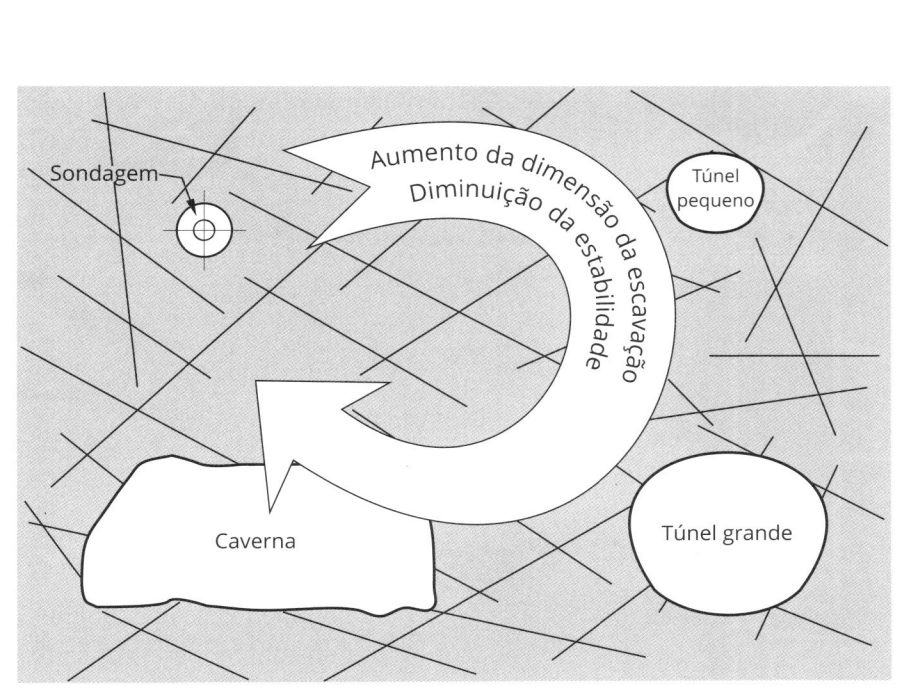

Fig. 1.6 *Efeito de escala*

ao cisalhamento na direção paralela ao plano da fratura. Se as juntas não estiverem distribuídas randomicamente – e quase sempre não estão, já que são resultado de um esforço tectônico –, cria-se uma grande anisotropia na resistência e em todas as outras propriedades da massa de rocha.

A anisotropia é comum a muitos tipos de rochas, mesmo que elas não tenham uma estrutura descontínua, devido à orientação dos grãos minerais ou à história de tensão em determinada direção. A foliação e a xistosidade fazem com que xistos, ardósias e várias outras rochas metamórficas sejam altamente dependentes de sua orientação no que diz respeito a sua deformação, resistência e outras propriedades. Planos de acamamento fazem com que algumas rochas sedimentares (como folhelhos, arenitos e calcários) sejam altamente anisotrópicas (Figs. 1.2 e 1.4B). Mesmo as amostras de rocha aparentemente livres de planos de acamamento podem apresentar comportamento direcional por terem sido submetidas a tensões principais diferentes quando de sua transformação em rocha.

Finalmente, qualquer rocha fissurada submetida a níveis de tensões iniciais diferentes será anisotrópica, uma vez que suas propriedades são muito influenciadas pelo estado de tensão nas fissuras. Assim, ela se comporta como um determinado material quando as fissuras estão fechadas e como outro quando as fissuras abrem ou são cisalhadas.

Cabe ressaltar que o termo *rocha* abrange uma ampla variedade de tipos de materiais, sendo seu comportamento influenciado pela tensão de confinamento, pela presença de água, pela mineralogia etc.

2 Minerais, classificação, intemperismo e propriedades-índice das rochas

2.1 Minerais de rocha

Minerais são elementos ou compostos químicos resultantes de processos inorgânicos, de composição química geralmente definida, e encontrados naturalmente na crosta terrestre. Em geral, encontram-se no estado sólido, com exceção da água e do mercúrio, que se apresentam no estado líquido nas condições normais de temperatura e pressão (CNTP). São classificados de acordo com suas propriedades químicas e, principalmente, físicas (dureza, traço, clivagem, fratura, peso específico, brilho, cor etc.).

Os principais minerais formadores de rochas são os silicatos (90% dos minerais). Outros grupos importantes são os carbonatos, os óxidos, os hidróxidos e os sulfetos. Desses grupos, destacam-se os seguintes minerais: quartzo, feldspatos (oligoclásio e plagioclásio, entre outros), calcita, nefelina, dolomita, magnetita, hematita, pirita, calcopirita, galena, olivina, clorita, granada, cianita, sillimanita, piroxênios e anfibólios. A seguir, são descritos esses grupos.

a] *Grupo dos silicatos*: os silicatos representam os minerais mais comuns na Terra e são denominados minerais maiores ou essenciais. Sua estrutura cristalina é constituída por tetraedros de sílica.

$[SiO_4]^{-1}$ (Al, Na, Fe, Ca, Mg, K etc.)

São exemplos: quartzo (SiO_2), grupo dos feldspatos, grupo dos feldspatoides (nefelina e leucita – mais alumínio e menos sílica que os feldspatos), grupo dos anfibólios, grupo dos piroxênios, grupo das micas, grupo das argilas, grupo das olivinas, entre outros.

Como os silicatos são os mais comuns na crosta terrestre e compreendem minerais com propriedades físicas e químicas muito distintas, eles influenciam muito o comportamento das rochas nas quais estão presentes. Assim, rochas ricas em quartzo e feldspato são duras, com comportamento frágil. Rochas ricas em anfibólios e piroxênios alteram-se mais facilmente, originando perda de resistência. Rochas ricas em micas apresentam clivagem/foliação, que aumenta muito a anisotropia.

Já rochas ricas em argilominerais têm seu comportamento influenciado pelo tipo de argilomineral presente. Assim, por exemplo, as esmectitas possuem comportamento expansivo, baixa resistência ao cisalhamento e permeabilidade muito baixa (a presença de apenas 2% a 4% de esmectita nos poros de um arenito pode reduzir sua permeabilidade).

b] *Grupo dos carbonatos*: também muito comuns na natureza, os carbonatos formam os calcários e os dolomitos. São minerais solúveis, com comportamento frágil a baixas pressões, viscosos e plásticos em temperaturas e pressões elevadas. Usualmente apresentam elevada resistência mecânica. São exemplos: calcita ($CaCO_3$) e dolomita [$CaMg(CO_3)_2$].

c] *Grupo dos óxidos*: os minerais desse grupo apresentam uma combinação entre oxigênio e um ou mais metais, com fortes ligações iônicas. Usualmente ocorrem em pequenas quantidades em rochas ígneas e metamórficas. Muitos óxidos têm importante valor econômico, incluindo importantes depósitos brasileiros, como os de minério de ferro, cromo e manganês.

d] *Grupo dos hidróxidos*: os hidróxidos apresentam, em geral, ligações mais fracas do que as dos óxidos. São comumente menos densos e duros. Formam-se a baixas temperaturas, predominantemente como produtos do intemperismo, incluindo o hidrotermal. São exemplos comuns no Brasil: bauxita, gibbsita [$Al(OH)_3$] e goethita [$Fe^{+3}O(OH)$].

e] *Grupo dos sulfetos*: os sulfetos apresentam baixa estabilidade química quando submetidos a variações de umidade, gerando minerais secundários em reações muito expansivas e águas ácidas. São exemplos: pirita e marcassita (FeS_2), pirrotita (FeS), esfarelita (ZnS) e realgar (AsS), entre outros.

f] *Grupo dos elementos nativos*: esses elementos comumente apresentam elevado valor econômico. São exemplos: metálicos [ouro (Au), prata (Ag), cobre (Cu), platina (Pt), ferro (Fe) etc.] e não metálicos [enxofre (S), grafita (C) ou diamante (C) etc.].

Na Fig. 2.1 apresenta-se um esquema simplificado para a identificação dos minerais, elaborado por Vargas Jr. e Nunes (1992).

A cristalização de minerais durante a solidificação do magma (resfriamento) se dá de forma sequencial, de acordo com a série de Bowen, a qual é subdividida em duas séries, conforme mostrado no Quadro 2.1.

2.2 Classificação das rochas

As rochas são agregados sólidos naturais, compostos por um ou mais minerais, que constituem parte essencial da litosfera. Apesar de a preocupação principal do engenheiro não ser a gênese, mas sim as propriedades e o comportamento de um maciço rochoso durante uma escavação ou carregamento, a classificação das rochas baseia-se na mesma nomenclatura utilizada em Geologia. Assim, as rochas são classificadas, de acordo com a gênese, em três grandes grupos: ígneas (magmáticas), metamórficas e sedimentares.

```
                    ┌─────────────────────┐
                    │  Análise mineral da │
                    │   amostra de rocha  │
                    │ por lentes de aumento│
                    └─────────────────────┘
```

Fluxograma para identificação dos minerais:

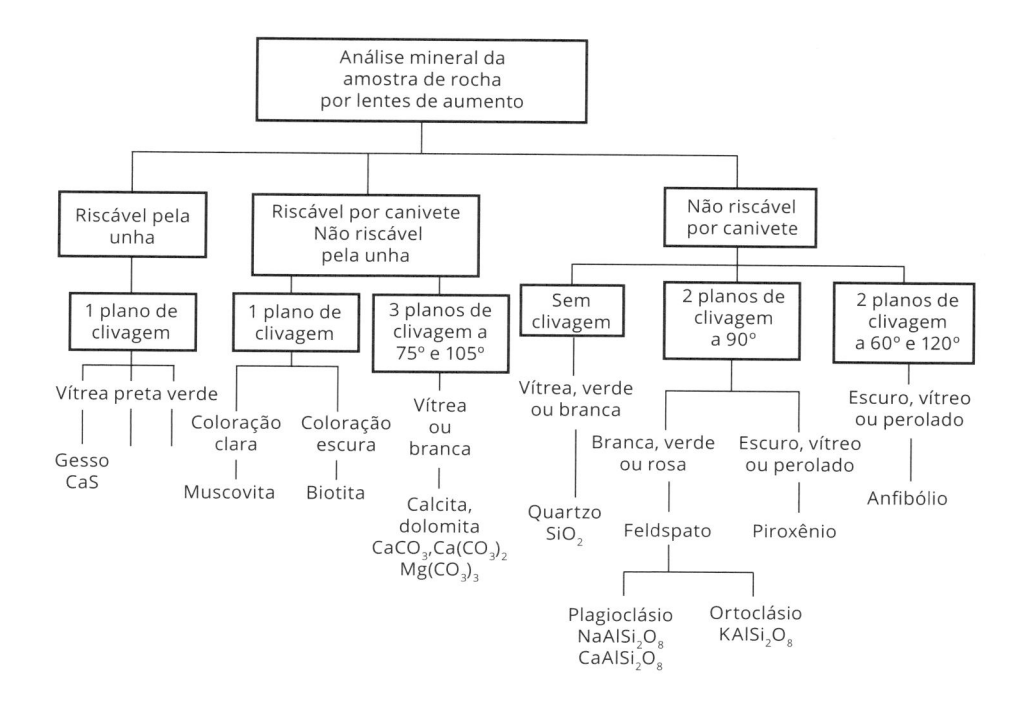

- **Riscável pela unha** → 1 plano de clivagem → Vítrea preta verde → Gesso CaS
- **Riscável por canivete, Não riscável pela unha**:
  - 1 plano de clivagem:
    - Coloração clara → Muscovita
    - Coloração escura → Biotita
  - 3 planos de clivagem a 75° e 105° → Vítrea ou branca → Calcita, dolomita $CaCO_3, Ca(CO_3)_2 Mg(CO_3)_3$
- **Não riscável por canivete**:
  - Sem clivagem → Vítrea, verde ou branca → Quartzo SiO_2
  - 2 planos de clivagem a 90°:
    - Branca, verde ou rosa → Feldspato
      - Plagioclásio $NaAlSi_2O_8$ $CaAlSi_2O_8$
      - Ortoclásio $KAlSi_2O_8$
    - Escuro, vítreo ou perolado → Piroxênio
  - 2 planos de clivagem a 60° e 120° → Escuro, vítreo ou perolado → Anfibólio

Fig. 2.1 *Fluxograma para a identificação dos minerais*
Fonte: adaptado de Goodman (1989).

Quadro 2.1 Série de reação de Bowen

	Série contínua	Série descontínua
Maior ↑	Plagioclásio Ca (anortita)	Olivina
	Plagioclásio Ca-Na	Ortopiroxênio
	Plagioclásio Na-Ca	Clinopiroxênio
	Plagioclásio Na (albita)	Anfibólio
	K-feldspato (ortoclásio)	Biotita
Menor ↓ Temperatura Pressão	Muscovita	
	Quartzo	

A Associação Internacional de Mecânica das Rochas (International Society for Rock Mechanics – ISRM) propõe uma classificação simples, estabelecida a partir de estudos de composição mineral e textura em lâminas delgadas. Com base nessa classificação, Franklin e Dusseault (1989) apresentaram o sistema mostrado no Quadro 2.2, que simplifica a classificação adotada pelos geólogos. Por exemplo, para a Geologia há cerca de dois mil nomes diferentes apenas para as rochas ígneas (representando as variações minerais), as quais compõem aproximadamente 25% da superfície da Terra. Para as rochas sedimentares, que ocupam 75% da superfície da crosta, existe uma variedade muito menor de nomes.

As rochas ígneas e metamórficas apresentam textura cristalina, ou seja, são formadas por arranjos minerais (*fabric*) muito imbricados, com nenhum ou poucos espaços vazios. As rochas sedimentares, com exceção de algumas químicas (evaporitos, gipso, calcários químicos e rochas silicosas), apresentam textura clástica (fragmentos de minerais e rochas), com espaços de poros muito ou pouco conectados, que podem ou não estar preenchidos por cimentos.

Quadro 2.2 Classificação das rochas mais comuns e suas definições geológicas

Grupo genético		Sedimentares				Metamórficas		Ígneas		
Estrutura		Acamado				Foliada	Maciças – Fraturadas			
		Fragmentado (grãos detríticos)				Cristalina	Cristalina ou vítrea (criptocristalina)			
								Minerais de cor clara: quartzo, feldspato, mica e feldspatoides		
Tamanho dos grãos (mm)	Textura							Ácidas	Intermediárias	Básicas
60	Granulação muito grosseira (Rudáceas)	Grãos de rocha, quartzo, feldspato e argilominerais	50% dos grãos são carbonatos	50% dos grãos são de rocha ígnea de granulação fina	Rochas organoquímicas	Quartzo, feldspato, micas, minerais aciculares escuros	Depende da rocha-mãe			
								Pegmatito		
	Granulação grosseira (Rudáceas)	Grãos de fragmentos de rocha								
		Grãos arredondados: *conglomerados*	*Calcirruditos*	Grãos arredondados: *aglomerado*						
		Grãos angulares: *brecha*		Grãos angulares: *brecha vulcânica*						
2	Granulação média (Arenosas)	*Arenito*: grãos são basicamente fragmentos	*Calcarenitos* (Calcáreos)	Tufos (Cinzas vulcânicas)	*Rochas salinas*: halita, anidrita, gipso, calcário, dolomito, turfa, linhito, carvão	*Gnaisse*: bandas alternadas de minerais granulares e planares	*Quartzito, marga, granulito, hornfels, anfibolito*	*Granito*	*Diorito*	*Gabro*
		Arenito quartzoso: 95% de quartzo, poros vazios ou cimentados								
		Arcósio: 75% de quartzo, até 23% de feldspato, poros vazios ou cimentados								
		Grauvaca: 73% de quartzo, 15% de matriz fina detrítica, rocha e fragmentos de feldspato						*Microgranito*	*Microidiorito*	*Dolerito*
0,06	Granulação fina (Argilosas ou lutáceas)	Rochas de lama *Folhelho*: argilito físsil *Siltito*: 50% de partículas finas	*Calcilutitos*							
0,002	Granulação muito fina (Argilosas ou lutáceas)	*Argilitos*: 50% de partículas muito finas						*Riolito*	*Andesito*	*Basalto*
	Vítreo				Chert			Vidros vulcânicos: *obsidiana, taclitos, pitchstone*		

Fonte: adaptado de Franklin e Dusseault (1989).

2.2.1 Rochas ígneas

São formadas a partir da cristalização de uma mistura silicatada complexa (magma), com viscosidade variável, dependendo do teor de SiO_2 (quanto mais SiO_2, mais ácidas e maior sua viscosidade). A cristalização do magma é responsável pela formação da maioria absoluta de minerais primários, com exceção de três, específicos de ambientes metamórficos. As rochas ígneas podem ser:

- *Intrusivas*: o magma resfria-se lentamente no interior da Terra, através de fenômenos internos conhecidos como plutonismo, que permitem a perfeita cristalização dos minerais, resultando em rochas com grãos minerais visíveis a olho nu. São exemplos: granito e sienito.
- *Extrusivas*: são os derrames de lava (magma), que extravasam e se resfriam rapidamente, impedindo a cristalização dos minerais, em um fenômeno conhecido como vulcanismo. São exemplos: basalto e riolito.

2.2.2 Rochas metamórficas

São formadas em condições de temperatura e pressão elevadas, no estado sólido. Trata-se de uma adaptação mineralógica às condições de pressão e temperatura, em especial a primeira, a fim de alcançar o equilíbrio físico-químico, em um processo conhecido como metamorfismo. Esse processo pode originar três minerais primários específicos de ambientes metamórficos – o grupo das granadas, a cianita e a sillimanita. São exemplos: gnaisses, filitos, xistos, mármores, ardósias, migmatitos, anfibolitos, granulitos etc.

2.2.3 Rochas sedimentares

São formadas a partir do acúmulo de sedimentos, micro-organismos e precipitação química, em condições de temperatura e pressão inferiores às do metamorfismo. Podem ser clásticas (formadas por sedimentos – folhelho, arenito, siltito, argilito, conglomerado, brecha etc.), orgânicas (formadas pelo acúmulo de restos de organismos – carvão, turfa etc.) ou químicas (formadas pela precipitação química – calcário, dolomito, sais, rochas silicosas etc.).

A expressão areal e em profundidade de cada um dos grupos de rocha se dá nas seguintes proporções:

- *rochas ígneas e metamórficas*: 95% do volume total da crosta e 25% da superfície terrestre;
- *rochas sedimentares*: 5% do volume total da crosta e 75% da superfície terrestre.

2.3 Alterabilidade e grau de intemperismo das rochas

A exposição das rochas à atmosfera, em decorrência da erosão, dos movimentos tectônicos, do vulcanismo ou da isostasia (equilíbrio devido às massas), coloca-as diante de forças e reagentes diferentes daqueles presentes em seu ambiente de formação. Nessas condições, muitos minerais primários deixam de ser estáveis do ponto de vista físico-químico, e as forças e os reagentes tendem a modificá-los, reduzindo sua resistência e transformando-os em minerais secundários, usualmente argilominerais e óxidos. Esse fenômeno acaba por reduzir a resistência das rochas e aumentar sua deformabilidade, através de sua transformação gradativa em solo residual. Os processos físicos, químicos e biológicos responsáveis pela fragmentação das rochas e pela transformação de minerais primários em minerais secundários são conhecidos como *intemperismo*.

A importância do estudo do intemperismo e de seus produtos reside no fato de que a maior parte das obras de engenharia é implantada na superfície ou em regiões próximas a ela, dentro da *zona de intemperismo*, em que os processos intempéricos atuam sobre as rochas, alterando suas características consideravelmente. Dependendo da composição química e mineralógica dessas rochas, o intemperismo pode ocorrer de maneira extremamente rápida.

Os principais fatores que controlam o intemperismo são:

- *Tipo de rocha e estruturas*: cada rocha tem uma mineralogia característica, que reage de maneira distinta ao intemperismo, conforme mostrado no Quadro 2.1. A presença de estruturas, por sua vez, e de texturas direcionais (foliação, clivagem etc.) também influencia o intemperismo. Rochas com estruturas e/ou texturas direcionais pouco espaçadas, em geral, alteram-se mais facilmente do que aquelas mais maciças, já que há um aumento da superfície específica disponível para a percolação de água.
- *Inclinação da encosta (topografia)*: nos taludes mais inclinados, as chuvas transportam o material intemperizado para o pé destes, expondo continuamente a rocha sã ao ataque intempérico, de modo que a rocha alterada tem pouca espessura. Nos taludes menos íngremes, esse processo não ocorre e as espessuras podem atingir dezenas de metros.
- *Clima*: o intemperismo é mais intenso nas regiões de clima tropical, pois as reações químicas são aceleradas pelas amplas variações de umidade e calor, comuns nesse tipo de clima. Nos climas secos e frios, o intemperismo químico atua muito lentamente, razão pela qual o intemperismo físico é o principal responsável pelo processo e os perfis acabam por apresentar menor espessura.
- *Tempo de ação do processo*: o tempo necessário para a decomposição de uma rocha sã pode variar muito, devido ao tipo de clima e à composição da rocha. Assim, são necessárias dezenas de milhares de anos para o surgimento de solos residuais em regiões de clima frio e seco, enquanto em regiões de clima úmido esse tempo pode ser muito menor.

2.3.1 Intemperismo físico

Os processos de intemperismo físico são aqueles que causam fragmentação ou cominuição, *sem mudanças químicas e, portanto, sem mudanças mineralógicas*, devido a variações no nível de pressões, que levam à fadiga e à ruptura do material. Essas variações podem ocorrer a partir das seguintes ações:

- alívio de tensões no maciço rochoso, ocasionando o surgimento de descontinuidades aproximadamente paralelas ao relevo;
- *aquecimento e resfriamento*: as variações térmicas, diuturnas e sazonais, causando expansão e retração dos maciços rochosos, podem induzir a criação de fraturas no maciço rochoso, denominadas juntas de dilatação térmica;
- *ciclos de umedecimento e secagem*: algumas rochas, quando submetidas a ciclos de umedecimento e secagem, desenvolvem mecanismos de variação de pressões, ligados principalmente à expansão de alguns minerais ou ao desenvolvimento de poropressões, que podem vir a colapsar a rocha;
- *ação erosiva da água e dos ventos*: em regiões litorâneas, por exemplo, os maciços rochosos expostos comumente apresentam desplacamentos resultantes da percolação de água através das juntas;
- ação de escavações mecânicas (*único fenômeno não natural*).

A desagregação física, por ser mais rápida e aumentar a superfície de exposição, aumentando assim a alteração química, é vista como controladora desta alteração.

2.3.2 Intemperismo químico

Os processos químicos, por sua vez, são aqueles que, por meio de reações químicas, resultam na decomposição da estrutura dos minerais primários e sua transformação em minerais secundários, estáveis às novas condições físico-químicas usualmente encontradas na superfície da Terra ou em suas proximidades, sendo muito importantes em regiões de clima tropical úmido. Entre esses processos, destacam-se: dissolução, oxidação, redução, oxirredução, hidratação, lixiviação e troca de íons, que atuam sobre os minerais constituintes das rochas.

Esses processos dependem da facilidade de acesso da água e do ar ao material rochoso; da reatividade do maciço rochoso em relação à água; do tempo; e do grau de agressividade da água.

2.3.3 Alterabilidade

Os minerais constituintes das rochas ígneas e metamórficas (primários), formados em altas temperaturas e/ou altas pressões (muito diferentes das existentes na superfície da Terra), tornam-se instáveis quando expostos à superfície, e alguns podem alterar-se rapidamente. Os relativamente mais estáveis, como quartzo, ouro, platina e diamante, são transportados e sedimentam-se, podendo originar depósitos de valor comercial. A ordem crescente de minerais resistentes ao intemperismo é a que se apresenta na Fig. 2.2 e tem estreita relação com a série de Bowen, descrita na seção 2.1.

Assim, as rochas ígneas e metamórficas com alto teor de quartzo, por exemplo, são menos suscetíveis ao intemperismo químico do que aquelas ricas em olivina, piroxênio e anfibólios, que são menos resistentes à alteração.

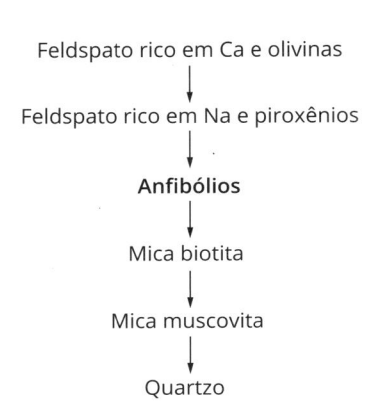

Feldspato rico em Ca e olivinas
↓
Feldspato rico em Na e piroxênios
↓
Anfibólios
↓
Mica biotita
↓
Mica muscovita
↓
Quartzo

Fig. 2.2 *Ordem crescente de minerais resistentes ao intemperismo*

As rochas sedimentares, por sua vez, sofrem intemperismo principalmente nos materiais cimentantes, podendo, de acordo com o grau de alteração, reproduzir novamente o material original sedimentar, isto é, areia ou argila.

As grandes espessuras de solos residuais, jovens e maduros, no Brasil estão intimamente ligadas ao intemperismo das rochas, cujo início se dá com a entrada de água pelas descontinuidades do maciço rochoso. Os minerais menos resistentes são atacados, formando sais solúveis, ricos em Na, K, Fe, Mg e sílica livre, que são lixiviados, concentrando o quartzo e as argilas.

Para fins de engenharia, o grau de intemperismo de um maciço rochoso é determinado e caracterizado através do exame visual, da porcentagem de alteração mineral, da porosidade e da resistência (ver Quadros 2.3 a 2.5).

Quadro 2.3 Esquema de classificação e descrição de maciços rochosos intemperizados

Termo	Descrição	Classe
São	Nenhum sinal visível de alteração da matriz; possível leve descoloração ao longo das descontinuidades principais.	I
Levemente intemperizado	Descoloração indica intemperismo da matriz da rocha e de superfícies de descontinuidade. Toda a matriz da rocha pode estar descolorida pelo intemperismo e pode estar algo mais branda externamente do que na condição sã.	II
Medianamente intemperizado	Menos da metade da matriz da rocha está decomposta e/ou desintegrada à condição de solo. Rocha sã ou descolorida está presente, formando um arcabouço descontínuo ou como núcleos de rocha.	III
Altamente intemperizado	Mais da metade da matriz da rocha está decomposta e/ou desintegrada à condição de solo. Rocha sã ou descolorida está presente, formando um arcabouço descontínuo ou como núcleos de rocha.	IV
Completamente intemperizado	Toda a matriz da rocha está decomposta e/ou desintegrada à condição de solo. A estrutura original do maciço está, em grande parte, preservada.	V
Solo residual	Toda a rocha está convertida em solo. A estrutura do maciço e da matriz da rocha está destruída. Há grande variação de volume, mas o solo não foi significativamente transportado.	VI

Fonte: ISRM (1981).

Quadro 2.4 Parâmetros a serem investigados para o reconhecimento do grau de alteração intempérica da matriz

Tipo de observação	Parâmetros
Visual e de reconhecimento geológico	Mineralogia/granulometria Textura Grau de descoloração Decomposição mineralógica Presença da estrutura original da matriz
Testes de reconhecimento mecânico (qualitativos)	Resistência ao golpe do martelo geológico Escavação manual Risco por canivete ou unha Facilidade do grão em ser arrancado do arcabouço da rocha Quebra de testemunhos NX Desagregação

Fonte: Barroso (1993).

Quadro 2.5 Cadastro de testes da matriz para o reconhecimento e a classificação dos estágios de alteração intempérica em rocha

A. Breve descrição da rocha

B. Caracterização da decomposição química (por mineral)

1. Inalterado
2. Sem brilho ou brilho reduzido
3. Descolorido ou com cor alterada
4. Argilização na superfície
5. Oxidado

C. Caracterização da desagregação física

C,a. Resistência ao golpe do martelo geológico

1. Rocha pode ser apenas lascada
2. Rocha pode ser quebrada com diversos golpes
3. Ponta do martelo produz entalhe na superfície
4. Golpe do martelo desagrega parcialmente a rocha
5. Golpe do martelo desagrega totalmente a rocha

C,b. Escavação manual usando pá ou a mão

1. Não pode ser escavado com a pá
2. Escavado com grande dificuldade com a pá ou a espátula
3. Escavado com dificuldade pelas mãos
4. Escavado facilmente pelas mãos

C,c. Risco por canivete e por unha (por mineral)

1. Nenhum arranhão
2. Arranhado com dificuldade pelo canivete
3. Arranhado facilmente pelo canivete
4. Arranhado pela unha

C,d. Facilidade em ser arrancado do arcabouço da rocha (por mineral)

1. Não pode ser arrancado
2. Arrancado com dificuldade pelo canivete
3. Facilmente arrancado pelo canivete

C,e. Quebra de testemunhos NX

1. Não pode ser quebrado
2. Pode ser quebrado

C,f. Desagregação em água

1. Não desagrega em água (nenhum ou pouco material se destaca da amostra)
2. Desagrega levemente em água (algum material se destaca da amostra)
3. Desagrega completamente em água (o material colapsa completamente)

Fonte: Barroso (1993).

2.3.4 Expansão

Expansão é o aumento volumétrico dependente do tempo, causado por processos físico-químicos com um fluido qualquer, principalmente água (Franklin; Dusseault, 1989).

Os mecanismos de expansão, segundo a Comissão de Rochas Expansivas da ISRM (Olivier, 1990), são definidos como a combinação de processos físico-químicos envolvendo água e liberação de pressões. A reação físico-química com a água é, geralmente, o principal contribuinte à expansão, mas só pode ocorrer simultaneamente ou após a liberação de pressões decorrente da denudação do relevo.

Os processos de expansão de rochas argilosas podem ser divididos, simplificadamente, em três categorias, segundo Taylor (1979):

- oxidação da pirita e efeitos associados;
- liberação da energia de deformação acumulada (alívio de tensões devido à denudação do relevo, à tectônica de placas ou à ação antrópica);
- hidratação e outros efeitos dependentes da água nos vazios e da pressão de ar nos vazios associada à água.

Esses processos também ocorrem para outros tipos de rocha, com exceção do último, que é característico de rochas sedimentares e metamórficas de baixo a médio grau.

Oxidação da pirita e efeitos associados

A oxidação da pirita (FeS_2), originando ácido sulfúrico no ambiente geológico sob condições aeróbicas, já foi descrita por diversos autores. A reação do oxigênio com a pirita, originando minerais secundários, envolve grandes expansões, como mostra a Tab. 2.1.

Os aumentos de volume associados a essas reações e à própria oxidação da pirita são, por si só, processos conhecidos como causadores de expansão e desintegração em rochas. A Fig. 2.3 mostra a criação de uma fratura a partir da oxidação de pirita em um xisto grafitoso existente na Mina São Bento, situada em Santa Bárbara (MG).

Tab. 2.1 Aumento de volume resultante da oxidação da pirita

Mineral original	Mineral formado	Aumento de volume	Referência
Pirita (FeS_2)	Jarosita	115%	Penner et al. (1973) e Jácomo (1992)
	Melanterita	536%	Shamburger et al. (1975)
	Sulfato de ferro anidro	350%	Fasiska et al. (1974)

Fonte: Marques (1992).

Fig. 2.3 *A evolução do processo de alteração das piritas resulta em expansão, com o consequente surgimento de manchas e fissuras em xisto grafitoso*

Liberação da energia de deformação acumulada (alívio de tensões devido à denudação do relevo, à tectônica de placas ou à ação antrópica)

A denudação do relevo, a elevação de massas de rocha em decorrência da ação de forças tectônicas ou a realização de uma escavação em subsuperfície podem gerar alívio de tensões e levar a modificações na deformação da rocha, que, por sua vez, pode vir a sofrer ruptura por tração. Trata-se de uma deformação progressiva da rocha, seguindo o alívio de tensões em função de mudanças geológicas, caracterizada por um aumento de volume (expansão) em virtude da redução da tensão confinante. Quanto maior a tensão *in situ* original, maior a mudança de nível de tensões e, consequentemente, maior a deformação. Na Fig. 2.4A apresenta-se um afloramento de filito com várias juntas de alívio de pressão, subparalelas ao relevo, resultantes do processo de denudação.

O alívio de tensão provocado pelo descarregamento pode também induzir uma poropressão negativa (sucção) na água existente nos vazios, dependendo de seu tamanho, que, de maneira simplificada, vai ser aproximadamente igual à redução principal devida ao descarregamento. Esse processo origina expansão até que a pressão de sucção seja equilibrada (Taylor; Cripps, 1984).

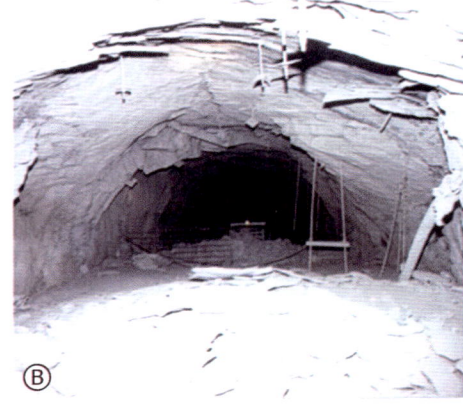

Fig. 2.4 *(A) Juntas de alívio de tensão, subparalelas à superfície do terreno, em filito, e (B) desplacamento em teto de galeria de mineração, como resultado do intemperismo causado por ciclagem de umidade em rochas siltosas*

Hidratação e outros efeitos dependentes da água nos vazios e da pressão de ar nos vazios associada à água

Vários processos de expansão relacionados com a hidratação têm sido descritos ou inferidos para rochas sedimentares. Para melhor compreensão, Taylor (1979) os dividiu entre os que estão relacionados com rochas saturadas e aqueles que se referem às rochas não saturadas.

Em relação às rochas saturadas, os processos mais importantes são: *hidratação da anidrita, hidratação de argilominerais, sorção de íons, troca de íons, osmose* e *adsorção de água por mudanças na umidade relativa*. Mais detalhes e referências bibliográficas podem ser obtidos em Marques (1992).

Para as rochas não saturadas, alguns dos processos anteriormente citados também podem ocorrer em condições de saturação parcial, porém o processo de expansão devido a tensões capilares é o mais importante. Essas tensões dependem da umidade relativa, e as expansões resultantes são reversíveis (Van Eeckhout, 1976). Além desses processos, também a pressurização de ar nos poros pode causar expansão. Ela acontece quando a evaporação na superfície das rochas origina altas sucções, que retiram a água dos poros, os quais passam a ser preenchidos por ar. Quando ocorre a imersão em água, por exemplo, em virtude da elevação do NA em épocas de chuva, o ar aprisionado é pressurizado pela pressão capilar desenvolvida nas partes mais externas. Quanto menor for o poro e quanto mais poros interligados houver, maior será a pressão capilar (Taylor, 1979).

2.3.5 Efeito do intemperismo sobre o comportamento geotécnico

Os processos intempéricos podem causar a deterioração das características (propriedades) geotécnicas de maciços rochosos (Fig. 2.4B). As rochas desenvolvem perfis de intemperismo típicos que dependem de fatores intrínsecos – litologia, textura, estruturas, mineralogia etc. – e extrínsecos à rocha – clima, drenagem etc. (Marques, 1998; Marques et al., 2010). É comum, ao longo desses perfis de intemperismo, as rochas apresentarem variações em seus parâmetros e propriedades geomecânicos. Essas mudanças incluem, por exemplo, reduções na resistência e aumento da deformabilidade e do teor de água, com elevação do intemperismo (Taylor; Cripps, 1984; Marques et al., 2010).

2.3.6 Perfis de intemperismo

A atuação de processos intempéricos origina os *perfis de intemperismo*, que mostram gradação progressiva em direção à superfície: rocha sã, rocha pouco alterada, rocha medianamente alterada, rocha muito alterada e solo residual.

Quatro tipos de perfis de intemperismo podem ocorrer:

- ▶ *intemperismo uniforme*: caracterizado por uma redução gradual do grau de intemperismo com a profundidade;
- ▶ *intemperismo em blocos*: caracterizado pela presença de blocos de rocha arredondados e quase sãos, envoltos em uma massa de solo ou rocha decomposta (comum em rochas ígneas);
- ▶ *intemperismo complexo*: trata-se de um perfil irregular em litologias com textura penetrativa – tais como filitos, xistos e gnaisses, devido a diferenças de alterabilidade, ou tais como juntas, fraturas, falhas e dobras, devido à presença de estruturas;
- ▶ *intemperismo por dissolução*: específico de rochas carbonáticas, nas quais as descontinuidades vão tendo sua abertura aumentada em função da dissolução e podem evoluir para formas cársticas.

As Figs. 2.5 a 2.7 exemplificam alguns tipos de perfis de intemperismo no Brasil e no mundo.

2.4 Propriedades-índice das rochas

Devido à grande variação nas propriedades das rochas, pode-se tomar como referência algumas propriedades básicas para descrever as rochas quantitativamente. Essas propriedades, por serem relativamente fáceis de serem medidas, são muito úteis nesse aspecto e podem ser designadas como propriedades-índice das amostras de rocha.

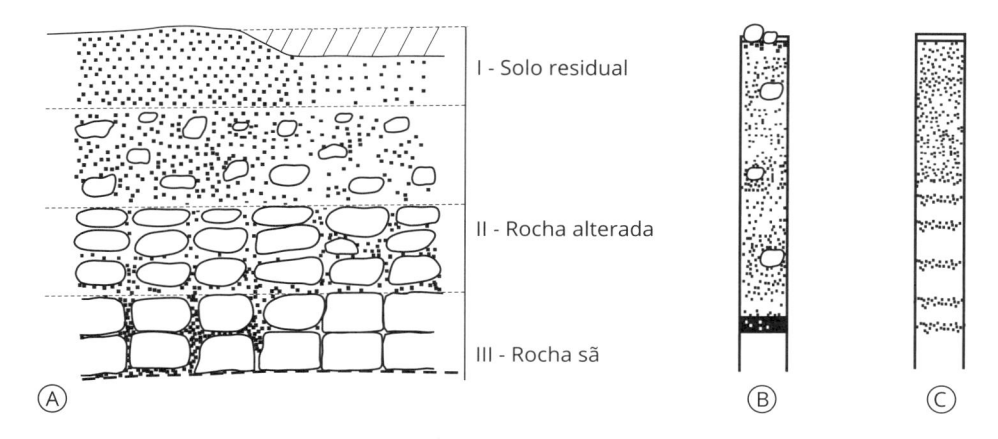

Fig. 2.5 *Morfologia dos perfis de intemperismo para (A, B) granitos e (C) granito-gnaisse. Em (A) e em (B), apresentam-se exemplos de intemperismo em blocos, enquanto em (C) mostra-se um exemplo de intemperismo uniforme*
Fonte: adaptado de (A) Ruxton e Berry (1957) e (B, C) Moye (1955).

As propriedades-índice das rochas são propriedades físicas que refletem a estrutura, a composição, o *fabric* e o comportamento mecânico do material, podendo-se listar:
- peso específico;
- porosidade;
- teor de umidade;
- velocidade de propagação do som;
- durabilidade;
- permeabilidade.

A importância das propriedades-índice reside, principalmente, em caracterizar e quantificar a matriz (rocha) e possibilitar correlações com algumas propriedades mecânicas.

Normalmente, esses índices são medidos em pequenas amostras de rocha intacta (minerais, poros e microfissuras) e, dessa forma, podem não ser indicativos das propriedades do maciço rochoso. O conhecimento dessas propriedades de um espécime de laboratório ajuda a classificá-lo, primariamente, quanto ao comportamento somente da rocha, e não do maciço rochoso (onde há interação da rocha com as descontinuidades).

As propriedades-índice são utilizadas isoladamente em aplicações diretamente associadas com a rocha intacta, como em operações de perfuração e corte; na seleção de agregados para concreto; e na avaliação de *rip-rap* (barragens).

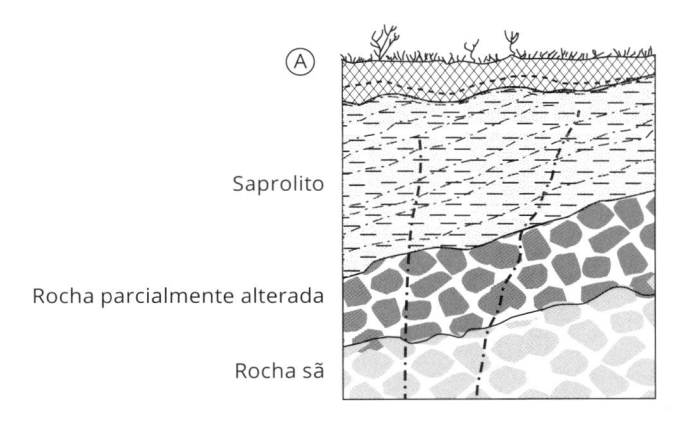

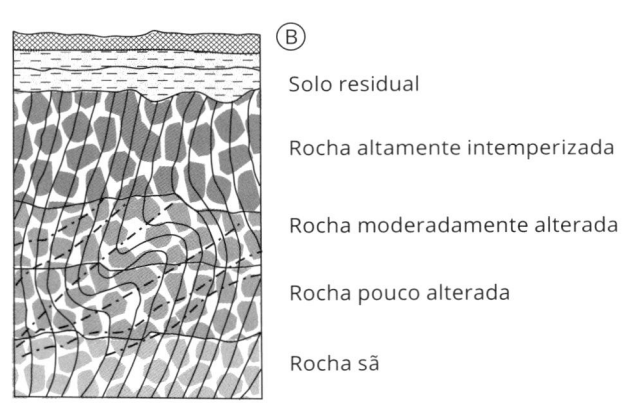

Fig. 2.6 *Morfologia de maciços gnáissicos, mostrando-se exemplos de intemperismo complexo*
Fonte: adaptado de (A) Sommers (1988) e (B) Dobereiner, Durville e Restituio (1993).

Fig. 2.7 *Exemplos de morfologia de perfis de intemperismo*
Fonte: (A) Barroso (1993).

Fig. 2.8 *Fases em uma amostra de rocha*

Nas aplicações que envolvem escavações na superfície ou subterrâneas, são necessárias informações adicionais sobre o sistema de descontinuidades tanto ou mais que a natureza da rocha propriamente dita.

De modo similar ao solo, a rocha é composta de três fases (Fig. 2.8):
- minerais sólidos;
- água;
- ar.

A porcentagem relativa dessas fases é descrita por meio de vários parâmetros.

2.4.1 Peso específico

O peso específico está relacionado diretamente ao estado de tensões verticais da crosta terrestre. Essa propriedade, importante na Engenharia, fornece informações sobre a mineralogia ou os constituintes dos grãos e o grau de alteração (quanto maior o grau de alteração, menor o peso específico).

A densidade relativa ou gravidade específica da rocha (G) é uma propriedade variável, pois depende de seu grau de saturação:

$$G = \frac{\gamma}{\gamma_w} \qquad (2.1)$$

em que:
G = densidade relativa da rocha (adimensional);

γ = peso específico da rocha;
γ_w = peso específico da água a 4 °C (1 gf/cm³ ou 9,8 kN/m³).

A densidade relativa ou gravidade específica dos grãos (G_s) é uma propriedade constante dada por:

$$G_s = \frac{\gamma_s}{\gamma_w} \qquad (2.2)$$

em que:
G_s = densidade relativa dos grãos (adimensional);
γ_s = peso específico dos grãos.

Na Tab. 2.2 são apresentados os valores de G_s dos minerais mais comumente encontrados na natureza.

Tab. 2.2 Densidade relativa dos minerais (G_s)

Mineral	G_s	Mineral	G_s
Anidrita	2,9-3,0	Halita	2,1-2,6
Atapulgita	2,3	Haloisita	2,55
Barita	4,3-4,6	Illita	2,6-3,0
Biotita	2,8-3,1	Magnetita	4,4-5,2
Calcedônia	2,6-2,64	Montmorillonita	2,74-2,78
Calcita	2,7	Muscovita	2,7-3,0
Caulinita	2,61-2,64	Olivina	3,2-3,6
Clorita	2,6-3,0	Plagioclásio	2,3-2,6
Dolomita	2,8-3,1	Pirita	4,9-5,2
K-feldspato	2,5-2,6	Pirofilita	2,84
Feldspatos ricos em Na e Ca	2,6-2,8	Piroxênio	3,2-3,6
Galena	7,4-7,6	Quartzo	2,65
Gesso	2,3-2,4	Serpentina	2,3-2,6

Fonte: Goodman (1989).

O peso específico total da rocha (γ) é definido como:

$$\gamma = \frac{P}{V} = \frac{P_s + P_w}{V} \qquad (2.3)$$

em que:
γ = peso específico total;
P = peso da amostra, obtido através da pesagem do corpo de prova de geometria regular;
P_s = peso dos constituintes sólidos da amostra (peso seco);

P_w = peso da água;
V = volume da amostra.

O peso específico se relaciona aos estados saturado, seco e natural e aos constituintes sólidos da amostra de rocha por meio das relações a seguir:

i. *Peso específico saturado (γ_{sat})*

$$\gamma_{sat} = \frac{P_{sat}}{V} \text{ para S = 100\%} \tag{2.4}$$

em que:
P_{sat} = peso da amostra saturada;
S = grau de saturação, dado por:

$$S = \frac{V_w}{V_v} \text{ (\%)} \tag{2.5}$$

sendo V_w o volume de água contido na amostra e V_v o volume de vazios da amostra.

ii. *Peso específico seco (γ_d)*

$$\gamma_d = \frac{P_d}{V} \tag{2.6}$$

em que:
P_d = peso da amostra seca.

iii. *Peso específico natural (γ_{nat})*

$$\gamma_{nat} = \frac{P_{nat}}{V} \tag{2.7}$$

em que:
P_{nat} = peso natural da amostra.

iv. *Peso específico dos grãos ou dos sólidos (γ_s)*

$$\gamma_s = \frac{P_s}{V_s} \tag{2.8}$$

em que:
P_s = peso específico dos sólidos;
V_s = volume da amostra ocupado pelos sólidos.

Na Tab. 2.3 são apresentados os valores de peso específico seco (γ_d) para alguns tipos de rocha.

O peso específico seco tem influência direta nas propriedades mecânicas de resistência e deformabilidade das rochas. Tanto a resistência à compressão quanto o módulo de elasticidade aumentam com o valor da densidade.

A densidade relativa ou gravidade específica dos grãos (G_s) pode ser determinada:

i. Por meio da análise de uma lâmina delgada da rocha em microscópio. Essa análise permite a avaliação da constituição mineralógica da rocha e da proporção em volume que cada tipo de mineral ocupa.

$$G_s = \sum_{i=1}^{n} G_{s_i} V_i \qquad (2.9)$$

em que:

G_{s_i} = densidade relativa do constituinte mineral i;

n = número de constituintes minerais;

V_i = porcentagem do volume da lâmina ocupado pelo constituinte mineral i.

ii. Através da trituração da amostra de rocha e da determinação da densidade do material moído em picnômetros de volume constante, de modo semelhante ao ensaio de densidade relativa de grãos de amostras de solo.

2.4.2 Porosidade

Na natureza, é possível classificar os materiais, segundo sua porosidade, em dois grandes grupos (Fig. 2.9): os meios porosos propriamente ditos, que compreendem os materiais de *porosidade granular* ou *de interstícios*, representados por solos, sedimentos e rochas sedimentares; e os meios fraturados, cuja porosidade, denominada *porosidade secundária*, é originada pelos vazios resultantes da quebra da rocha (descontinuidades). A *porosidade cárstica*, comum em rochas solúveis (carbonatos e sais), é formada pela dissolução de porções da matriz rochosa pela água que percola pelas descontinuidades.

Em algumas rochas, particularmente nas sedimentares e nos horizontes de transição solo-rocha, tem-se um meio que pode ser caracterizado como de dupla porosidade, ou seja, com porosidade granular e secundária ou de fraturas.

Em razão de parte da água ser retida no solo ou na rocha pela ação de forças moleculares e pela tensão superficial, apenas parte da água armazenada pode ser liberada. Assim, tem-se o conceito de *porosidade efetiva*,

Tab. 2.3 Peso específico seco de rochas (γ_d) (1 gf/cm³ ≡ 9,81 kN/m³)

Rocha	γ_d	
	(gf/cm³)	(kN/m³)
Anfibolito W1 (Santos, SP)	2,63	25,72
Anfibolito W1 (MG)	3,06	29,93
Anfibolito W1/W2 (MG)	2,72	26,60
Anfibolito foliado W1 (MG)	2,86	27,97
Arenito W1 (Triângulo Mineiro, MG)	2,11	20,64
Arenito W2 (Triângulo Mineiro, MG)	2,22	21,71
Arenito W3 (Triângulo Mineiro, MG)	1,83	17,90
Arenito W4 (Triângulo Mineiro, MG)	1,99	19,46
Arenito Landsborough W2 (Austrália)	2,52	24,65
Arenito Landsborough W3 (Austrália)	2,45	23,96
Arenito Landsborough W4 (Austrália)	2,13	20,83
Basalto*	2,80	27,10
Diorito*	2,90	27,90
Folhelho betuminoso*	1,6 a 2,7	15,7 a 26,5
Gabro*	3,00	29,40
Mármore*	2,80	27,00
Quartzo, micaxisto*	2,80	28,20
Riolito*	2,80	27,10
Sal*	2,10	20,60
Sienito*	2,60	25,50
Filito Bunya W2 (Austrália)	2,64	25,82
Filito Bunya W3 (Austrália)	2,54	24,84
Filito Bunya W4 (Austrália)	2,43	23,77
Filito Bunya W4/W5 (Austrália)	2,43	23,77
Xisto*	2,80	27,70
Filito W1 (Vazante, MG)	2,85	27,87
Filito W1 (QF, MG)	2,67	26,11
Filito W2 (QF, MG)	2,56	25,04
Filito W3 (QF, MG)	2,50	24,45
Filito W4 (QF, MG)	2,43	23,77
Dolomito cinza W1 (Vazante, MG)	2,49	24,35
Dolomito rosa W1 (Vazante, MG)	2,89	28,25
Brecha dolomítica W1 (Vazante, MG)	2,87	28,07
Marga W1 (Vazante, MG)	2,86	27,97
Sienogranito W1 (ES)	2,67	26,11
Sienogranito W2 (ES)	2,62	25,62
Sienogranito W3 (ES)	2,41	23,57
Sienogranito W4 (ES)	1,85	18,09
Sienogranito W5 (ES)	1,58	15,45
Granito W2/W1 (QF, MG)	2,64	25,82
Rocha calcissilicática W2/W1 (QF, MG)	3,52	34,43
Quartzo-biotita xisto W2/W3 (QF, MG)	2,75	26,90
Grafita xisto W3 (MG)	2,84	27,78
Grafita xisto W1 (MG)	3,06	29,93
Gnaisse kinzigítico W1 (RJ)	2,80	27,38
Gnaisse kinzigítico W2 (RJ)	2,73	26,70
Gnaisse kinzigítico W3 (RJ)	2,60	25,43
Gnaisse kinzigítico W4 (RJ)	2,27	22,20

Observação: QF = Quadrilátero Ferrífero. Os dados marcados com * têm como fonte Goodman (1989).

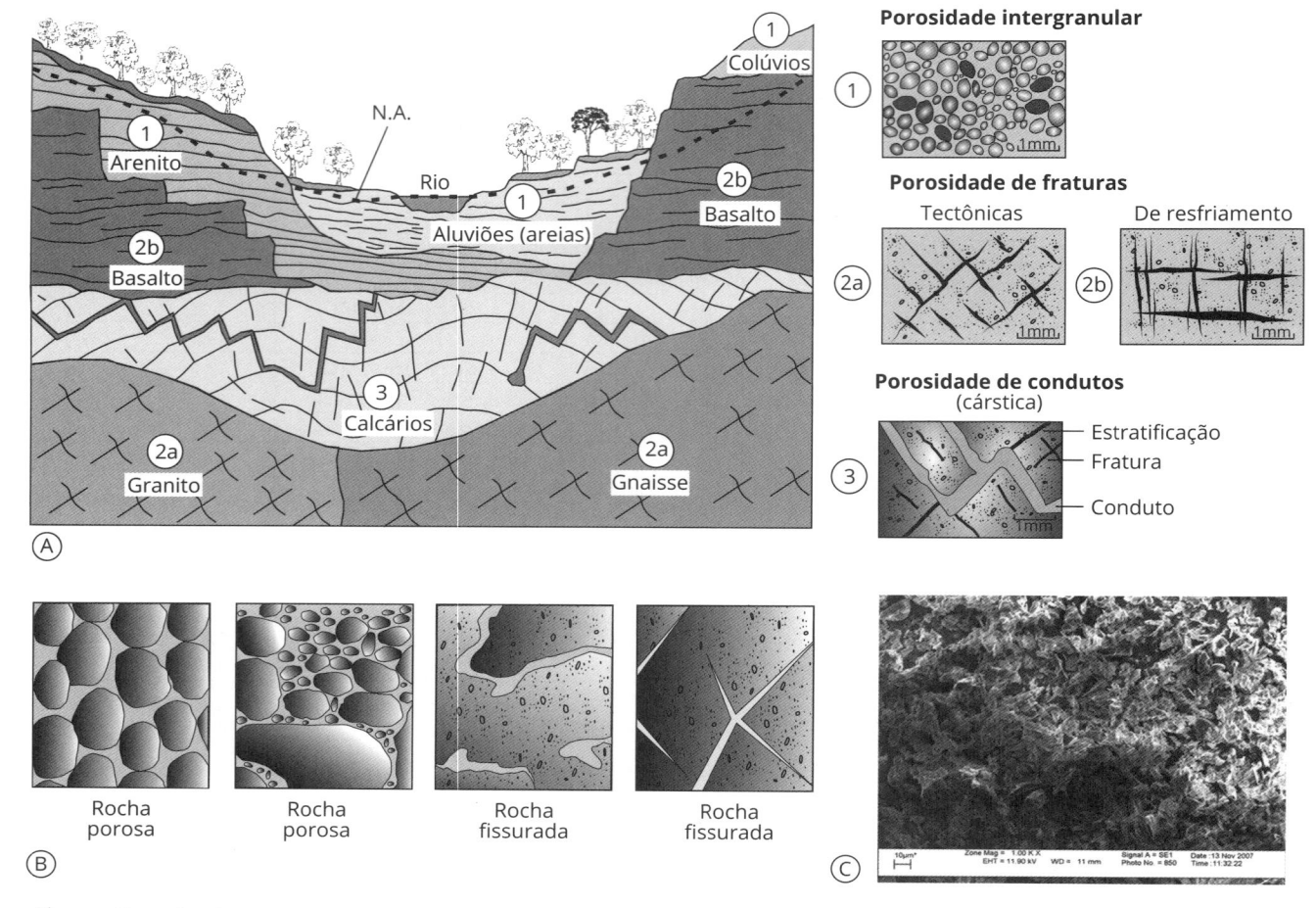

Fig. 2.9 *Exemplos de porosidade: (A) porosidade macroscópica em diferentes aquíferos, (B) detalhe da porosidade e (C) imagem de microscopia eletrônica de varredura (MEV) de um filito dolomítico, mostrando a presença de alguns poros*
Fonte: adaptado de (A) Teixeira et al. (2000) e (C) Soares (2008).

que é o volume de poros efetivamente disponível para ser ocupado por fluidos livres (exclui todos os poros não conectados, inclusive o espaço ocupado pela água adsorvida nas argilas) dividido pelo volume total.

As variações na porosidade se devem a vários fatores, entre os quais se destacam: a forma e o imbricamento dos grãos; a presença de materiais de granulometria fina, como argilas e siltes, ocupando os espaços intergranulares; a presença de materiais cimentantes, normalmente constituídos por óxidos e carbonatos, que podem preencher total ou parcialmente os poros do meio; a distribuição granulométrica; etc.

Nos meios fraturados, a porosidade é caracterizada pela porosidade de fraturas. Em geral, essas estruturas controlam todo o fluxo no maciço, atuando como coletoras e transmissoras da água. Por vezes, o fluxo ocorre das fissuras para a matriz rochosa e vice-versa, o que caracteriza os meios de dupla porosidade, ou seja, rochas com matriz de porosidade granular entrecortada por descontinuidades.

A porosidade expressa a proporção de vazios no volume total da rocha, ou seja:

$$n = \frac{V_v}{V} \; (\%) \tag{2.10}$$

em que:

n = porosidade (adimensional);

V_v = volume de vazios da amostra;
V = volume total da rocha.

A porosidade das rochas é extremamente variável. Em rochas sedimentares, formadas pelo acúmulo de grãos, fragmentos de rocha ou conchas, a porosidade pode variar muito, de aproximadamente 0 a 0,4 (n = 40%). Nesse tipo de rocha, a porosidade geralmente decresce com a idade geológica (Quadro 2.6) e a profundidade, com outros fatores mantidos constantes. Quanto mais antiga for a rocha, maior será a presença de minerais estáveis; os instáveis já foram alterados, lixiviados e substituídos por outros estáveis, conferindo menor espaço de vazios ao material.

Em resumo:

Rochas sedimentares: $0 < n < 40\%$

▸ Calcários: $n \leq 40\%$

▸ Arenitos: $n = 15\%$ (valor típico)

Os arenitos podem ter porosidades menores do que 5%, devido aos processos de compactação e cimentação.

Rochas ígneas e metamórficas intactas têm porosidade raramente superior a 2%, em geral relacionada às microfissuras. O efeito de intemperismo, especialmente nas microfissuras, no contorno dos grãos e nas juntas, pode acarretar aumento da porosidade, a qual serve como um índice bastante preciso para avaliar sua qualidade e seu grau de alteração intempérica. Nesses tipos de rocha, a porosidade também

Quadro 2.6 Escala dos tempos geológicos

Éons	Eras	Períodos	Épocas	Tempo (m.a.)	Fenômenos
Fanerozoico	Cenozoica	Quaternário	Holoceno	0,011	Glaciação no Hemisfério Norte. Surgimento do *Homo sapiens*
			Pleistoceno	1,6	
		Terciário	Plioceno	12	Mamíferos e flores
			Mioceno	23	
			Oligoceno	35	
			Eoceno	55	
			Paleoceno	70	
	Mesozoica	Cretáceo		135	Répteis gigantes e coníferas (árvores em forma de cone)
		Jurássico		180	
		Triássico		230	
	Paleozoica	Permiano		270	Anfíbios
		Carbonífero		350	
		Devoniano		400	Peixes, vegetação continental
		Siluriano		430	Invertebrados aquáticos
		Ordoviciano		490	
		Cambriano		670	
Pré-Cambriano	Pré-Cambriano Superior	Proterozoico		Até 2.000	Evidências fossilíferas raras (esponjas, celenterados)
	Médio			> 2.000	
	Pré-Cambriano Inferior (Arqueozoico)	Arqueano		± 4.500	Formação da Terra

decresce com a profundidade, porém esse efeito é menos pronunciado, já que esses materiais apresentam porosidade reduzida, mesmo próximo à superfície.

Em resumo:

Rochas ígneas e metamórficas:

- $n \leq 2\%$ (sãs)
- $5\% \leq n \leq 20\%$ (intemperizadas)

Os granitos podem apresentar 20% de porosidade quando os feldspatos e as micas são alterados e lixiviados, originando um esqueleto fracamente embricado de cristais de quartzo.

Para estudos de fluxo subterrâneo, no entanto, o interesse recai sobre a *porosidade efetiva* (n_e), ou seja, aquela que reflete o grau de intercomunicação entre os poros, permitindo assim a percolação da água. A porosidade efetiva representa apenas uma pequena parcela da porosidade total, sendo expressa pela relação entre o volume ocupado pela água livre (V_e) e o volume total (V).

$$n_e = \frac{V_e}{V} \qquad (2.11)$$

Da água contida no meio, parte é retida por efeitos capilares e moleculares, sendo expressa pela *capacidade de retenção específica* (n_s), definida pela relação entre o volume de água retida pelo meio (V_s), após escoada a água livre ou gravitacional, e o volume total (V):

$$n_s = \frac{V_s}{V} \qquad (2.12)$$

Como o volume de água liberado pela ação da gravidade é determinado pela porosidade efetiva, a capacidade de retenção específica corresponde à diferença entre a porosidade total e a porosidade efetiva:

$$n_s = n - n_e \qquad (2.13)$$

Quando o meio apresenta porosidade de interstícios ou granular, permitindo a livre circulação da água, e a importância relativa das descontinuidades é menor, em geral são válidas as leis que regem os fluxos nos meios porosos, conhecidas no campo da Mecânica dos Solos como lei de Darcy.

Para os meios com porosidade de fraturas, foram elaboradas leis específicas de escoamento, no campo da Mecânica das Rochas.

Nos maciços com porosidade cárstica, o estabelecimento de leis de escoamento é mais problemático, pois esses maciços são caracterizados por uma complexa rede de condutos, canais, tubos e cavernas, originados por dissolução. Entretanto, o estabelecimento de leis ou regras para o fluxo é sempre possível, dependendo da escala analisada e do grau de conhecimento que se tem do maciço.

Na Tab. 2.4 são apresentados os valores de porosidade para algumas rochas típicas, incluindo os efeitos da idade e da profundidade.

Tab. 2.4 Porosidade de alguns tipos de rocha – influência da idade geológica e da profundidade

Rocha	Idade	Profundidade (m)	Porosidade efetiva (%)
Anfibolito W1 (MG)	Proterozoico	Superfície	0,56
Anfibolito W1/W2 (MG)	Proterozoico	Superfície	0,36
Anfibolito foliado W1 (MG)	Proterozoico	Superfície	0,21
Grafita xisto W1 (MG)	Proterozoico	Superfície	0,44
Arenito W1 (Triângulo Mineiro, MG)	Cretáceo	Superfície	11,69
Arenito W2 (Triângulo Mineiro, MG)	Cretáceo	Superfície	10,86
Arenito W3 (Triângulo Mineiro, MG)	Cretáceo	Superfície	32,42
Arenito W4 (Triângulo Mineiro, MG)	Cretáceo	Superfície	23,99
Arenito Landsborough W2 (Austrália)	Jurássico	Superfície	7,32
Arenito Landsborough W3 (Austrália)	Jurássico	Superfície	8,22
Arenito Landsborough W4 (Austrália)	Jurássico	Superfície	17,50
Argilito*	Terciário	Próximo à superfície	22,0 a 32,0
Calcário*	Carbonífero	Superfície	5,7
Calcário*	Recente	Superfície	43,0
Diabásio*			0,1
Folhelho*	Cretáceo	210	33,5
Folhelho*	Cretáceo	2.130	7,6
Gabro*	–		0,2
Granito são*	–	Superfície	3,3
Granodiorito*	Proterozoico	Superfície	1,7
Gnaisse kinzigítico W1	Proterozoico	Superfície	0,6
Gnaisse kinzigítico W2	Proterozoico	Superfície	1,57
Gnaisse kinzigítico W3	Proterozoico	Superfície	5,27
Gnaisse kinzigítico W4	Proterozoico	Superfície	14,84
Mármore*	Proterozoico	Superfície	1,1
Xisto grafitoso*	Proterozoico	Superfície	4,1
Quartzo-biotita xisto*	Proterozoico	Superfície	3,1
Filito (Vazante, MG)	Proterozoico	Profundidade	0,97
Dolomito cinza (Vazante, MG)	Proterozoico	Profundidade	1,19
Dolomito rosa (Vazante, MG)	Proterozoico	Profundidade	0,61
Brecha dolomítica (Vazante, MG)	Proterozoico	Profundidade	0,52
Marga (Vazante, MG)	Proterozoico	Profundidade	1,25
Sienogranito W1 (ES)	Proterozoico	Superfície	0,80
Sienogranito W2 (ES)	Proterozoico	Superfície	1,83
Sienogranito W3 (ES)	Proterozoico	Superfície	9,11
Sienogranito W4 (ES)	Proterozoico	Superfície	29,95
Sienogranito W5 (ES)	Proterozoico	Superfície	41,42
Granito W2/W1 (QF, MG)	Proterozoico	Superfície	0,76
Rocha calcissilicática W2/W1 (QF, MG)	Proterozoico	Superfície	0,68
Quartzo-biotita xisto W2/W3 (QF, MG)	Proterozoico	Superfície	2,35
Grafita xisto W3 (QF, MG)	Proterozoico	Superfície	0,82
Filito W1 (QF, MG)	Proterozoico	Superfície	16,96
Filito W2 (QF, MG)	Proterozoico	Superfície	16,95
Filito W3 (QF, MG)	Proterozoico	Superfície	19,86
Filito W4 (QF, MG)	Proterozoico	Superfície	44,25
Filito Bunya W2 (Austrália)	Carbonífero	Superfície	3,40
Filito Bunya W3 (Austrália)	Carbonífero	Superfície	7,30
Filito Bunya W4 (Austrália)	Carbonífero	Superfície	10,80
Filito Bunya W4/W5 (Austrália)	Carbonífero	Superfície	10,40

*Observação: QF = Quadrilátero Ferrífero. Os dados marcados com * têm como fonte Goodman (1989).*

A porosimetria por intrusão de mercúrio, técnica proposta por Washburn (1921 apud Leão, 2017) e desenvolvida por Henderson et al. (1998), baseia-se no fato de o mercúrio ser um fluido não molhante e que, portanto, só penetra em vazios ou fissuras quando submetido à pressão. Assim, ensaios realizados em porosímetros, nos quais são obtidos dados de pressão-volume, permitem determinar a porosidade de rochas e a distribuição do tamanho dos poros a partir desses dados, informação esta que pode ser relevante em alguns tipos de problemas envolvendo rochas, como na área de petróleo. Na Fig. 2.10, apresentam-se curvas de variação do tamanho dos poros de rochas sedimentares da bacia do Recôncavo obtidas por Marques et al. (2005). Os resultados mostrados nessa figura permitem observar que rochas com maior percentual de poros de menor diâmetro podem desenvolver elevadas poropressões negativas durante ciclos de umedecimento e secagem, o que se traduz numa maior desagregabilidade.

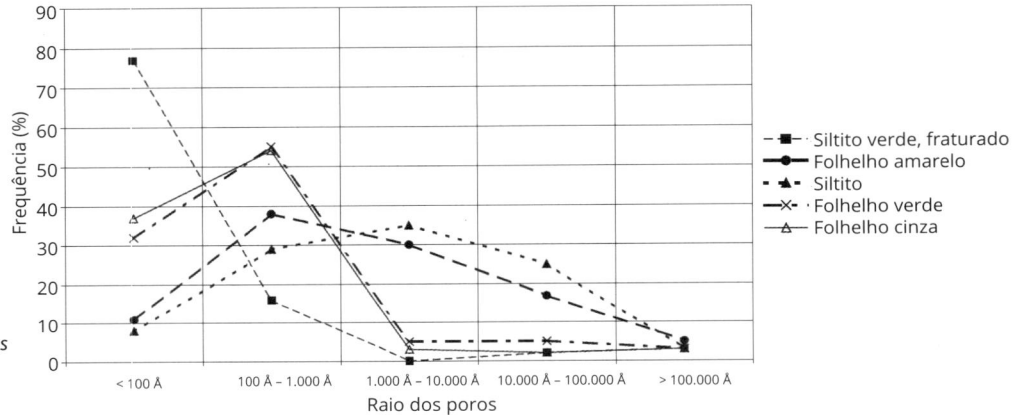

Fig. 2.10 *Resultados dos testes de porosimetria – Bacia do Recôncavo (BA)*

Outra propriedade física da rocha estreitamente relacionada com a porosidade é o teor de umidade (w), em peso, dado por:

$$w = \frac{P_w}{P_s} \tag{2.14}$$

Define-se o teor de umidade de saturação (w_{sat}) para rochas que se encontrem completamente saturadas ($S = 100\%$, $V_w = V_v$). Essa propriedade pode indicar a porosidade efetiva da rocha, uma vez que, nesse caso, todos os vazios interconectados estão preenchidos somente por água. Entretanto, comumente os poros e os vazios de uma rocha não estão todos interconectados, daí a utilização do adjetivo "aparente" para caracterizar não só a porosidade, mas também o peso específico e o teor de umidade em rochas.

A porosidade pode ser determinada por meio de:
i. *Medida direta, através do volume de vazios*
   a] *Determinação do volume de vazios (V_v)*

$$V_v = \frac{P_{sat} - P_s}{\gamma_w} = \frac{P_w}{\gamma_w} \tag{2.15}$$

A amostra de rocha é saturada por imersão em água livre de gás, submetida a vácuo (Fig. 2.11). O processo de saturação é lento para rochas de baixa porosidade. Após a saturação, a amostra é pesada, determinando-se o peso saturado (P_{sat}). Em seguida, a amostra é seca em estufa a 105 °C, por 24 h, e pesada, determinando-se o peso seco ou peso dos sólidos (P_s). O processo de saturação e secagem da amostra é repetido até que valores de peso constantes sejam obtidos em balança de precisão.

b] *Determinação da porosidade (n)*

$$n = \frac{V_v}{V} \qquad (2.16)$$

Fig. 2.11 *Amostra em saturação sob vácuo*

O volume total da amostra (V) pode ser determinado a partir da geometria do corpo de prova.

Esse método é utilizado em rochas coerentes (que não se desagregam quando em contato com a água), não expansíveis quando secas e imersas em água e de geometria regular. Em rochas desagregáveis, pode-se adotar o método da saturação progressiva, em que parte da amostra é submersa (terço inicial) e assim sucessivamente até a submersão total dela.

ii. *Medida através do teor de umidade de saturação e da densidade relativa dos grãos*

$$n = \frac{w_{sat}G_s}{1 + w_{sat}G_s} \quad \text{para } S = 100\% \qquad (2.17)$$

em que:

n = porosidade;

w_{sat} = teor de umidade de saturação;

G_s = densidade relativa dos grãos;

S = grau de saturação.

O teor de umidade de saturação é obtido através da saturação completa da amostra, que, pesada (P_{sat}), é relacionada a seu peso seco ou peso dos sólidos (P_s) por:

$$w_{sat} = \frac{P_{sat} - P_s}{P_s} = \frac{P_w}{P_s} \qquad (2.18)$$

iii. *Medida através de lâmina delgada*

A porosidade é obtida pela contagem de poros em lâminas delgadas, de espessura igual a 0,03 mm, em microscópio óptico. Para a visualização dos poros, a lâmina é preparada impregnando-se os vazios com resinas contendo corantes.

Há os seguintes inconvenientes nesse procedimento:
- a espessura reduzida da lâmina ressalta o volume dos grãos em detrimento do espaço dos poros, dificultando a interpretação pelo petrógrafo;

- ocorre escurecimento dos poros pequenos e dos microporos na lâmina, os quais podem ser facilmente confundidos com os outros constituintes sólidos da amostra de rocha.

Algumas relações entre índices físicos usados na classificação e na identificação de rochas são expressas por meio das equações a seguir.

▶ *Relação entre porosidade e peso específico seco ($\gamma_d = P_s/V$)*

$$\gamma_d = G_s \gamma_w (1-n) \tag{2.19}$$

▶ *Relação entre densidade relativa dos grãos e índice de vazios*

$$G_s w = S e \tag{2.20}$$

▶ *Relação entre índice de vazios (e = V_v/V_s) e porosidade*

$$e = \frac{n}{1-n} \tag{2.21}$$

▶ *Relação entre peso específico seco e peso específico saturado*

$$\gamma_d = \frac{\gamma_{sat}}{1+w} \tag{2.22}$$

▶ *Relação entre peso específico seco e índice de vazios*

$$\gamma_d = \frac{\gamma_s}{1+e} \tag{2.23}$$

▶ *Relação entre peso específico saturado e índice de vazios*

$$\gamma_{sat} = \gamma_d \left(1 + \frac{e}{G}\right) \tag{2.24}$$

▶ *Relação entre teor de umidade de saturação e porosidade*

$$n = \frac{w_{sat} G_s}{1 + w_{sat} G_s} \quad \text{com S = 100\%} \tag{2.25}$$

▶ *Relação entre peso específico saturado, índice de vazios e grau de saturação*

$$\gamma_{sat} = \frac{G_s + S\,e}{1+e} \gamma_w \tag{2.26}$$

▶ *Relação entre peso específico saturado, índice de vazios e teor de umidade*

$$\gamma_{sat} = \frac{1+w}{1+e} G_s \gamma_w \tag{2.27}$$

2.4.3 Ensaio para determinação da velocidade de propagação de onda (velocidade sônica)

As vibrações no interior das rochas se propagam por meio de ondas. Essas ondas podem ser compressionais (também conhecidas como longitudinais ou ondas P) ou de cisalhamento (transversais ou ondas S). Nas ondas compressionais, as partículas de rocha vibram na direção de propagação das ondas, e, nas ondas de cisalhamento, as partículas de rocha vibram na direção perpendicular à direção de propagação das ondas.

Teoricamente, a velocidade com que uma onda se propaga através da rocha depende exclusivamente de suas propriedades elásticas (módulo de elasticidade – E, coeficiente de Poisson – ν) e de seu peso específico (γ). Na prática, o que se observa é que o grau de fissuramento e o grau de intemperismo da rocha interferem nessas medidas (a velocidade de propagação diminui com a presença de fissuras e com o aumento do intemperismo).

Desse modo, a velocidade de propagação da onda pode ser usada como índice para avaliar o grau de fissuramento e/ou intemperismo da rocha.

- A velocidade de propagação da onda diminui com o aumento da porosidade da rocha ⇒ rocha mais alterada: $v \downarrow$ se $n \uparrow$.
- A velocidade de propagação da onda se eleva com o aumento do peso específico da rocha ⇒ rocha menos alterada: $v \uparrow$ se $\gamma \uparrow$.
- A velocidade de propagação da onda aumenta com o nível da tensão aplicada ⇒ diminui a porosidade: $v \uparrow$ se $\sigma \uparrow$ ($n \downarrow$).
- A velocidade de propagação da onda aumenta com o teor de umidade na rocha ⇒ água preenchendo os vazios: $v \uparrow$ se $w \uparrow$.

Esse índice é muito usado para determinar zonas de fraturamento e/ou alteração em escavações subterrâneas.

A velocidade de propagação de onda em uma amostra de rocha pode ser obtida da seguinte maneira: um cristal piezoelétrico (quartzo ou turmalina) emissor de ondas longitudinais é adaptado a uma extremidade do corpo de prova cilíndrico. Na face oposta, é adaptado um cristal piezoelétrico receptor de vibrações (Fig. 2.12). O tempo gasto para o percurso é determinado pela diferença de fase em um osciloscópio. O mesmo procedimento aplica-se à determinação da velocidade de propagação de onda transversal (v_s). Calcula-se a velocidade de propagação longitudinal (v_l) por:

$$v_l = \frac{L}{t} \qquad (2.28)$$

em que:
L = comprimento do corpo de prova;
t = tempo de percurso da onda (medido).

Fourmaintraux (1976) propõe um índice de qualidade (IQ) de rochas com base na velocidade de propagação de ondas longitudinais, o qual é obtido da seguinte maneira:

a] Calcula-se a velocidade longitudinal da onda na amostra de acordo com sua composição mineralógica (velocidade que ocorreria se o espécime não tivesse poros nem fissuras). Conhecida, portanto, a composição mineralógica da amostra, tem-se:

$$\frac{1}{v_l^*} = \sum_{i=1}^{n} \frac{C_i}{v_{l,i}} \qquad (2.29)$$

em que:

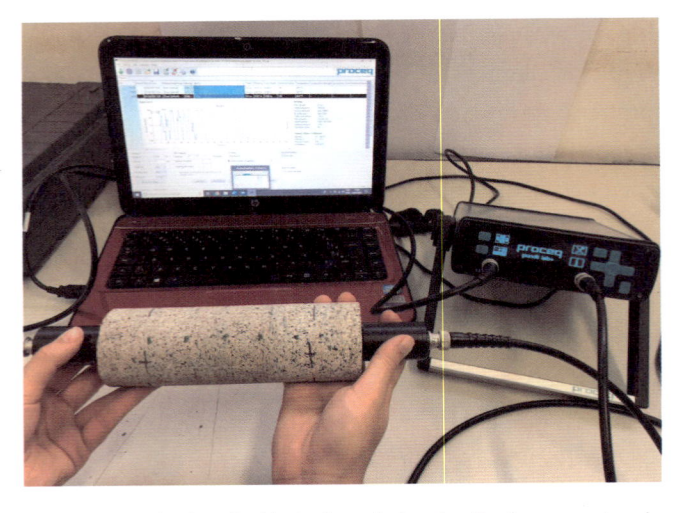

Fig. 2.12 *Ensaio de velocidade de onda longitudinal na amostra de rocha*

v^*_l = velocidade de propagação longitudinal da onda na rocha;

C_i = volume ocupado pelo material i (em %);

n = número de materiais presentes na amostra;

$v_{l,i}$ = velocidade de propagação longitudinal da onda no material constituinte i.

b) Determina-se a velocidade de onda longitudinal (v_l) da amostra de rocha em laboratório.

c) Calcula-se o índice IQ por meio de:

$$IQ(\%) = \frac{v_l}{v^*_l}(\%) \qquad (2.30)$$

Fourmaintraux (1976) observou ainda que o índice IQ é influenciado pela presença de poros e propôs a seguinte relação:

$$IQ(\%) = 100 - 1{,}6\, n_p\% \qquad (2.31)$$

em que:

$n_p\%$ = porosidade da rocha não fissurada.

Tab. 2.5 Velocidade de onda longitudinal em minerais

Mineral	v_l (m/s)	Mineral	v_l (m/s)
Anfibólio	7.200	Muscovita	5.800
Augita	7.200	Olivina	8.400
Calcita	6.600	Ortoclásio	5.800
Dolomita	7.500	Pirita	8.000
Epidoto	7.450	Plagioclásio	6.250
Gesso	5.200	Quartzo	6.050
Magnetita	7.400		

Fonte: Fourmaintraux (1976).

Na Tab. 2.5 são apresentados os valores de velocidade de onda longitudinal (v_l) para alguns minerais. Por sua vez, na Tab. 2.6 encontram-se valores típicos de velocidade de onda longitudinal para alguns tipos de rocha.

A partir de medidas de laboratório e observações das fissuras através de microscópios, Fourmaintraux (1976) verificou a extrema sensibilidade do índice IQ com o grau de fissuramento da rocha e propôs uma classificação para as amostras em função de IQ e da porosidade como base para descrever o grau de fissuramento (Fig. 2.13). Com o valor da porosidade conhecido e o valor de IQ calculado, é definido um ponto em uma das cinco faixas:

i. não fissurado a levemente fissurado;
ii. levemente a moderadamente fissurado;
iii. moderadamente a fortemente fissurado;
iv. fortemente a muito fissurado;
v. muito a extremamente fissurado.

2.4.4 Alterabilidade e durabilidade

Todas as rochas são mais ou menos afetadas por ciclos de variação no nível de tensões, os quais podem ser naturais (por aquecimento-resfriamento, umedecimento-

-secagem, congelamento-degelo, descarregamento-carregamento) ou induzidos pelo homem (escavação) e levam à fadiga e à ruptura do material.

Os granitos intactos são duráveis porque podem ser submetidos a ciclos de umedecimento-secagem sem se desintegrarem. Os folhelhos, algumas rochas ígneas e metamórficas intemperizadas e outras que contenham minerais, como o sal anidro, incham ou desintegram-se quando expostos às condições atmosféricas.

O índice de alterabilidade está diretamente relacionado à velocidade de intemperismo da rocha e indica sua tendência de desagregação, sendo bastante útil por oferecer uma faixa relativa de durabilidade da rocha. Entre os processos que alteram as propriedades das rochas, pode-se citar tanto os químicos, como hidratação, solução e oxidação, quanto os físicos, como esfoliação, desagregação e abrasão.

Cabe mencionar que *alterabilidade* é a facilidade que uma determinada rocha tem de se alterar. Já *durabilidade* é o inverso de alterabilidade, ou seja, a dificuldade que uma determinada rocha tem de se alterar.

O índice de durabilidade pode ser definido por meio dos ensaios de durabilidade.

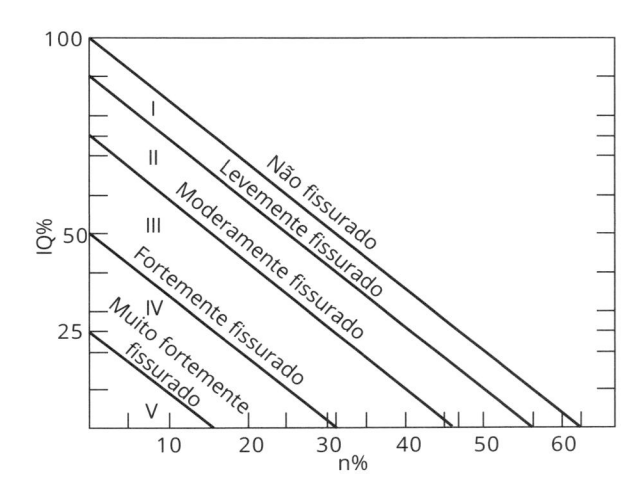

Fig. 2.13 *Esquema de classificação do grau de fissuramento da rocha*
Fonte: adaptado de Fourmaintraux (1976).

Ensaio para determinação de durabilidade (slake durability test)

Proposto por Franklin e Chandra (1972), esse ensaio é usado para determinar a resistência de rochas a ciclos de molhagem-secagem. O aparelho utilizado consiste

Tab. 2.6 Valores típicos de velocidade de onda longitudinal em rochas

Rocha	v_l^* (m/s)
Anfibolito W1 (MG)	6.026
Anfibolito W1/W2 (MG)	5.677
Anfibolito W1 paralelo (Santos, SP)	5.569-5.885
Anfibolito W1 perpendicular (Santos, SP)	5.036-5.230
Cataclasito W1 (Santos, SP)	5.838-6.116
Anfibolito foliado W1 (MG)	5.313
Grafita xisto W1 (MG)	5.985
Arenito e quartzito*	6.000
Filito W1 (Vazante, MG)	4.442-6.092
Dolomito cinza W1 (Vazante, MG)	6.200-6.685
Dolomito rosa W1 (Vazante, MG)	5.840-6.600
Brecha dolomítica W1 (Vazante, MG)	6.481-6.892
Marga W1 (Vazante, MG)	5.063-5.483
Sienogranito W1 (ES)	4.824-5.045
Sienogranito W2 (ES)	4.616-5.074
Sienogranito W3 (ES)	1.419-2.715
Sienogranito W4 (ES)	805-960
Sienogranito W5 (ES)	372-593
Filito W1 (QF, MG) paralelo à foliação	5.382
Filito W2 (QF, MG) paralelo à foliação	4.601-4.795
Filito W3 (QF, MG) paralelo à foliação	3.474-4.243
Filito W4 (QF, MG) paralelo à foliação	3.588
Filito W1 (QF, MG) perpendicular à foliação	2.040
Filito W2 (QF, MG) perpendicular à foliação	445-970
Filito W3 (QF, MG) perpendicular à foliação	126-742
Filito W4 (QF, MG) perpendicular à foliação	946
Kinzigito W1 (RJ)	5.393-5.829
Kinzigito W2 (RJ)	4.736-5.791
Kinzigito W3 (RJ)	3.592-4.719
Basalto*	6.500-7.000
Calcário*	6.000-6.500
Dolomito*	6.500-7.000
Gabro*	7.000
Rochas graníticas	5.500-6.000

Observação: QF = Quadrilátero Ferrífero. Os dados marcados com * têm como fonte Fourmaintraux (1976).

de um cilindro com 140 mm de diâmetro e 100 mm de comprimento (Fig. 2.14), cujas paredes são formadas por uma malha metálica com 2 mm de abertura. A amostra de rocha para ensaio deve ter uma massa de aproximadamente 500 g e ser quebrada em dez pedaços de 40 g a 60 g, previamente secos e pesados, que são colocados dentro do cilindro. O cilindro é imerso em um tanque com água (ou qualquer outro fluido de interesse – água de mina, por exemplo) e submetido a uma rotação com velocidade de 20 rpm durante dez minutos. Amostras de rocha de moderada a baixa durabilidade desintegram-se progressivamente e os fragmentos passam através da malha. Após os dez minutos, o cilindro com a fração remanescente da amostra é removido e levado a secar em estufa, e essa fração remanescente é pesada.

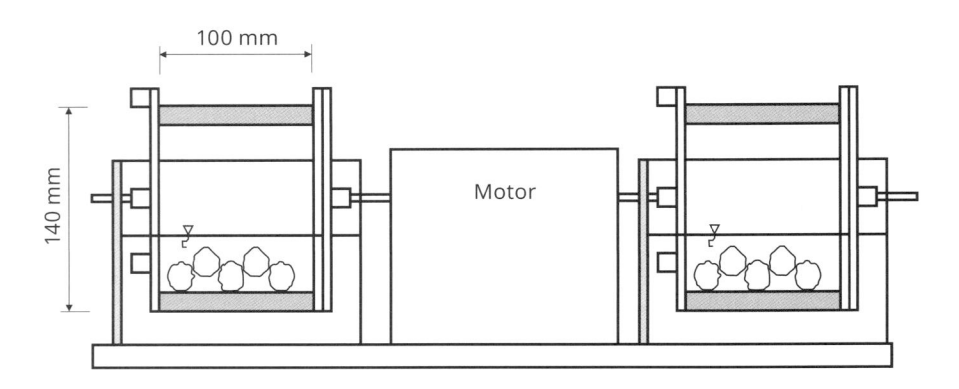

Fig. 2.14 *Equipamento para ensaio de durabilidade (*slake durability test*)*

A relação entre o peso seco da fração de amostra retida no cilindro e o peso inicial da amostra é definida como índice de durabilidade (I_d):

$$I_d = \frac{\text{peso final}}{\text{peso inicial}} \tag{2.32}$$

Os valores de I_d aproximam-se de zero para as amostras altamente suscetíveis à desagregação e de 100% para materiais que se desagregam muito pouco.

Gamble (1971) propôs que se submetesse a amostra a um segundo ciclo de dez minutos após a secagem. Uma classificação de durabilidade proposta por esse autor é apresentada na Tab. 2.7.

Não se verificou nenhuma correlação entre durabilidade e idade geológica da rocha. Foi observado que a durabilidade varia diretamente com o peso específico e inversamente com o teor de umidade natural:

$$I_d \sim \text{peso específico}$$

$$I_d \sim \frac{1}{\text{umidade}}$$

Na Tab. 2.8 são mostrados resultados de ensaios de *slake durability test* realizados em rochas brasileiras.

Tab. 2.7 Classificação de durabilidade (*slake durability*) de Gamble (1971)

Classificação da durabilidade	% retida no primeiro ciclo de 10 min	% retida após dois ciclos de 10 min
Muito alta	> 99	> 98
Alta	98-99	95-98
Medianamente alta	95-98	85-95
Média	85-95	60-85
Baixa	60-85	30-60
Muito baixa	< 60	< 30

Fonte: Goodman (1989).

2.4.5 Ensaio com esclerômetro de Schmidt

O esclerômetro ou martelo de Schmidt é um equipamento portátil (Fig. 2.15) utilizado para a determinação da resistência à compressão uniaxial (C_0) da matriz rochosa, com base nos valores do rebote (R), em especial para os materiais existentes nas paredes de descontinuidades. Aydin e Basu (2005) apresentaram uma revisão crítica sobre o ensaio, com foco na influência do tipo de martelo, direção de impacto, características da amostra, intemperismo, umidade, coleta de dados e procedimentos de análise sobre a resistência (ISRM, 2014).

Existem dois modelos de martelo, o tipo L e o tipo N, o primeiro com energia de impacto de 0,735 N e o segundo com 2,207 N. O tipo N é mais indicado para a realização de ensaios de campo e o tipo L, para ensaios em materiais menos resistentes – intemperizados, porosos ou brandos. As amostras para ensaios devem ter preferencialmente um diâmetro NX (> 54,7 mm) para ensaios com o tipo L e de 84 mm para ensaios com o tipo N. Blocos devem ter no mínimo 100 mm de espessura no ponto de impacto. Uma base de aço deve ser preferencialmente utilizada para a realização dos ensaios (Fig. 2.15).

Outro cuidado que se deve ter é em relação ao tipo de martelo utilizado, se mecânico ou digital. Os modelos mecânicos dão como resultado o valor do rebote (R), que depende da inclinação de realização do ensaio (vertical ou inclinado para baixo, horizontal, vertical ou inclinado para cima etc.) e para o qual existem curvas de correlação usualmente fornecidas pelo fabricante. Os martelos digitais, por sua vez, não necessitam de correção relativa à inclinação do martelo, mas o valor do rebote (Q) deve ser corrigido para a obtenção do valor de R.

Há, na literatura, diversas propostas de correlação entre Q e R, sendo uma das mais comuns a equação proposta por Winkler e Matthews (2014), $Q = \{(R - 8,5605)/1,0008\}$. Com base nesse valor de R, e utilizando-se de equações de correlação, tais como a de Deere e Miller (1966), mostrada a seguir, obtém-se C_0.

$$C_0 = 6,9 \times 10(0,0087\gamma R + 0,16) \qquad (2.33)$$

Na Tab. 2.9 apresentam-se resultados de valores de R obtidos com esclerômetro digital do tipo L em diversas rochas do Brasil.

Tab. 2.8 Resultados de ensaios de *slake durability test* em rochas brasileiras

Rocha	Id_2 (% retida após dois ciclos de 10 min)
Filito W1 (Vazante, MG)	96,81
Dolomito cinza W1 (Vazante, MG)	99,04
Dolomito rosa W1 (Vazante, MG)	99,00
Brecha dolomítica W1 (Vazante, MG)	99,07
Marga W1 (Vazante, MG)	98,90
Filito W2 (QF, MG)	76,76
Filito W3 (QF, MG)	1,66
Filito W4 (QF, MG)	7,44

Observação: QF = Quadrilátero Ferrífero.

Fig. 2.15 *Esclerômetro ou martelo de Schmidt*

Tab. 2.9 Resultados de ensaios de martelo de Schmidt realizados em rochas brasileiras

Rocha	R (Rebote)
Rocha básica intrusiva (Carajás, PA)	31,5-41,1
Sienogranito W1 (ES)	49,3-54,0
Sienogranito W2 (ES)	48,4-54,6
Sienogranito W3 (ES)	17,9-33,4
Sienogranito W4 (ES)	5,4-16,4
Sienogranito W5 (ES)	3,4-6,9
Filito W1 (QF, MG)	15,9-23,6
Filito W2 (QF, MG)	14,5-20,8
Filito W3 (QF, MG)	11,8-16,4
Filito W4 (QF, MG)	11,1-13,5

Observação: QF = Quadrilátero Ferrífero.

3 Propriedades de resistência e deformabilidade de maciços rochosos

Os problemas de engenharia em Mecânica das Rochas envolvem duas questões básicas:

- *A resistência ao colapso para um determinado estado de tensão*: as tensões atuantes no maciço rochoso atingirão os níveis máximos toleráveis, provocando, consequentemente, ruptura local ou total do material?
- *Os deslocamentos admissíveis*: os deslocamentos do maciço rochoso, sob o carregamento aplicado, produzirão deformações na estrutura a ponto de provocar danos ou seu colapso?

O maciço rochoso deve ser reconhecido como um material descontínuo, que pode ter propriedades variadas em diferentes pontos e direções. É composto por rocha intacta (matriz rochosa) e pelas descontinuidades. Trata-se de um material que foi frequentemente submetido a ações mecânicas, térmicas e químicas ao longo de milhões de anos.

Para prever o comportamento da rocha como um material de engenharia, algumas propriedades da rocha intacta (sã), das descontinuidades e do maciço rochoso devem ser determinadas. Essas propriedades podem variar muito conforme a área de interesse da engenharia. Alguns enfoques diferentes podem ser apresentados para especificá-las:

- *Medição direta das propriedades fundamentais*: procedimento mais adotado em pesquisa, mas que permite uma melhor caracterização das propriedades a serem utilizadas em projetos. É mais caro e usualmente empregado apenas em projetos com mais recursos.
- *Determinação de propriedades-índice como uma comparação indicativa da qualidade da rocha*: procedimento mais fácil e menos dispendioso de ser executado.
- *Determinação dos parâmetros/propriedades por retroanálise*.

Supondo que possam ser estimadas as tensões preexistentes (iniciais) no maciço rochoso e que seja possível prever como elas serão modificadas pela construção e pela operação das obras de engenharia, como determinar o comportamento do maciço (se a rocha vai romper, fissurar, escoar etc.)? Utiliza-se um critério de ruptura – equações que agrupam as combinações-limite das componentes de tensão, separando as condições aceitáveis das condições inadmissíveis (Goodman, 1989).

3.1 Propriedades de resistência de rochas intactas

A resistência determina a eficiência da rocha em manter seu arranjo original, ou seja, em manter seus componentes coesos. Quando uma rocha perde a capacidade de suportar uma determinada solicitação, como aquela resultante da implantação de uma obra de engenharia, diz-se que ela rompeu, isto é, perdeu totalmente sua integridade.

Geralmente, os ensaios em laboratório para a determinação da resistência de rochas são caros e trabalhosos, e os resultados são muito sensíveis ao método e ao tipo de carregamento aplicado.

Fundamentalmente, a ruptura em rochas intactas é causada por tensões de compressão ou de tração (Fig. 3.1). Eventualmente, a ruptura pode estar associada a estados de tensões em que ocorram tanto tensões de compressão quanto de tração.

A ruptura por tensões de compressão está associada, em geral, à ruptura por tensões de cisalhamento em planos em que essas tensões atingiram valores críticos.

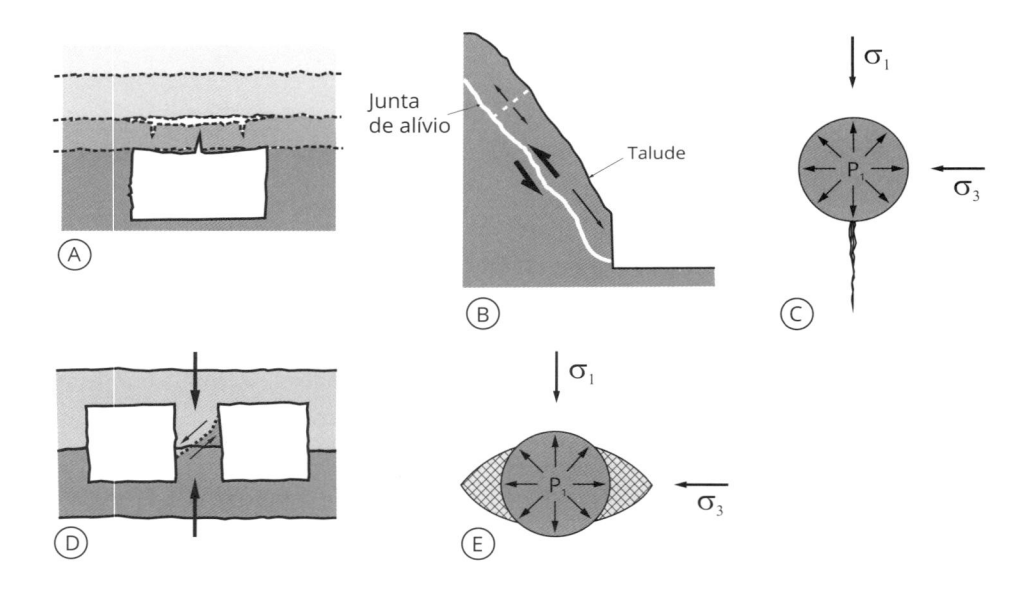

Fig. 3.1 *Modos de ruptura das rochas: (A, B, C) tração e (D, E) compressão*

3.1.1 Ensaios de resistência de rochas em laboratório

Os ensaios de laboratório usuais para a determinação da resistência em amostras de rochas são os seguintes:

- compressão uniaxial (simples) ou triaxial;
- cisalhamento direto (resistência ao longo de planos predefinidos);
- tração direta ou indireta;
- tenacidade;
- abrasão.

Ensaio para determinação da resistência à compressão uniaxial (simples)

É o ensaio mais frequentemente utilizado em Mecânica das Rochas na determinação de sua resistência e deformabilidade. A grande maioria das classificações de materiais rochosos utiliza dados de compressão simples. Na Fig. 3.2, podem-se notar dois grandes grupos de rocha, com características de resistência e deformabilidade bastante distintas: as resistentes e as brandas, com resistência à compressão uniaxial de até 25 MPa. O limite entre rocha branda e solo, por sua vez, situa-se na faixa de 0,5 MPa a 1,0 MPa, mas sem definição precisa.

O ensaio de compressão uniaxial é de execução simples, entretanto a preparação de uma amostra cilíndrica pode ser difícil e cara. A relação entre altura e diâmetro (H/D) deve variar, segundo uma determinação da ISRM (2007), entre 2,5 e 3,0, não tendo sido consideradas as rochas brandas. A relação H/D tem sido muito discutida em anos recentes e diversos trabalhos têm sido desenvolvidos para determiná-la com melhor precisão (Fig. 3.3), havendo pesquisadores que sugerem valores entre 2,0 e 3,0.

Todo ensaio de compressão apresenta algum efeito de borda, relacionado ao fato de que, entre os *caps* (superior e inferior) e a amostra, em geral aparecem tensões cisalhantes. Essas tensões são responsáveis por um estado de tensões não uniforme nas porções superior e inferior das amostras. Assim, somente na região central do corpo de prova ocorre um estado uniforme de compressão simples.

Os fatores que influenciam a resistência à compressão uniaxial podem ser intrínsecos ou extrínsecos.

Entre os fatores intrínsecos, destacam-se a mineralogia, as propriedades físicas (γ, n etc.) e a textura. Os principais fatores extrínsecos são a geometria do corpo de prova (H/D), o efeito da água, a velocidade de carregamento, a máquina de ensaio e as condições de extremidade.

Em relação à velocidade de carregamento, quanto maior for seu valor, mais elevada será a resistência oferecida pela rocha. As influências da água, da

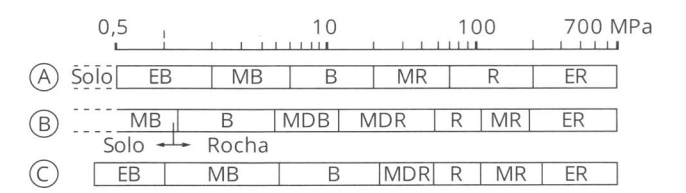

Fig. 3.2 *Classificações de resistência de rochas propostas por (A) Franklin e Dusseault (1990), (B) Sociedade Geológica de Londres (1970) e (C) Sociedade Internacional de Mecânica das Rochas (ISRM, 1978). Simbologia: EB – extremamente brando; MB – muito brando; B – brando; MDB – moderadamente brando; MDR – moderadamente resistente; R – resistente; MR – muito resistente; ER – extremamente resistente*
Fonte: adaptado de Vargas Jr. e Nunes (1992).

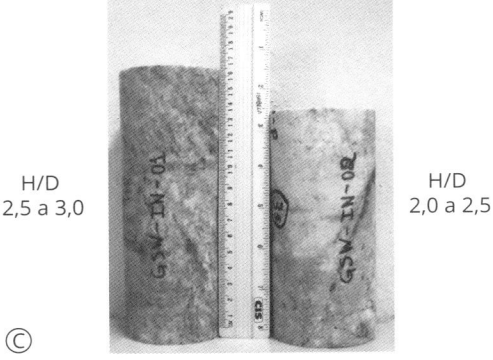

Fig. 3.3 *(A) Exemplo de prensa para ensaios uniaxiais, (B) esquema de ensaios de compressão uniaxial e (C) exemplo de corpos de prova com relações H/D diferentes*

máquina de ensaio e das condições de extremidade serão abordadas mais adiante, ainda neste capítulo.

A resistência à compressão uniaxial corresponde à carga de ruptura da amostra, expressa por:

$$\sigma_c = C_0 = \frac{P}{A} \quad (3.1)$$

em que:
$\sigma_c = C_0$ = resistência à compressão uniaxial máxima ou última;
P = carga de ruptura;
A = área inicial da seção transversal da amostra.

Na Tab. 3.1 são apresentados os valores de resistência à compressão uniaxial para diversos tipos de rocha de diferentes Estados do Brasil.

Ensaio para determinação da resistência à compressão puntiforme (point load test)

A resistência à compressão também pode ser determinada por meio de ensaios de compressão puntiforme.

A ISRM (2007) sugere uma metodologia de ensaio que permite definir a resistência à compressão puntiforme em amostras de rocha retiradas de testemunhos de sondagem (testes diametrais ou axiais), cortadas de blocos (testes em blocos), ou em agregados de forma irregular (testes em amostras irregulares).

Nesse ensaio, as amostras são levadas à ruptura pela aplicação de uma carga por meio de cones metálicos com ponta arredondada. A ruptura é provocada pelo desenvolvimento de fraturas de tração paralelas ao eixo de carregamento. O índice de resistência (I_s) é dado por:

$$I_s = \frac{P}{D^2} \quad (3.2)$$

em que:
I_s = índice de resistência à compressão puntiforme;
P = carga de ruptura;
D = distância entre os cones de carregamento.

Tab. 3.1 Resistência à compressão uniaxial de algumas rochas brasileiras

Rocha	C_o (MPa)
Sienogranito W1 (ES)	49,3-54,0
Sienogranito W2 (ES)	48,4-54,6
Sienogranito W3 (ES)	17,9-33,4
Sienogranito W4 (ES)	5,4-16,4
Sienogranito W5 (ES)	3,4-6,9
Granodiorito W1 (NE)	162,1 ± 35,4
Granito W2/W1 (QF, MG)	178,8 ± 19,4
Kimberlito W1 (NE)	93,01 ± 6,7
Rocha calcissilicática W2/W1 (QF, MG)	201,0 ± 37,1
Quartzo-biotita xisto W2/W3 (QF, MG)	37,9 ± 7,9
Grafita xisto W3 (QF, MG)	42,0 ± 3,5
Anfibolito W1 (SP)	222,5 ± 44,9
Anfibolito W1/W2 (SP)	113,3 ± 40,6
Anfibolito foliado W1 (SP)	94,5 ± 17,2
Anfibolito quartzoso W1 (SP)	160,1 ± 52,0
Grafita xisto W1 (SP)	115,5 ± 38,2
Anfibolito W1 (MG)	291,5 ± 45,4
Pegmatito W1 (MG)	90,5 ± 25,9
Xisto grafitoso W2/W3 (MG)	39,7 ± 5,5
Filito W1 (Vazante, MG)	186,5 ± 25,7
Dolomito cinza W1 (Vazante, MG)	267,7 ± 35,9
Marga W1 (Vazante, MG)	119,9 ± 14,5
Kinzigito W1 paralelo à foliação (RJ)	86,9
Kinzigito W2 paralelo à foliação (RJ)	62,6
Kinzigito W3 paralelo à foliação (RJ)	21,1
Gnaisse facoidal W1 paralelo à foliação (RJ)	74,1
Leptinito paralelo à foliação (RJ)	104,0
Filito W1 (QF, MG)	15,9-23,6
Filito W2 (QF, MG)	14,5-20,8
Filito W3 (QF, MG)	11,8-16,4
Filito W4 (QF, MG)	11,1-13,5
Rocha básica intrusiva (QF, MG)	47,4 ± 5,67
Rocha básica (Carajás, PA)	80,5 ± 25,1

Observações: ES = Espírito Santo; SP = São Paulo; MG = Minas Gerais; RJ = Rio de Janeiro; NE = Nordeste; QF = Quadrilátero Ferrífero; PA = Pará.

As Figs. 3.4 e 3.5 ilustram o ensaio e o tipo de equipamento utilizado.

Como padrão, a resistência à compressão puntiforme ($I_{s(50)}$) é definida para o ensaio realizado em amostras cilíndricas com diâmetro D igual a 50 mm:

$$I_{s(50)} = \frac{P}{D^2} \qquad (3.3)$$

É possível ensaiar amostras com formas regulares ou irregulares, além das cilíndricas, desde que sejam obedecidos os critérios indicados na Fig. 3.6. Para esses casos, será necessário definir um diâmetro equivalente D_e correspondente a uma seção circular com área igual à da seção transversal do corpo de prova ensaiado, para que seja calculado o valor padronizado, $I_{s(50)}$.

Para corrigir o valor do ensaio para um diâmetro (D) de 50 mm, pode-se utilizar a equação:

$$I_{s(50)} = F \frac{P}{D_e^2} \qquad (3.4)$$

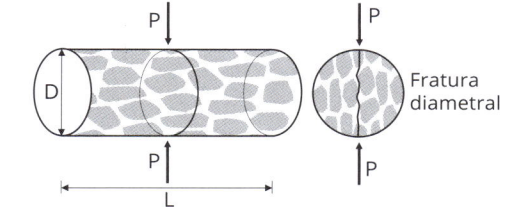

Fig. 3.4 *Ensaio de compressão puntiforme*

em que F é o fator de correção de tamanho, dado por:

$$F = \left(\frac{D_e}{50}\right)^{0,45} \qquad (3.5)$$

Com base na Fig. 3.6, o valor do diâmetro equivalente (D_e) da amostra de rocha é dado por:

$$D_e^2 = D^2 \text{ para ensaios diametrais}$$

$$D_e^2 = \frac{4A}{\pi} \text{ para ensaios axiais ou em amostras irregulares, em que } A = W D$$

A realização do ensaio de compressão puntiforme, segundo a metodologia sugerida pela ISRM (2007), pode ser resumida nos seguintes passos:

i. A amostra de rocha deve conter fragmentos em tamanho e forma que respeitem as condições ilustradas na Fig. 3.6.
ii. A razão D/W deve se situar entre 0,3 e 1,0, preferencialmente próximo de 1,0. A distância L deve ser de, no mínimo, 0,5D.
iii. O carregamento deve ser aplicado com velocidade constante, de tal forma que a ruptura ocorra entre 10 s e 60 s, e a carga de ruptura deve ser anotada. Na Fig. 3.7 apresenta-se um esquema ilustrativo de resultados de ensaio considerados válidos, ou seja, aqueles em que os pontos de aplicação da carga estão contidos na superfície de ruptura. Os testes devem ser considerados inválidos quando a superfície de ruptura passar apenas por um ou nenhum ponto de carregamento.
iv. Todos os valores obtidos devem ser corrigidos para a obtenção do $I_{s(50)}$, conforme a norma. De modo geral, são necessários dez ensaios válidos (usualmente,

Fig. 3.5 *Equipamento para a realização de ensaio de compressão puntiforme*

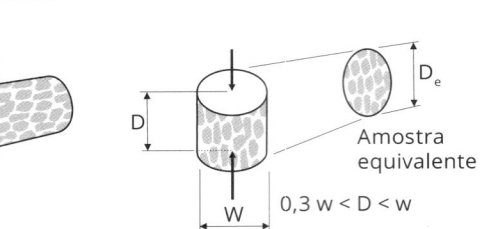

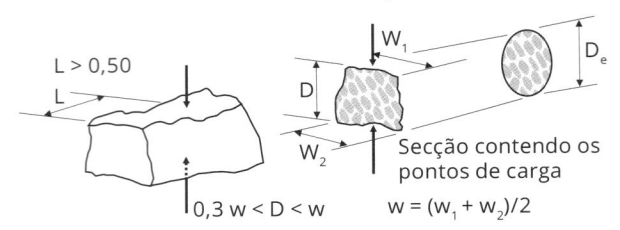

Fig. 3.6 *Relação entre dimensões das amostras de rocha para padronizar o ensaio de compressão puntiforme, de acordo com a norma da ISRM (2007)*
Fonte: ISRM (2007).

eliminam-se os dois maiores e os dois menores valores, e determina-se a média com base nos seis valores restantes) para as rochas isotrópicas. Entretanto, um número menor de ensaios poderá ser suficiente se não houver dispersão significativa nos resultados. Nos casos em que forem ensaiados menos de dez corpos de prova, apenas o maior e o menor valor serão descartados se houver até oito ensaios válidos. Para os casos com menos de oito ensaios válidos, nenhum deles deve ser descartado.

Na Tab. 3.2 são apresentados os valores típicos de resistência à carga puntiforme ($I_{s(50)}$) para algumas rochas.

O valor de $I_{s(50)}$ é correlacionado empiricamente à resistência à compressão uniaxial não confinada através de uma relação linear proposta por Bieniawski (1989):

$$C_0 = K \, I_{s(50)} \tag{3.6}$$

em que:

C_0 = resistência à compressão uniaxial não confinada de corpos de prova cilíndricos, com relação comprimento/diâmetro igual a 2,0.

Os valores mais frequentes de K estão compreendidos entre 20 e 25. O Departamento de Engenharia Civil da Universidade Federal de Viçosa (UFV) tem realizado diversos estudos de determinação do valor da constante K para rochas existentes no Estado de Minas Gerais, cujos resultados são também listados na Tab. 3.2.

O ensaio de compressão puntiforme não é recomendado para rochas brandas (< 25 MPa de resistência à compressão uniaxial), já que os cones podem penetrar no corpo de prova.

Esse ensaio apresenta algumas vantagens, como simplicidade e rapidez de execução; baixo custo; amostra com formato e tamanho quaisquer; e facilidade de reprodução em qualquer lugar (aparelho portátil e de baixo custo).

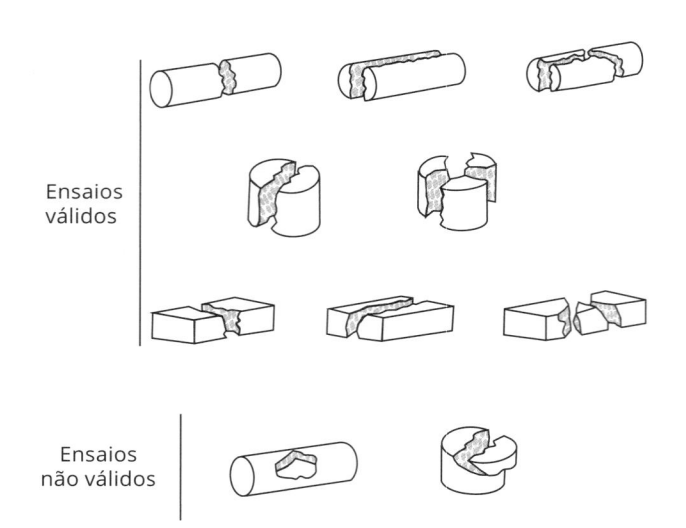

Fig. 3.7 *Tipos de rupturas válidas e não válidas nos ensaios de carga puntiforme*
Fonte: ISRM (2007).

Tab. 3.2 Resistência à compressão puntiforme de algumas rochas

Rocha	$I_{s(50)}$ (MPa)	Rocha	$I_{s(50)}$ (MPa)
Sienogranito W1 (ES)	10,1-12,4	Brecha W1 (Vazante, MG)	7,9 ± 3,6
Sienogranito W2 (ES)	10,3-12,0	Dolomito rosa (Vazante, MG)	9,7 ± 0,6
Sienogranito W3 (ES)	1,39-1,43	Kinzigito W1 paralelo à foliação (RJ)	5,18
Sienogranito W4 (ES)	0,06-0,07	Kinzigito W2 paralelo à foliação (RJ)	5,15
Sienogranito W5 (ES)	0,02-0,03	Kinzigito W3 paralelo à foliação (RJ)	2,38
Granodiorito W1 (NE)	11,24	Kinzigito W1 perpendicular à foliação (RJ)	7,09
Granito W2/W1 (QF, MG)	6,5	Kinzigito W2 perpendicular à foliação (RJ)	3,83
Kimberlito W1 (NE)	3,44	Kinzigito W3 perpendicular à foliação (RJ)	2,79
Rocha calcissilicática W2/W1 paralela à foliação (QF, MG)	8,1	Gnaisse facoidal W1 (RJ)	1,9-5,8
Rocha calcissilicática W2/W1 perpendicular à foliação (QF, MG)	10,2	Filito W1 (QF, MG)	1,03 ± 0,31
Quartzo-biotita xisto W2/W3 (QF, MG)	4,24	Filito W2 (QF, MG)	1,15 ± 0,51
Grafita xisto W3 (QF, MG)	3,48	Filito W3 (QF, MG)	0,22 ± 0,05
Grafita xisto W3 (QF, MG)	2,56	Filito W4 (QF, MG)	0,20 ± 0,03
Anfibolito W1 (SP)	9,04 ± 0,43	Filito Bunya W2 (Austrália)	4,44 ± 1,23
Anfibolito W1/W2 (SP)	7,70 ± 1,09	Filito Bunya W3 (Austrália)	1,61 ± 0,76
Anfibolito foliado W1 (SP)	6,79 ± 0,90	Filito Bunya W4 (Austrália)	0,99 ± 0,43
Anfibolito quartzoso W1 (SP)	9,93 ± 0,90	Filito Bunya W4/W5 (Austrália)	0,86 ± 0,39
Grafita xisto W1 (SP)	3,79 ± 1,35	Arenito Landsborough W2 (Austrália)	3,60 ± 0,98
Anfibolito W1 (MG)	8,57 ± 0,52	Arenito Landsborough W3 (Austrália)	2,23 ± 0,94
Anfibolito W2/W3 (MG)	1,74 ± 0,51	Arenito Landsborough W3/W4 (Austrália)	1,61 ± 0,84
Pegmatito W1 (MG)	10,77 ± 0,63	Arenito Landsborough W4 (Austrália)	0,91 ± 0,43
Pegmatito W2/W3 (MG)	3,68 ± 1,15	Arenito W1 (MG)	1,32 ± 0,43
Pegmatito W3 (MG)	1,38 ± 0,44	Arenito W2 (MG)	1,28 ± 0,73
Xisto grafitoso W2/W3 (MG)	2,67 ± 0,35	Arenito W3 (MG)	1,08 ± 0,60
Filito W1 (Vazante, MG)	4,4 ± 2,1	Arenito W4 (MG)	0,98 ± 0,54
Dolomito cinza W1 (Vazante, MG)	9,7 ± 1,8	Rocha básica intrusiva (QF, MG)	3,76
Marga W1 (Vazante, MG)	5,3 ± 2,22	Rocha básica (Carajás, PA)	3,76

Observações: ES = Espírito Santo; SP = São Paulo; MG = Minas Gerais; RJ = Rio de Janeiro; NE = Nordeste; QF = Quadrilátero Ferrífero; PA = Pará.

Ensaio axissimétrico para determinação da resistência à compressão triaxial

O ensaio consiste na compressão, em geral, axial do cilindro de rocha com a aplicação simultânea de pressão confinante, como mostrado na Fig. 3.8A. A Fig. 3.8B apresenta um exemplo de prensa triaxial servocontrolada.

Na ruptura, o estado de tensões é dado por:

$$\sigma_1 - \sigma_3 = \Delta\sigma \tag{3.7}$$

em que:

σ_1 = tensão axial aplicada na amostra na ruptura;
σ_3 = tensão/pressão confinante aplicada na amostra, em geral mantida constante;
$\Delta\sigma = \sigma_1 - \sigma_3$ = tensão desviadora aplicada na amostra.

Em ensaios triaxiais de rochas, o efeito do confinamento é obtido por meio da aplicação de óleo sob pressão na câmara triaxial, na qual é colocada a amostra de rocha envolvida por uma membrana impermeável (de maneira similar à que se realiza em solos). Quanto maior é a pressão confinante, maior é a resistência apresentada pelo material.

Na Fig. 3.9 mostra-se o conjunto de amostra e câmara triaxial sugerido por Hoek e Franklin (1968). Essa célula triaxial, bastante utilizada, permite a aplicação de pressões confinantes de até 70 MPa.

O aumento de resistência exibido pelas rochas ensaiadas com confinamento sugere vários tipos de trajetórias de tensões para os ensaios. Entretanto, de maneira contrária à que ocorre em ensaios de solos, o ensaio triaxial em rochas não é padronizado, existindo grande variedade de tipos de carregamento e de equipamentos.

De acordo com o modelo, as células triaxiais podem permitir que a variação da poropressão e da permeabilidade seja determinada; algumas possibilitam a adaptação de instrumentação interna e outras exigem a utilização de membranas especiais.

Outra observação importante obtida dos ensaios de compressão (simples e triaxial) está relacionada aos tipos de ruptura verificados em rochas. Existem três tipos básicos, conforme apresentado na Fig. 3.10, entretanto eles podem ocorrer em conjunto, formando tipos mistos. São eles:

- *fendilhamento* ou *clivagem* axial: as fraturas são desenvolvidas na direção paralela ao carregamento axial;

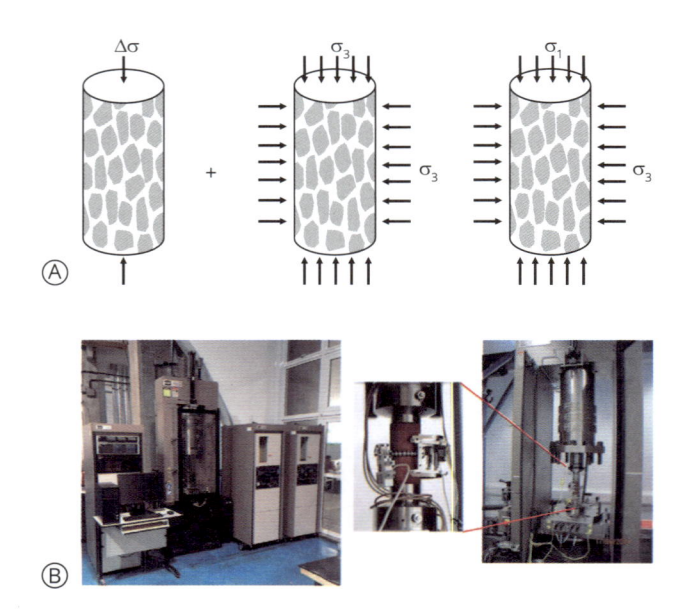

Fig. 3.8 *(A) Estado de tensões em um ensaio triaxial e (B) prensa triaxial servocontrolada do laboratório da PUC-Rio*

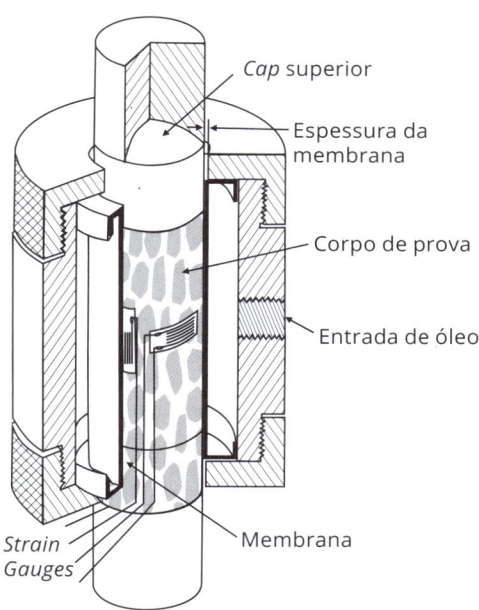

Fig. 3.9 *Esquema de uma célula triaxial de rochas de Hoek e Franklin (1968)*
Fonte: adaptado de Hoek e Brown (1980).

Fig. 3.10 *Tipos de ruptura comumente observados em ensaios de compressão (simples e triaxial): (A) cataclase, (B) cisalhamento e (C) fendilhamento*

- *cisalhamento*: a ruptura ocorre ao longo de uma ou duas fraturas inclinadas em relação ao carregamento axial;
- *cataclase*: a ruptura origina cones, formados pela interseção de fraturas inclinadas em direções diferentes.

Ensaios para determinação da resistência à tração

Os ensaios de tração podem ser diretos ou indiretos e têm por objetivo determinar a resistência à tração da matriz rochosa.

Tração direta

O ensaio de tração direta apresenta algumas dificuldades em sua realização, principalmente em relação ao acoplamento da garra do equipamento de ensaio à amostra e à manutenção da "axialidade" do carregamento (Fig. 3.11). Devido às dificuldades, esse tipo de ensaio é utilizado com menor frequência do que o de tração indireta.

A resistência à tração é calculada por:

$$T_0 = F/A \tag{3.8}$$

em que:
T_0 = resistência à tração;
F = força na ruptura;
A = área inicial da seção transversal da amostra.

Fig. 3.11 *Detalhes do ensaio de tração direta*
Fonte: Erarslan e Williams (2012).

Tração indireta ou compressão diametral

Esse ensaio, também chamado de ensaio brasileiro, foi desenvolvido pelo engenheiro brasileiro Fernando Luiz Lobo Carneiro em 1943 e determina indiretamente a resistência à tração do material. Ele é executado em um disco de rocha e consiste basicamente na aplicação de carregamento compressivo ao longo de sua geratriz.

A ruptura é produzida por tensões de tração, teoricamente uniformes, atuantes na região central do diâmetro carregado, conforme os esquemas das Figs. 3.12 e 3.13. Recomenda-se a utilização de corpos de prova com relação H/D (comprimento/diâmetro) igual a 0,5 e mordentes que reduzam a concentração de tensões no contato entre a rocha e o aço.

A resistência à tração é obtida com base em:

$$\sigma_{t,b} = \frac{2P}{\pi DH} \quad (3.9)$$

em que:

$\sigma_{t,b}$ = resistência à tração pelo ensaio brasileiro;
P = carga correspondente ao aparecimento da fratura diametral primária;
D = diâmetro da amostra (em geral, NX = 54 mm);
H = comprimento da amostra.

Fig. 3.12 *(A) Estado de tensões em um ensaio de compressão diametral, com carregamento produzido por um arco de ângulo 2α, e (B) exemplo de amostra em berço pronta para ensaio*

É interessante ressaltar que, além de o plano de ruptura da amostra ser imposto pelas condições do ensaio, a ruptura é produzida por um estado de tensão mais acentuadamente biaxial do que uniaxial. De acordo com a teoria de ruptura de Griffith, no centro do disco de rocha a relação entre a tensão de compressão e a de tração é igual a 3, o que justifica valores de resistência à tração pelo ensaio brasileiro superiores aos valores obtidos em ensaios de tração direta.

Apesar desses inconvenientes, o ensaio brasileiro é uma boa alternativa para estimar a resistência à tração das rochas devido à sua facilidade de execução, de preparação dos corpos de prova e de adaptação em máquinas de ensaio de compressão e devido a seu custo reduzido em relação aos ensaios de tração direta.

A resistência à tração indireta também pode ser estimada em ensaios de compressão puntiforme. Segundo Reichmuth (1963), a resistência à tração indireta obtida desse modo é dada por:

$$\sigma_{t,pl} = 6{,}62 \times 10^{-3} \frac{P}{D^2} \qquad (3.10)$$

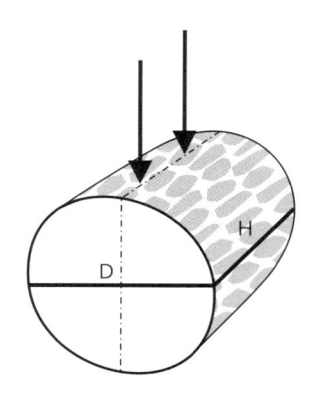

Fig. 3.13 *Esquema do ensaio de compressão diametral*

em que:
$\sigma_{t,pl}$ = resistência à tração indireta por meio de ensaios de compressão puntiforme (MPa);
P = carga na ruptura (MN);
D = distância entre os pontos de aplicação da carga (cm).

Na Tab. 3.3 são comparados os valores de resistência à tração uniaxial direta com os valores de resistência à tração indireta, obtidos por meio de ensaios brasileiros, ensaios de compressão diametral de anel e ensaios de flexão. Um exame da tabela indica a excelente resposta do ensaio brasileiro para a estimativa da resistência à tração das rochas testadas.

Tab. 3.3 Valores de resistência à tração direta e indireta de rochas

Tipos de rocha	Resistência à tração (MPa)			
	Tração direta	Brasileiro	Compressão diametral	Flexão (três pontos)
Granito Brisbane (Austrália)	5,7	13,5	N.D.	N.D.
Mármore Carrara (Itália)	6,9	8,7	17,2	11,8
Sienogranito (Brasil)	8,4	9,9	N.D.	N.D.

Ensaio para determinação da tenacidade

A propriedade de tenacidade de uma rocha caracteriza a energia necessária para a propagação de uma fissura nela preexistente. Em função das diferentes configurações de tensões aplicadas nas extremidades das fissuras, são produzidos diferentes modos de deslocamento na ponta da fratura. Em geral, a extremidade da fratura pode estar sujeita a três tipos de tensões: tensão normal, tensão cisalhante no plano e tensão cisalhante fora do plano. Isso faz com que a propagação da fissura ocorra de três modos (Fig. 3.14):

- *Modo I*: é o modo de abertura da trinca devido à tensão normal, em que as superfícies da fissura se separam com o deslocamento perpendicular em relação ao plano da fissura.
- *Modo II*: é o modo devido ao cisalhamento no plano, em que as superfícies da fissura se movem uma sobre a outra em sentido perpendicular à frente da fissura. O deslocamento da superfície da fratura está contido no seu próprio plano.
- *Modo III*: também é um modo cisalhante no qual as superfícies da trinca deslizam uma sobre a outra, mas em sentido paralelo à frente da trinca, fora do plano de cisalhamento.

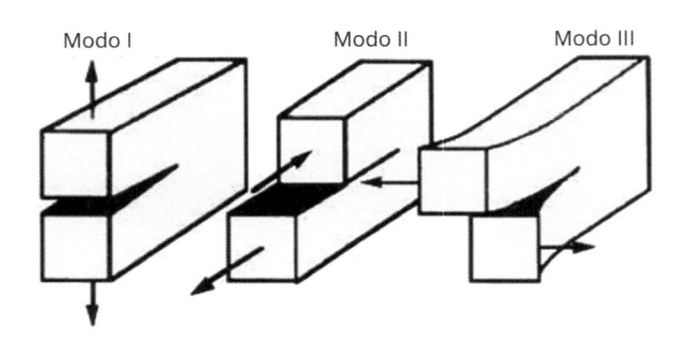

Fig. 3.14 *Modos fundamentais de propagação da fissura*
Fonte: adaptado de Behraftar et al. (2017).

Modos mistos, uma combinação dos modos I, II e III, podem também ocorrer.

A determinação da tenacidade do material (K_C) é feita a partir de ensaios laboratoriais normatizados que caracterizam cada modo de propagação em função do tipo de tensão aplicada, como, por exemplo, tensão de tração. Neste caso, obtém-se a tenacidade da fratura relativa ao modo I, representada por K_{IC}. Analogamente ao modo I, existem as tenacidades dos modos II e III, por tensão de cisalhamento, que são respectivamente K_{IIC} e KI_{IIIC}.

Entre os três tipos apresentados, o modo I é o mais comum em aplicações de engenharia e o mais fácil de ser analisado e de reproduzir experimentalmente. Outro fator que faz com que seja amplamente estudado é que, apesar da propagação da fissura iniciar nos outros modos, o modo I acaba dominando esse processo de propagação.

Dessa maneira, a tenacidade, no modo I, pode ser expressa de duas formas:
- *Fator de intensidade de tensões crítico (ou tenacidade à fratura)* (K_{IC}), que representa a concentração de tensões na extremidade da abertura em que se inicia e se propaga a fratura. É função da máxima carga aplicada e da geometria da abertura e das dimensões da fratura.
- *Taxa crítica de alívio de energia de deformação (ou força crítica geradora de fissura, ou simplesmente tenacidade)* (G_{IC}), que representa a energia necessária para criar uma nova área de superfície. É função do fator de intensidade de tensões (K_{IC}), do módulo de elasticidade (E) e do coeficiente de Poisson (ν), sendo expressa por:

$$G_{IC} = \frac{K_{IC}^2 (1-\nu)}{E} \tag{3.11}$$

Para a determinação da tenacidade nos diferentes modos, K_{IC}, K_{IIC} e K_{IIIC}, foram elaborados diversos métodos de ensaios de laboratório. Os mais desenvolvidos e testados são os métodos de teste do modo I, a saber: *chevron bend* (CB), *short rod* (SR), *cracked chevron notched Brazilian disc* (CCNBD) e *cracked chevron notched semi-circular bend* (CCNSCB).

Existe também uma ampla diversidade de métodos de ensaio para o modo II, como *cracked straight through Brazilian disc* (CSTB). Por fim, há ainda alguns métodos disponíveis que fornecem condições de carregamento do modo III, como o proposto pela ISRM, denominado *notched semi-circular bend* (NSCB).

O ensaio de disco brasileiro com entalhe Chevron, mais conhecido como *cracked chevron notched Brazilian disc* (CCNBD, Fig. 3.15), foi introduzido em 1995 e atualizado pela ISRM (2007) para testar o modo de abertura I quanto à tenacidade da fratura em rocha. Esse método de ensaio tem sido discutido e debatido nas últimas décadas, possuindo atualmente diversas sugestões para cálculos do ensaio. Na Fig. 3.16 apresentam-se corpos de prova preparados para o ensaio.

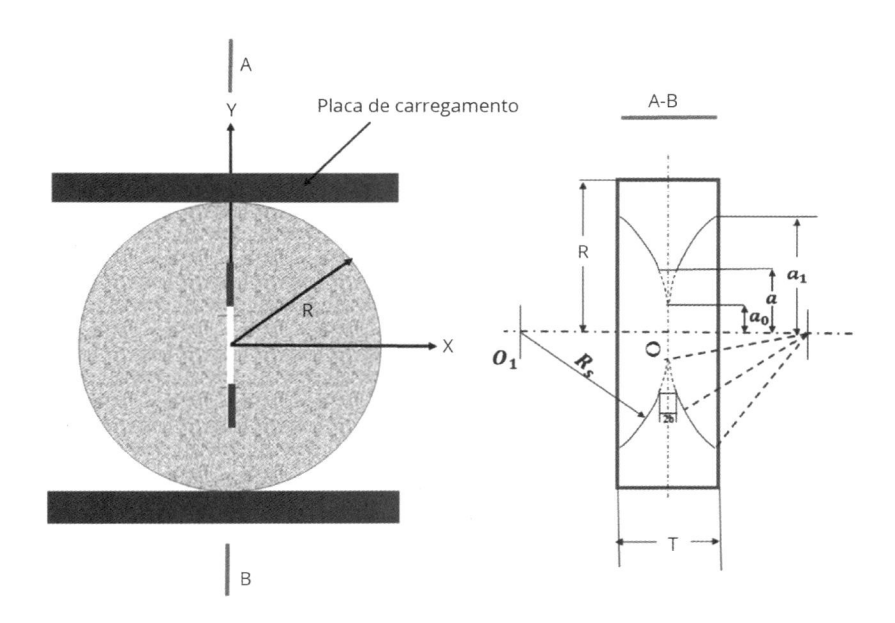

Fig. 3.15 *Geometria do ensaio CCNBD. À direita, nota-se o entalhe em V da seção longitudinal interna do disco*
Fonte: Behraftar et al. (2017).

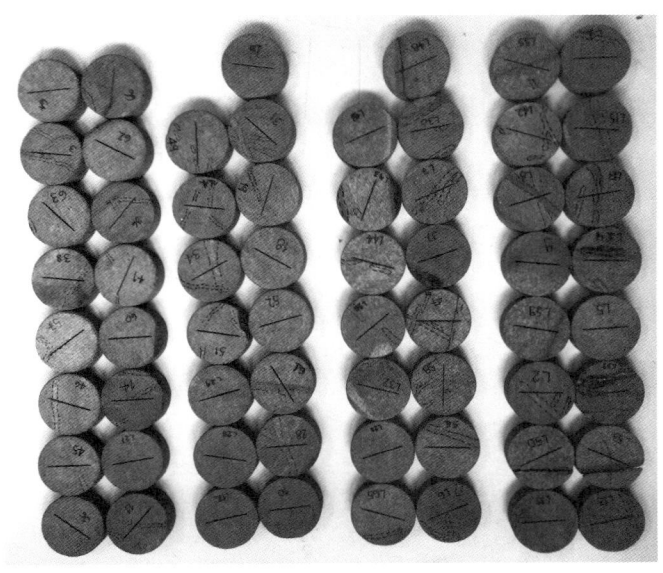

Fig. 3.16 *Detalhe de corpos de prova preparados para ensaio CCNBD*
Fonte: Marcelino (2020).

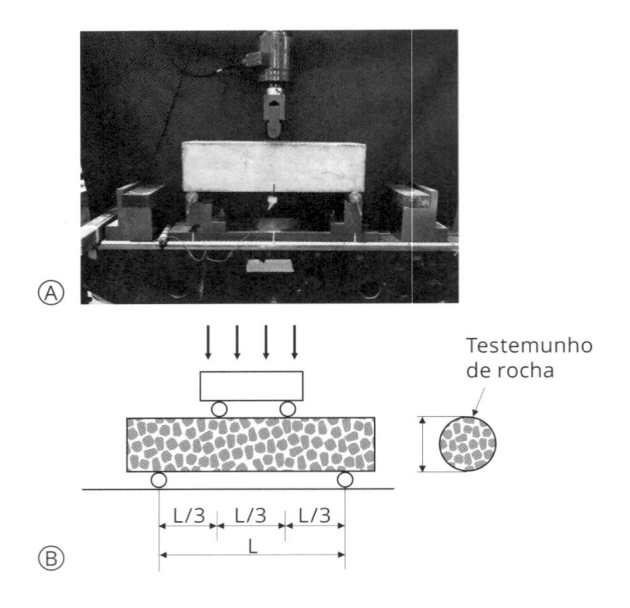

Fig. 3.17 *Ensaio de flexão com (A) três e (B) quatro apoios*
Fonte: adaptado de (B) Vargas Jr. e Nunes (1992).

Outros ensaios de resistência

Vários tipos de ensaios de resistência menos usuais que a compressão diametral, uniaxial e triaxial têm sido utilizados nos centros de pesquisa, como o ensaio de flexão. Esse ensaio consiste na ruptura, por flexão, de um testemunho de rocha apoiado em três ou quatro pontos, conforme indicado na Fig. 3.17.

A resistência à flexão, ou módulo de ruptura, corresponde à máxima tensão de tração desenvolvida na amostra produzida pela carga de ruptura. A literatura apresenta valores de resistência à flexão cerca de duas a três vezes maiores que os valores de resistência à tração direta da rocha.

Considerando um ensaio de flexão de quatro apoios, com carregamento uniformemente distribuído no terço médio do comprimento de uma amostra cilíndrica, como mostrado na Fig. 3.17B, a resistência à flexão (módulo de ruptura) é expressa por:

$$T_{MR} = \frac{16\, P_{MAX}\, L}{3\, \pi\, D^2} \qquad (3.12)$$

em que:
T_{MR} = resistência à flexão;
P_{MAX} = carga máxima de ruptura;
L = comprimento da amostra;
D = diâmetro da amostra.

Outro aspecto importante, que guarda relação com a resistência das rochas e tem tido desenvolvimento expressivo em anos recentes, é a abrasividade. A abrasividade das rochas é um dos aspectos a serem considerados pelos engenheiros quando da escavação de túneis, através da utilização tanto de máquinas de seção total quanto de máquinas de seção parcial. Mesmo que a rocha não seja muito resistente à escavação mecânica, o desgaste das ferramentas de corte em rochas abrasivas pode levar a elevados custos de substituição de ferramentas. Não apenas o desgaste das ferramentas de corte é um problema; outros componentes das máquinas que entrem em contato com a rocha durante o processo de escavação também podem sofrer desgaste severo, gerando custos elevados e atrasos na execução da obra (Fowell; Abu Bakar, 2007; Plinninger; Restner, 2008). Nas fases iniciais de estudo de projetos subterrâneos, esses valores são fundamentais para a definição do método de escavação e dos custos relativos ao desgaste de ferramentas, que são parâmetros básicos para o ajuste de ferramentas e maquinário, bem como para o julgamento envolvendo aspectos legais dos trabalhos.

Muitos métodos têm sido propostos ao longo do tempo, por vários pesquisadores, para avaliar a abrasividade das rochas, mas apenas alguns deles têm sido amplamente aceitos pela indústria e nenhum ainda foi padronizado internacionalmente. Entre esses métodos aceitos pela indústria, destaca-se o método Cerchar, amplamente admitido como um dos mais recomendados para prover uma indicação confiável da abrasividade das rochas e adotado por inúmeros pesquisadores de todo o mundo (Suana; Peters, 1982; Atkinson; Cassapi; Singh, 1986; Al-Ameen; Waller, 1994; Verhoef, 1997; Plinninger, Käsling; Thuro, 2004; Michalakopoulos et al., 2006; Fowell; Abu Bakar, 2007; Plinninger; Restner, 2008; Thuro; Käsling, 2009; Käsling; Thuro, 2010; Mohamad et al., 2012; entre outros). Através do ensaio calcula-se, então, o índice de abrasividade Cerchar (*Cerchar abrasiveness index* – CAI).

O ensaio de abrasividade Cerchar foi introduzido na década de 1980 pelo Centre d'Études et Recherches des Charbonnages (Cerchar), na França, para testar a abrasividade de rochas ricas em carvão. O esquema do ensaio é descrito em detalhe por Cerchar (1986) e pela norma francesa NF P94-430-1 (Afnor, 2000). Além do equipamento descrito por esse centro de estudos, existe um segundo equipamento de ensaio, desenvolvido por West (1989) (Fig. 3.18). A norma ASTM D7625-10 (ASTM, 2010) também descreve o método, cujas grandes vantagens são a facilidade de execução do ensaio, a possibilidade de utilização de pequenas amostras de rocha e a simplicidade de preparação das amostras.

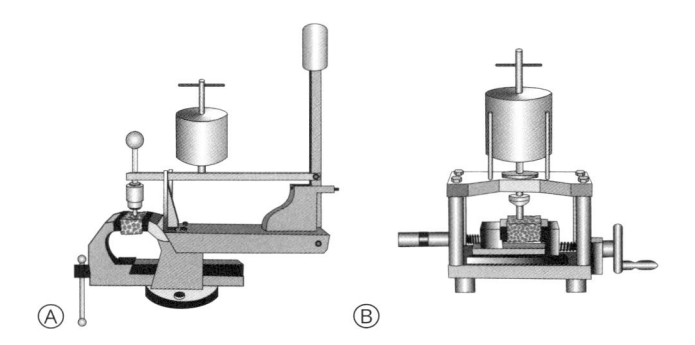

Fig. 3.18 *Esquema de equipamentos para ensaios Cerchar: (A) equipamento originalmente desenvolvido por Cerchar (1986) e (B) equipamento modificado por West (1989)*
Fonte: adaptado de Plinninger e Restner (2008).

Com base no valor de CAI, pode-se classificar a abrasividade da rocha de acordo com a Tab. 3.4.

Uma forma de avaliar indiretamente a abrasividade das rochas se dá por meio de parâmetros geológicos e geotécnicos, tais como mineralogia, resistência, textura das rochas, que são posteriormente correlacionados com o índice CAI. Um dos métodos mais utilizados para correlacionar esses dados geológicos e geotécnicos foi definido por Schimazek (Schimazek; Krantz, 1970 apud Mohamad et al., 2012) e é conhecido como valor F de Schimazek.

Tab. 3.4 Critérios de classificação com base no índice CAI

Classificação (abrasividade)	CAI médio (HRC = 55)*	CAI médio (HRC = 40)
Muito baixa	0,30-0,50	0,32-0,66
Baixa	0,50-1,00	0,66-1,51
Média	1,00-2,00	1,51-3,22
Alta	2,00-4,00	3,22-6,62
Extrema	4,00-6,00	6,62-10,03
Quartzítica	6,00-7,00	N.D.

*HRC = dureza Rockwell.
Fonte: ASTM (2010).

Aspectos relevantes relacionados aos ensaios de compressão

Não uniformidade do estado de tensão

Esse aspecto está diretamente relacionado ao estado das superfícies da amostra de rocha. O corpo de prova deve ser preparado de forma que a rugosidade das faces, em contato com os pratos de carregamento, seja inferior a 0,05 mm para rochas duras (ISRM, 1981), a fim de evitar a concentração de tensões (Fig. 3.19A).

As superfícies em contato com os pratos devem ser planas e paralelas entre si. A falta de paralelismo pode produzir tensões de tração localizadas nos bordos, com a consequente fissuração da amostra (Fig. 3.19B,C).

Devido ao atrito entre a rocha e o metal dos pratos de carregamento, surgem tensões de cisalhamento ao longo das faces da amostra (Fig. 3.20). Apesar de alguns pesquisadores sugerirem o revestimento das extremidades da amostra de rocha por um material com menor coeficiente de atrito, a ISRM (1981) desaconselha esse procedimento para rochas duras. Até o momento, esse aspecto carece de maiores informações e, portanto, existem poucas sugestões para a redução do atrito entre as duas superfícies.

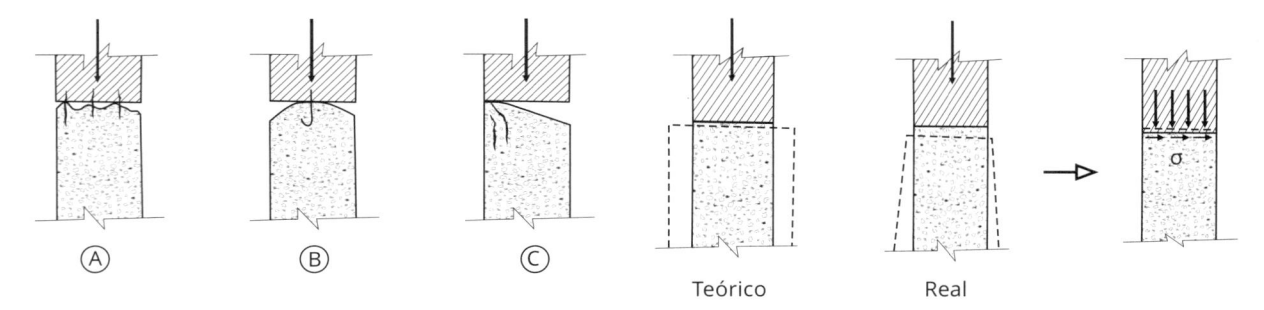

Fig. 3.19 *Concentração de tensões em virtude da preparação indevida da amostra*
Fonte: adaptado de Vargas Jr. e Nunes (1992).

Fig. 3.20 *Desenvolvimento de tensões cisalhantes nos contatos entre a rocha e o metal*
Fonte: adaptado de Vargas Jr. e Nunes (1992).

Rigidez da máquina de ensaio

Esse aspecto diz respeito à rigidez dos vários elementos que constituem a máquina, dependendo do tipo de ensaio a ser realizado (Bieniawski; Denkhaus; Vogler, 1969; Hudson; Brown; Fairhurst, 1972).

A rigidez K de um elemento elástico com comprimento L, área de seção transversal A e módulo de elasticidade E, solicitado à tração ou à compressão simples, é dada por:

$$K = \frac{AE}{L} \tag{3.13}$$

Durante um ensaio de compressão, tanto a amostra quanto a máquina de ensaio estão sujeitas às mesmas forças e ambas se deformam.

Os deslocamentos na amostra (u_r) são inversamente proporcionais à sua rigidez (K_r), que não é constante ao longo do ensaio, de maneira que:

$$u_r = \frac{1}{K_r} F_r \qquad (3.14)$$

em que:

F_r = força de compressão na amostra.

Da mesma forma, os deslocamentos na máquina de ensaio (u_m) são expressos por:

$$u_m = \frac{1}{K_m} F_m \qquad (3.15)$$

em que:

F_m = força de compressão na máquina;
K_m = rigidez da máquina.

A diferença entre os valores de rigidez da amostra e da máquina de ensaio pode vir a influenciar a característica de estabilidade ou instabilidade na ruptura de rochas frágeis. Ao se deformar, a máquina armazena energia de deformação, que pode ser transferida para o corpo de prova no momento em que este atinge sua resistência máxima. A liberação da energia de deformação armazenada pelo equipamento sobre a amostra pode provocar sua ruptura súbita e catastrófica.

O sistema formado pela máquina de testes e a amostra de rocha, de diferentes rigidezes, é esquematizado na Fig. 3.21A, que ilustra como a rigidez da máquina de ensaio influencia a instabilidade da ruptura da rocha. As rigidezes da máquina e da amostra estão representadas por molas fixadas entre suportes rígidos, mas móveis, K_m e K_r, respectivamente (Fig. 3.21B).

Como os suportes são móveis, a máquina de ensaio é carregada até a carga de pico, ao longo das linhas OM (Fig. 3.21B), no caso de máquina flexível, ou ON, no caso de máquina rígida, enquanto a amostra é carregada ao longo da linha OA (à medida que a amostra é comprimida, a máquina de ensaio é estendida).

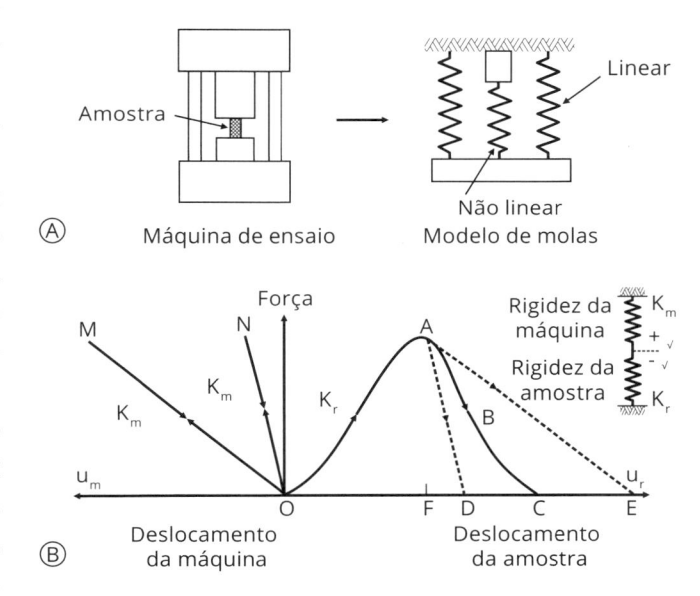

Fig. 3.21 *Sistema máquina/rocha esquemático*
Fonte: adaptado Hudson, Brown e Fairhurst (1972).

Ultrapassado o valor de pico, uma máquina elasticamente flexível descarrega ao longo da linha AE, correspondente ao carregamento ao longo de MO, e fornece mais energia do que é necessário para a rocha romper. Em todos os pontos da amostra, além da força uniaxial aplicada no eixo de deslocamento, a carga aplicada por um descarregamento elástico da máquina de ensaio excede a capacidade de carga da rocha. Isso causa uma ruptura violenta, que é observada quando a rocha é ensaiada numa máquina de ensaio convencional (flexível). Inversamente, a energia liberada por uma máquina rígida (descarrega ao longo da linha AD), num incremento de deslocamento, é insuficiente para romper a rocha, e o processo de ruptura é estável.

Para a amostra, assume-se a curva ABC gerada no processo de ruptura.

Portanto, quanto maior for a rigidez da máquina (K_m), menor será a energia de deformação elástica acumulada por ela durante o carregamento da amostra de rocha.

Atualmente, as máquinas flexíveis têm sido substituídas por sistemas de teste servocontrolados, nos quais a deformação ou a velocidade de carregamento são controladas de maneira a evitar a ruptura explosiva da amostra, permitindo, assim, a definição do comportamento pós-pico delas. A máquina compara valores de deformação da amostra com a taxa de deformação desejada para a execução do ensaio, e o sistema servocontrolado comanda a máquina para anular a diferença entre as duas deformações.

3.1.2 Comportamento tensão-deformação de rochas sob compressão

Na discussão das deformações sofridas pela rocha sob compressão em várias direções, é interessante dividir as tensões em duas parcelas:

- *tensões não desviadoras* ou *hidrostáticas* (p): são tensões de compressão igualmente aplicadas em todas as direções;
- *tensões desviadoras* (σ_{desv}): são tensões normais e de cisalhamento que permanecem, subtraindo-se a tensão hidrostática (p) de cada componente normal de tensão.

A razão para essa divisão é que as tensões desviadoras produzem distorção e rupturas das rochas, enquanto as tensões não desviadoras (hidrostáticas), não.

Uma amostra cilíndrica de rocha ensaiada à compressão uniaxial sofre deformações axiais (longitudinais) e radiais (laterais ou circunferenciais), conforme o esquema da Fig. 3.22.

A deformação axial ou longitudinal (ε_{ax}) é expressa como:

$$\varepsilon_{ax} = \frac{\Delta L}{L} \qquad (3.16)$$

em que:
ΔL = variação do comprimento da amostra.

Por sua vez, a deformação lateral ou radial (ε_{rad}) é dada por:

$$\varepsilon_{rad} = \frac{\Delta D/2 + \Delta D/2}{D} = \frac{\Delta D}{D} \qquad (3.17)$$

em que:
ΔD = variação do diâmetro da amostra.

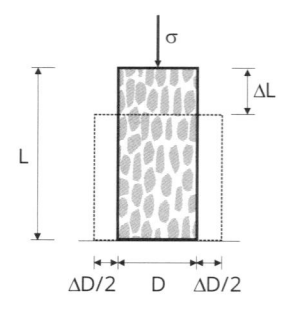

Fig. 3.22 *Amostra de rocha submetida à compressão uniaxial*

Os valores de deformação axial e radial podem ser medidos através da instrumentação do corpo de prova, como, por exemplo, *strain gauges*.

Considerando que o nível de tensão é limitado a um carregamento aplicado para o qual *não ocorre início de propagação de fissuras*, pode-se admitir que exista proporcionalidade entre as tensões e as deformações, ou seja, considera-se que o material está em regime elástico linear (e, portanto, é válida a lei de Hooke). É possível definir, portanto, uma constante de proporcionalidade entre as deformações radial e axial, denominada *coeficiente de Poisson* (ν):

$$\nu = -\frac{\varepsilon_{rad}}{\varepsilon_{ax}} \tag{3.18}$$

Se as rochas fossem materiais elásticos, lineares e isotrópicos, o coeficiente de Poisson seria constante e estaria compreendido entre 0 e 0,5 (frequentemente assumido como igual a 0,25). Entretanto, esse valor só pode ser considerado constante até um determinado nível de carregamento, enquanto não há formação e/ou desenvolvimento de fissuras.

Na compressão hidrostática

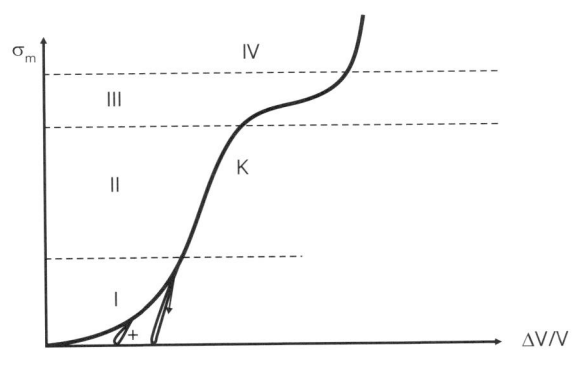

A curva pressão hidrostática (σ_m) *versus* deformação volumétrica ($\Delta V/V$) em uma amostra de rocha submetida à compressão hidrostática (Fig. 3.23) é geralmente côncava para cima e composta de quatro regiões (Fig. 3.24).

$$\begin{bmatrix} \sigma_1 & & \\ & \sigma_2 & \\ & & \sigma_3 \end{bmatrix} = \underbrace{\begin{bmatrix} \sigma_m & 0 & 0 \\ 0 & \sigma_m & 0 \\ 0 & 0 & \sigma_m \end{bmatrix}}_{\text{tensões hidrostáticas}} + \underbrace{\begin{bmatrix} \sigma_1 - \sigma_m & 0 & 0 \\ 0 & \sigma_2 - \sigma_m & 0 \\ 0 & 0 & \sigma_3 - \sigma_m \end{bmatrix}}_{\text{tensões desviadoras}} \tag{3.19}$$

$$\sigma_m = \text{tensão média} = \frac{\sigma_1 + \sigma_2 + \sigma_3}{3} \tag{3.20}$$

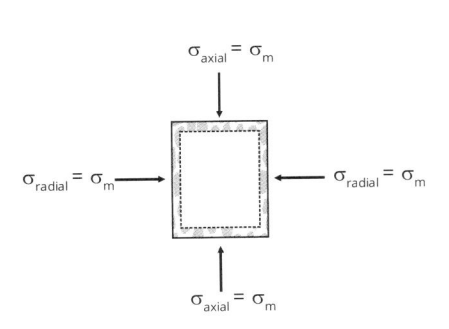

Fig. 3.23 *Amostra submetida à compressão hidrostática*

Fig. 3.24 *Curva pressão hidrostática (σ_m) versus deformação volumétrica ($\Delta V/V$)*
Fonte: adaptado de Goodman (1989).

De acordo com Goodman (1989), as seguintes regiões podem ser encontradas:
▶ *Região I*
- Ocorre o fechamento das fissuras preexistentes.
- Os grãos minerais são levemente comprimidos.
- As deformações, plásticas, são permanentes (processo irreversível: as fissuras não voltam à configuração inicial no descarregamento).

▶ *Região II*
- A maioria das fissuras está fechada.
- Ocorre a compressão dos grãos e dos poros de modo aproximadamente linear, marcando um trecho de comportamento elástico.
- A inclinação da curva nessa região é denominada *módulo de deformação volumétrica* (K).

▶ *Região III*
- Em virtude do alto nível de tensão, pode ocorrer o colapso dos poros devido à grande concentração de tensões ao redor deles, fenômeno que é muito comum em rochas porosas, como arenito, calcário e rochas fracamente cimentadas.

▶ *Região IV*
- Nessa região, todos os poros já se fecharam e ocorre compressão dos grãos minerais.
- As rochas não porosas não apresentam colapso dos poros, mas exibem uma curva tensão *versus* deformação côncava para cima até 30,0 MPa ou mais.
- A amostra é enrijecida, não apresentando mais variação volumétrica.

Na compressão desviadora (cisalhamento)

De acordo com Goodman (1989), a aplicação de tensão desviadora em uma amostra de rocha frágil produz resultados bastante diferentes. O comportamento tensão *versus* deformação da rocha submetida à compressão desviadora (não isotrópica), em um sistema de ensaio rígido, é mostrado na Fig. 3.25A.

Distinguem-se seis regiões:
▶ *Região I (trecho OA)*
- Fase de fechamento das microfissuras e de alguns poros. Há rearranjo dos grãos. Ocorre diminuição de volume da amostra.
- Caracteriza-se por uma curva tensão desviadora *versus* deformação axial com concavidade para cima.

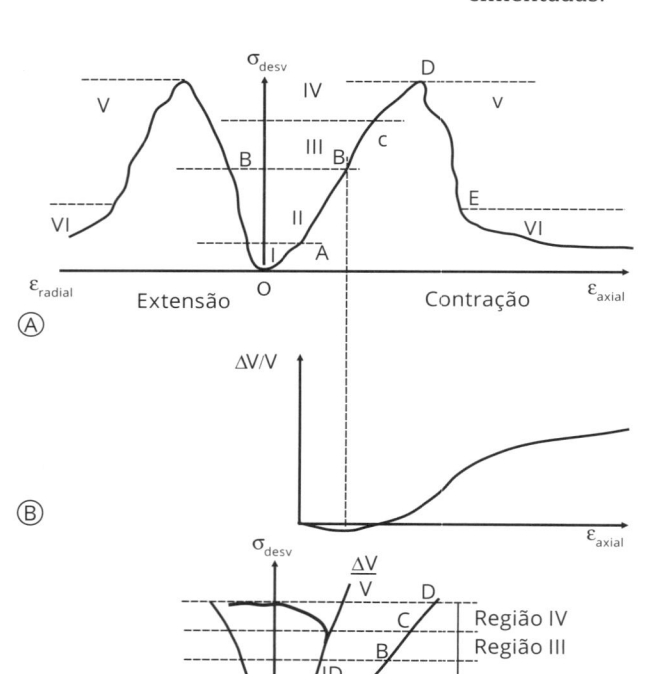

Fig. 3.25 *Curvas tensão versus deformação típica:*
(A) deformação axial e lateral para tensão desviadora crescente;
(B) deformação volumétrica versus deformação axial (dilatância); e (C) deformação axial, lateral e volumétrica para tensão desviadora crescente
Fonte: adaptado de Goodman (1989).

- Região de comportamento inelástico: as deformações plásticas (permanentes) predominam sobre as deformações elásticas.
- Essa fase poderá ser mais ou menos acentuada, dependendo da quantidade e da abertura das microfissuras e do estado de alteração dos minerais constituintes.

▶ *Região II (trecho AB)*
- Fase de comportamento elástico. As constantes elásticas são determinadas nesse trecho.
- Ocorre deformação dos poros e compressão dos grãos em uma razão aproximadamente linear. As relações entre tensão desviadora e deformação axial, entre tensão desviadora e deformação radial (lateral) e entre tensão desviadora e deformação volumétrica são lineares.
- Essa fase ocorre na maioria das rochas.

▶ *Região III (trecho BC)*
- Fase de propagação estável da fissura. As novas fissuras estendem-se paralelamente à direção de σ_{desv}. Essas fissuras se propagam, mas são estáveis: para cada incremento de carga, crescem de um comprimento finito, ou seja, sua propagação cessa no instante em que o carregamento cessa.
- No ponto B, o volume do corpo de prova, inicialmente reduzido pelo fechamento de poros e fissuras e pelo rearranjo dos grãos, começa a aumentar devido à formação e ao desenvolvimento de novas fissuras. A curva $\Delta V/V$ *versus* ε_{axial}, mostrada na Fig. 3.25B, apresenta um ponto de mínimo.
- A partir do ponto B, a taxa de deformação radial (ε_{radial}) cresce em relação à taxa de deformação axial (ε_{axial}) à medida que as fissuras preexistentes se abrem e formam-se novas fissuras nos pontos mais criticamente tracionados do espécime. O coeficiente de Poisson cresce. As relações σ_{desv} *versus* ε_{radial} e σ_{desv} *versus* $\Delta V/V$ passam a ser não lineares, enquanto a curva σ_{desv} *versus* ε_{axial} permanece linear. A curva σ_{desv} *versus* $\Delta V/V$ se afasta da reta $\Delta V/V$ (Fig. 3.25C), que caracteriza a deformação volumétrica de um material elástico, linear e isotrópico.
- Nessa região, as deformações plásticas predominam sobre as elásticas.

▶ *Região IV (trecho CD)*
- O ponto C corresponde ao ponto de escoamento da rocha. Nele, a curva σ_{desv} *versus* $\Delta V/V$ troca de sinal (ponto de derivada nula – Fig. 3.25C).
- Em um nível de tensão correspondente ao ponto C, a amostra pode apresentar volume maior que o inicial. Esse aumento de volume, associado à fissuração, é denominado *dilatância*.
- A partir do ponto C, as fissuras são consideradas instáveis, ou seja, continuam a se propagar mesmo que tenha cessado o carregamento.
- As fissuras se propagam até a borda do espécime, formando um sistema de fissuras que se interceptam e que, eventualmente, formam "fraturas" (usualmente orientadas paralelamente à tensão aplicada). A coalescência

das microfraturas produz a superfície de ruptura da amostra, que atinge sua resistência máxima ou de pico no ponto D da Fig. 3.25A.
- ◆ O ponto D corresponde ao ponto de tensão máxima (de ruptura). Pode acontecer de a rocha não romper quando a carga atinge esse ponto.
- ◆ Na ausência de rigidez do sistema de carregamento, a amostra sofre ruptura violenta nas vizinhanças da tensão de pico (ponto D). Em sistemas rígidos de carregamento ou em sistemas servocontrolados, é possível continuar a encurtar a amostra com a redução simultânea da tensão.

▶ *Região V (trecho DE)*
- ◆ Após o ponto D, a curva σ_{desv} versus ε_{axial} é caracterizada por uma inclinação negativa.
- ◆ As deformações radiais e axiais continuam a aumentar com a redução da tensão.
- ◆ Ocorre macrofissuração pela união de microfissuras.
- ◆ Formam-se planos de cisalhamento.

▶ *Região VI (a partir do ponto E)*
- ◆ Fase de resistência residual. Observam-se um contínuo desenvolvimento de fraturas na superfície da amostra e a ocorrência de deslizamento entre suas superfícies, até ser atingida a resistência residual da amostra de rocha.

3.1.3 Efeito da pressão confinante

A maioria das rochas sofre aumento de rigidez pelo confinamento, principalmente aquelas altamente fissuradas. O deslizamento ao longo das fissuras é possível se a rocha está livre para deslocar-se normalmente à superfície média de ruptura. Com o aumento da pressão de confinamento, a propagação das microfissuras é reduzida; com isso, aumenta a resistência da rocha (correspondente ao ponto D na Fig. 3.25A).

À medida que cresce a pressão de confinamento, o rápido declínio na capacidade de carga após a carga de pico (ponto D na Fig. 3.25A) torna-se cada vez menos acentuado, até que, atingido um determinado valor da pressão de confinamento, conhecido como *pressão de transição frágil-dúctil*, a rocha passa a ter comportamento plástico. Ou seja, após o ponto D, a rocha continua a se deformar sem que haja qualquer acréscimo no valor da tensão (na capacidade de carga).

Na Fig. 3.26, apresentam-se os resultados de ensaios triaxiais em um gnaisse kinzigítico (kinzigito), podendo-se observar a perda de fragilidade da rocha com o aumento da pressão confinante.

A *transição frágil-dúctil* ocorre, na maioria das rochas, para pressões além da região de interesse na maior parte das aplicações em Engenharia Civil. Entretanto, alguns tipos de rocha, como sal, folhelho e calcário, apresentam comportamento dúctil para baixos níveis de tensão de confinamento. Na Tab. 3.5, listam-se valores de pressão de transição para algumas rochas.

Sem pressão de confinamento, na maioria das rochas ensaiadas após o ponto D (Fig. 3.25A), formam-se uma ou mais fraturas paralelas ao eixo de carregamento. Com o aumento da pressão de confinamento, o corpo de prova apresenta falhas e

Tab. 3.5 Pressão de transição frágil-dúctil para algumas rochas à temperatura ambiente

Rocha	Pressão (MPa)
Arenito	> 100
Calcário	20-100
Folhelho	0-20
Granito	>> 100
Giz	< 10
Sal	0

Fonte: Goodman (1989).

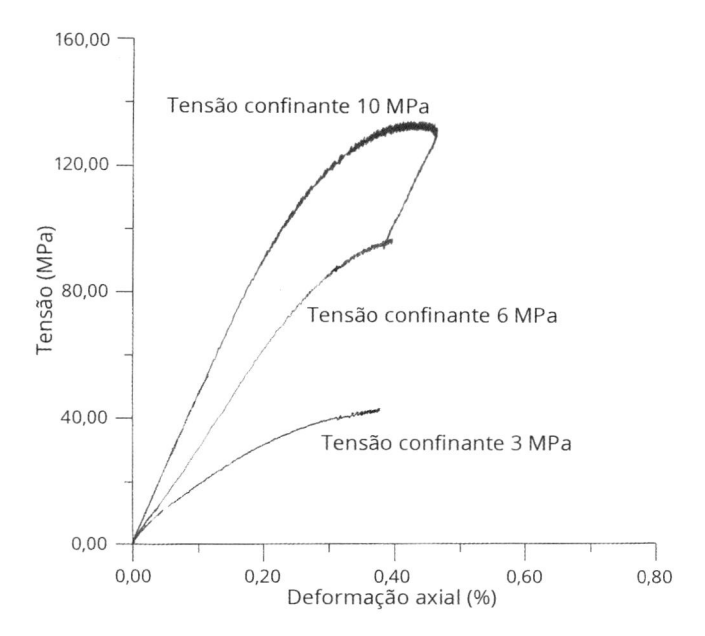

Fig. 3.26 Curvas tensão desviadora $(\sigma_1 - \sigma_3)$ versus deformação axial (ε_{axial}) como função da pressão de confinamento em ensaios de compressão triaxial em gnaisses kinzigíticos.

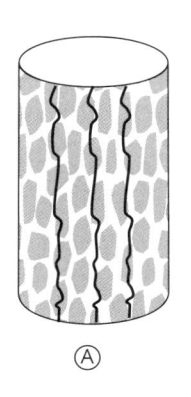

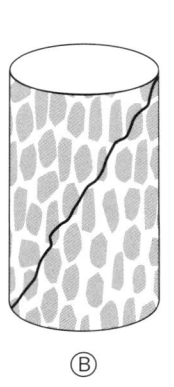

Fig. 3.27 (A) Compressão simples e (B) compressão com confinamento

uma superfície de ruptura inclinada que atravessa o espécime. A Fig. 3.27 mostra um esquema das fraturas em um ensaio de compressão simples (sem pressão de confinamento) e com pressão de confinamento.

O efeito da pressão de confinamento se expressa também no tipo de superfície de ruptura e na variação volumétrica da amostra, conforme mostrado na Fig. 3.28. Para pressões de confinamento sucessivamente maiores, as curvas de deformação volumétrica (Fig. 3.28B) se movem para cima e para a esquerda. Essas curvas são a soma algébrica da compressão hidrostática, sob tensão média crescente (distância ac), e da dilatância, sob tensão desviadora crescente (distância cb). O aumento da pressão de confinamento induz a formação de várias superfícies de ruptura (caso C) e *reduz o efeito de dilatância do corpo de prova*.

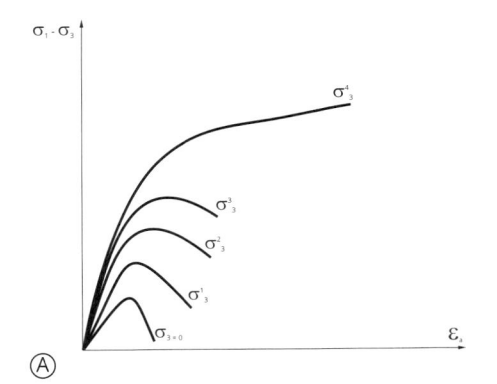

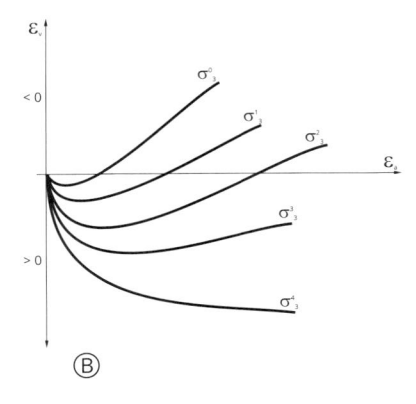

Fig. 3.28 Comportamento típico em compressão triaxial: (A) transição frágil-dúctil e (B) compressão volumétrica e dilatância
Fonte: adaptado de Goodman (1989).

3.1.4 Critérios de ruptura

Critérios de ruptura são relações entre as tensões correspondentes ao estado de ruptura de um material. No caso de rochas, é muitas vezes difícil definir o que seja um estado de ruptura; no entanto, é comum associar esse estado às tensões correspondentes ao pico da curva tensão *versus* deformação. Cabe lembrar que, após o pico da curva tensão *versus* deformação, a rocha não perde completamente sua capacidade de resistência, podendo atingir um estado de tensões denominado *residual*.

Vários critérios têm sido introduzidos na definição da resistência da rocha intacta. O critério de Mohr-Coulomb, o mais conhecido, consiste em uma envoltória de ruptura linear a todos os círculos de Mohr que representem combinações críticas de tensões principais. A linha reta como envoltória de ruptura é, entretanto, apenas uma suposição nessa teoria.

Critérios de resistência mais precisos, como os critérios empíricos de Bieniawski (1973) e de Hoek e Brown (1980), demonstraram que a envoltória de ruptura, para a maioria das rochas, apresenta comportamento não linear. Além dos já mencionados, também é conhecido o critério teórico de Griffith (1921), que descreve o que acontece com o material em nível microscópico, mas que, contudo, subestima sua resistência.

Os critérios de ruptura podem ser expressos em termos das tensões de pico [$F(\sigma_1, \sigma_3) = 0$ ou $F(\sigma, \tau) = 0$] ou das tensões residuais [$F(\sigma_r, \tau_r) = 0$].

Critério de Mohr-Coulomb

O mais simples e o mais conhecido critério de ruptura para materiais granulares foi proposto em 1773 por Coulomb, que sugeriu que a resistência ao cisalhamento é composta de duas parcelas: a coesão e o atrito do material.

Esse critério foi originalmente escrito em termos da tensão de cisalhamento (τ) e da tensão normal (σ) atuantes no plano representado pelo ponto de tangência de um círculo de Mohr com a envoltória, em que a relação τ/σ é máxima (Fig. 3.29A), ou seja:

$$|\tau_p| = c + \sigma_n \, \mathrm{tg}\phi \tag{3.21}$$

em que:

τ_p = resistência ao cisalhamento (tensão cisalhante de pico);
c = intercepto coesivo;
σ_n = tensão normal ao plano de ruptura;
ϕ = ângulo de atrito interno do material.

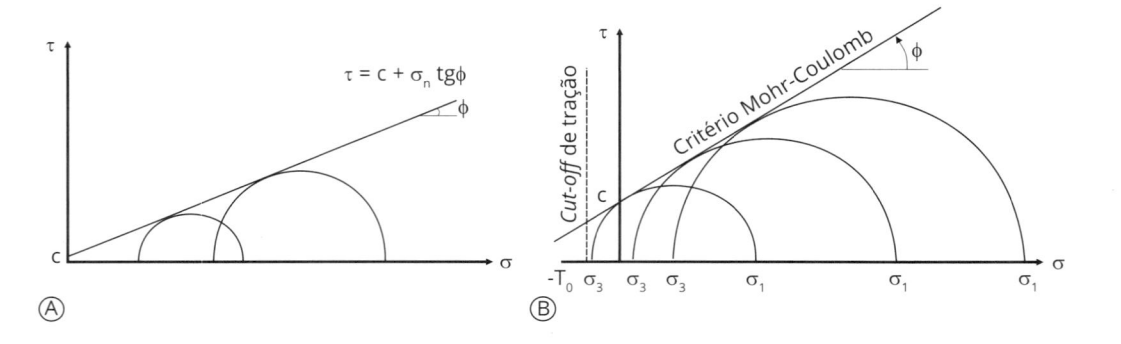

Fig. 3.29 *(A) Envoltória de ruptura linear de Coulomb e (B) critério de Mohr-Coulomb com cut-off de tração (tension cut-off)*

Os parâmetros c e ϕ do material podem ser obtidos a partir de um número de ensaios triaxiais na rocha intacta:

- se σ_1 é a tensão principal maior (tensão axial) e se a ruptura ocorre para valores de tensão $\sigma_1, \sigma_2 = \sigma_3$, um número de círculos de Mohr pode ser traçado, cada um correspondendo a um ensaio;
- se uma linha reta é traçada tangenciando os círculos, c é o intercepto dessa reta com o eixo τ e ϕ é seu coeficiente angular.

O parâmetro c pode ser interpretado como uma resistência ao cisalhamento inerente ao material.

Dado um estado de tensão correspondente à ruptura e representado por um círculo de Mohr, na Eq. 3.21, τ representa a tensão de cisalhamento e σ representa a tensão normal no plano em que ocorre a ruptura por cisalhamento.

Outros critérios procuram representar com mais precisão o comportamento na ruptura sob tensões de tração e baixo confinamento, principalmente para rochas frágeis. Um exemplo é o critério de Griffith, que procura representar as tensões a partir das quais fissuras existentes na rocha começam a se propagar. Isso pode explicar o mecanismo de fendilhamento descrito na seção 3.1 e mostrado na Fig. 3.10.

O critério de Mohr-Coulomb tem o mérito de ser simples, mas extrapola sua envoltória na região de tração, até o ponto em que σ_3 se iguala à resistência à tração uniaxial ($-T_0$). Portanto, a tensão principal menor (σ_3) não poderá ser nunca inferior a $-T_0$. Essa restrição é, em efeito, reconhecer um *tension cut-off* superposto ao critério de Mohr-Coulomb, como mostrado na Fig. 3.29B.

A envoltória real aos círculos de Mohr críticos com uma tensão principal negativa ficará abaixo do critério de Mohr-Coulomb com *tension cut-off*, como indica a Fig. 3.30. Assim, será necessário reduzir a resistência à tração ($-T_0$) e a resistência ao cisalhamento (intercepto coesivo, c) quando esse critério de ruptura simplificado for aplicado em situações práticas.

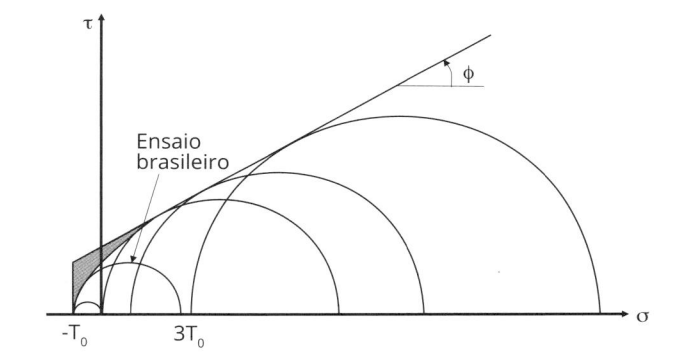

Fig. 3.30 *Comparação entre as envoltórias de ruptura empírica (curvilínea) e de Mohr-Coulomb (retilínea) na região de tração. Na região hachurada, o critério de Mohr-Coulomb com* tension cut-off *superestima a resistência*

Na Tab. 3.6 são apresentados alguns valores dos parâmetros de resistência intercepto coesivo (c) e ângulo de atrito (ϕ) para alguns tipos de rochas ensaiadas sob compressão triaxial, para os valores de pressão de confinamento indicados.

O critério de Mohr-Coulomb pode ser expresso também em termos das tensões principais, σ_1 e σ_3. Para isso, considere-se um plano cuja normal $\hat{n}$ esteja inclinada de um ângulo β com a tensão principal maior σ_3, conforme ilustrado na Fig. 3.31.

Chama-se a atenção para a convenção de sinais. Na Mecânica das Rochas, bem como na Mecânica dos Solos, convenciona-se como positiva a tensão de compressão e negativa a tensão de tração.

Com base no círculo de Mohr mostrado na Fig. 3.31:

$$r = \frac{\sigma_1 - \sigma_3}{2} \qquad (3.22)$$

Tab. 3.6 Parâmetros de resistência de rochas

Rocha	Porosidade	c	ϕ	Pressão confinante (MPa)
Anidrita Blaine		43,4	29,4	0-203
Ardósia Texas carregada a: • 30° com a clivagem • 90° com a clivagem		26,2 70,3	21,0 26,9	34,5-276 34,5-276
Arenito Pottsville	14,0	14,9	45,2	0-68,9
Basalto Nevada	4,6	66,2	31,0	3,4-34,5
Dolomito Hasmark	3,5	22,8	35,5	0,8-5,9
Folhelho Muddy	4,7	38,4	14,4	0-200
Giz	40,0	0,0	31,5	10-90
Gnaisse xistoso: • 90° com a xistosidade • 30° com a xistosidade	 0,5 1,9	 46,9 14,8	 28,0 27,6	 0-69 0-69
Granito Stone Mountain	0,2	55,1	51,0	0-68,9
Mármore Georgia	0,3	21,2	25,3	5,6-68,9
Quartzito Sioux		70,6	48,0	0-203
Siltito Indiana	19,4	6,72	42,0	0-9,6
Siltito Repetto	5,6	34,7	32,1	0-200

Fonte: adaptado de Goodman (1989).

Fig. 3.31 *(A) Tensões atuantes em um plano qualquer em uma amostra de rocha e (B) sua representação no círculo de Mohr na ruptura*

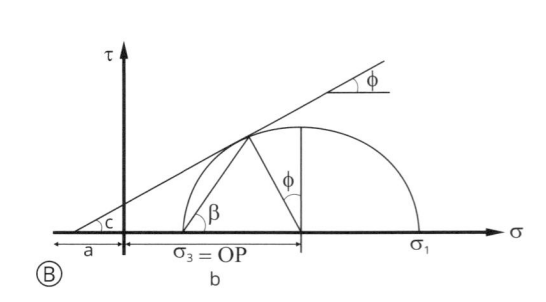

$$a = \frac{c}{tg\phi} \operatorname{sen} \phi \tag{3.23}$$

$$b = \frac{\sigma_1 + \sigma_3}{2} \tag{3.24}$$

$$r = (a+b)\operatorname{sen}\phi \tag{3.25}$$

$$\frac{\sigma_1 - \sigma_3}{2} = \left(\frac{c}{tg\phi} + \frac{\sigma_1 + \sigma_3}{2} \right) \operatorname{sen}\phi \tag{3.26}$$

$$\sigma_1 = \frac{2c\cos\phi}{1-\operatorname{sen}\phi} + \sigma_3 \left(\frac{1+\operatorname{sen}\phi}{1-\operatorname{sen}\phi} \right) \tag{3.27}$$

$$\beta = \frac{1}{2}(90+\phi) = 45 + \frac{\phi}{2} \tag{3.28}$$

sendo

$$\frac{1+\text{sen}\phi}{1-\text{sen}\phi} = \text{tg}^2\left(45+\frac{\phi}{2}\right) \tag{3.29}$$

$$C_0 = \frac{2c\cos\phi}{1-\text{sen}\phi} \tag{3.30}$$

$$\therefore \sigma_1 = C_0 + \sigma_3 \text{tg}^2\left(45+\frac{\phi}{2}\right) \tag{3.31}$$

O intercepto no eixo σ_1 é a resistência à compressão simples (não confinada) C_0, já que $\sigma_3 = 0$.

O intercepto no eixo σ_3 (Fig. 3.32) não é a resistência à tração uniaxial ($\sigma_1 = 0$), já que as condições físicas restringem o critério a somente uma parte dessa reta. Essencialmente, a condição física determinada no critério é de que a tensão normal σ é de compressão.

O critério de Mohr-Coulomb, em termos das tensões principais, pode ser definido pela seguinte expressão:

$$\sigma_1 = C_0 + \sigma_3 \text{tg}^2(45° + \frac{\phi}{2}) \tag{3.32}$$

A essa equação deve-se superpor o critério de tração máxima, *tension cut-off*, ou seja, a ruptura pode ocorrer por tração quando σ_3 atingir ($-T_0$), qualquer que seja o valor de σ_1.

O critério de Mohr-Coulomb é usado também para representar a resistência residual, isto é, a resistência mínima alcançada pelo material submetido à deformação após o pico. Nesse caso, pode ser utilizado um índice r de modo a identificar cada termo como um parâmetro de resistência residual, como mostrado na equação a seguir:

$$\tau_r = c_r + \sigma \text{tg}\phi_r \tag{3.33}$$

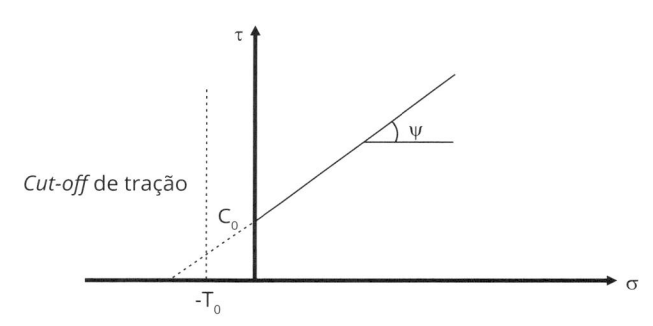

Fig. 3.32 *Critério de ruptura de Mohr-Coulomb em função de σ_1 e σ_3*

Em geral, o intercepto coesivo c_r pode se aproximar de zero. O ângulo de atrito residual ϕ_r adquire valores entre zero e o ângulo de atrito de pico ϕ.

A forma da Eq. 3.33 não é conveniente para os métodos numéricos, já que é necessário que se determine, em primeiro lugar, a orientação do plano de ruptura. Uma forma mais conveniente para essa equação é escrevê-la em termos dos invariantes de tensão.

Os invariantes de tensões são quantidades independentes da escolha dos eixos de referência. Em termos dos invariantes, o critério de Mohr-Coulomb é assim representado:

$$c\cos\phi = \left(\sqrt{2}\cos\phi + \frac{\sqrt{2}\,\text{sen}\phi\,\text{sen}\theta}{\sqrt{3}}\right)\sqrt{J_2} - \frac{I_1}{3}\text{sen}\phi \tag{3.34}$$

$$I_1 = \sigma_1 + \sigma_2 + \sigma_3 \tag{3.35}$$

$$J_2 = \frac{1}{6}\left\{(\sigma_1 - \sigma_2)^2 + (\sigma_2 - \sigma_3)^2 + (\sigma_1 - \sigma_3)^2\right\} \tag{3.36}$$

$$\theta = \text{arctg}\left[\frac{\sigma_1 - 2\sigma_2 + \sigma_3}{\sigma_3(\sigma_1 - \sigma_3)}\right] \tag{3.37}$$

em que:
I_1 = primeiro invariante de tensões;
J_2 = segundo invariante de tensões desviadoras;
$\sigma_1, \sigma_2, \sigma_3$ = tensões desviadoras.

O critério de Mohr-Coulomb apresenta como desvantagens, para definição da resistência de rochas:
- definir a ruptura apenas por cisalhamento quando eventualmente outros mecanismos podem ocorrer, como tração e fendilhamento;
- ocasionar uma direção única de cisalhamento (na realidade, esse plano varia com a tensão de confinamento);
- extrapolar a envoltória de ruptura na região de tração ($\sigma_3 > -T_0$);
- o valor da tensão principal intermediária (σ_2) não influenciar a resistência.

Critério de Griffith

O critério de Griffith é um critério de iniciação da fratura, e não de ruptura, e descreve o que acontece com o material microscopicamente.

Griffith (1921) observou que a resistência à tração de amostras de vidro de comportamento frágil, medida em laboratório, era menor que os valores calculados teoricamente através da determinação das forças intermoleculares. Essa discrepância sugeriu a hipótese de que a fratura do material era provocada por concentração de tensões nas extremidades de pequenas fissuras preexistentes no material. O autor postulou que, para materiais frágeis, a fratura inicia-se quando é ultrapassada a resistência à tração do material nas extremidades de defeitos microscópicos, onde há a concentração de tensões (no caso de rochas, os defeitos podem ser fissuras preexistentes, contorno dos grãos ou outras descontinuidades).

Formulado em termos das tensões principais, o critério estabelece o início de fratura para (Fig. 3.33):

$$\begin{cases}(\sigma_1 - \sigma_3)^2 = 8\,T_0\,(\sigma_1 + \sigma_3) & \text{se} \quad \sigma_1 + 3\,\sigma_3 > 0 \\ \sigma_3 = -T_0 & \text{se} \quad \sigma_1 + 3\,\sigma_3 < 0\end{cases} \tag{3.38}$$

em que:
σ_1 e σ_3 = tensões principais maior e menor, respectivamente;
T_0 = resistência à tração.

Observa-se que, na compressão uniaxial ($\sigma_3 = 0$), a resistência à compressão uniaxial é dada por:

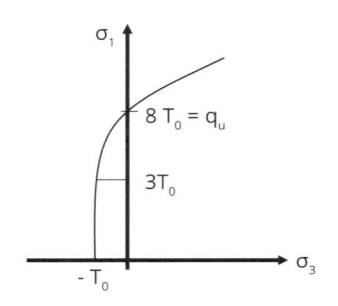

Fig. 3.33 *Critério de Griffith no espaço das tensões principais*

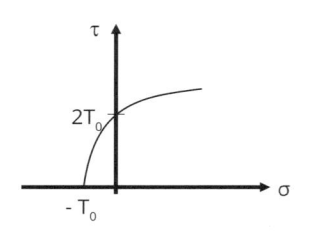

Fig. 3.34 *Critério de Griffith no espaço τ versus σ*

$$\sigma_1 = 8\, T_0 \quad (3.39)$$

No espaço τ *versus* σ (Fig. 3.34), tem-se que:

$$\tau^2 = 4\, T_0\, (\sigma + T_0) \quad (3.40)$$

Em relação ao critério de Griffith, pode-se dizer que:
- é um critério plano, já que somente as tensões σ_1 e σ_3 são consideradas;
- foi desenvolvido para campos predominantemente de tração;
- define como a fratura se inicia, mas não como se propaga, subestimando a resistência do material;
- define uma relação entre a resistência à compressão e a resistência à tração igual a 8;
- não admite resistência ao cisalhamento das fraturas;
- não tem nenhum significado físico em zonas onde ambas as tensões são de compressão;
- tende a representar mais proximamente o comportamento das rochas somente para níveis reduzidos de tensão, conforme observações empíricas.

Critérios de ruptura empíricos

Enquanto o critério de Mohr-Coulomb fornece uma expressão fácil e útil para situações da prática, um critério de ruptura mais preciso pode ser determinado, para qualquer rocha, ajustando-se uma envoltória aos círculos de Mohr que representem valores das tensões principais nas condições de pico obtidas nos ensaios de laboratório. Como mostrado na Fig. 3.35, essa envoltória será frequentemente curva.

Jaeger e Cook (1979) e Hoek (1968) demonstraram que, para a maioria das rochas, a envoltória de ruptura está entre uma linha reta e uma parábola. Na prática, o melhor procedimento no desenvolvimento de um critério de ruptura é o ajuste empírico de curva.

Em geral, as envoltórias de ruptura podem ser expressas por uma função potência, tal que:

$$\sigma_1 = C_0 + B\, \sigma_3^A \quad \text{ou} \quad \tau = S_i + b\, \sigma^a \quad (3.41)$$

Para a envoltória de ruptura expressa em função das tensões principais, tem-se:

$$\frac{\sigma_1}{C_0} = 1 + \frac{B\, \sigma_3^A}{C_0} \quad (3.42)$$

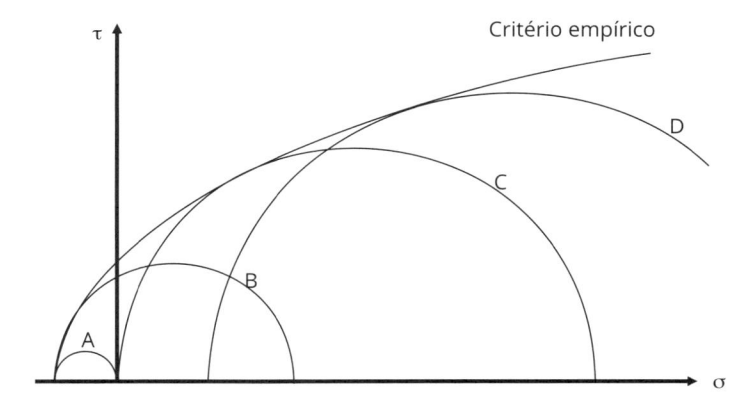

Fig. 3.35 *Critério de ruptura empírico definido por círculos de Mohr críticos dos ensaios de (A) tração direta, (B) brasileiro, (C) compressão uniaxial e (D) compressão triaxial*

Critério de Bieniawski (1973)

Uma fórmula satisfatória de ajuste de curvas pode ser obtida por meio da associação de um *tension cut-off* (Eq. 3.43) com a função potência de Bieniawski (Eq. 3.44), dando origem ao critério empírico de Bieniawski (1973).

$$\sigma_3 = -T_0 \tag{3.43}$$

$$\frac{\sigma_1}{C_0} = 1 + N \left(\frac{\sigma_3}{C_0}\right)^M \tag{3.44}$$

Os parâmetros M e N podem ser determinados colocando-se em um gráfico os pares $\left(\frac{\sigma_3}{C_0}, \frac{\sigma_1}{C_0} - 1\right)$, em escala logarítmica, ou os pares $\left(\log \frac{\sigma_3}{C_0}, \log \frac{\sigma_1}{C_0} - 1\right)$, em escala decimal (Fig. 3.36), obtidos de ensaios triaxiais, e resolvendo-os por regressão linear, de modo que M é o coeficiente angular da reta e N é o intercepto da reta com o eixo das ordenadas.

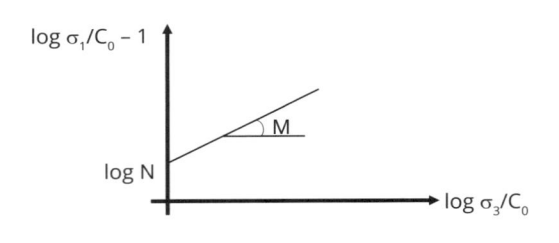

Fig. 3.36 *Determinação dos parâmetros* M *e* N

Critério de Hoek-Brown (2018)

Com base em resultados experimentais de uma série de ensaios sobre rochas publicados na literatura, Hoek e Brown (1980) propuseram um critério de ruptura, que pode também ser aplicado a rochas anisotrópicas e fraturadas. Será apresentada sua versão mais recente. No espaço das tensões principais efetivas, essa condição, conhecida como critério de Hoek-Brown original, é expressa por:

$$\sigma_1 = \sigma_3 + \left(m\, C_0\, \sigma_3 + C_0^2\right)^{1/2} \tag{3.45}$$

Ou, na forma adimensional, por:

$$\frac{\sigma_1}{C_0} = \frac{\sigma_3}{C_0} + \sqrt{m\frac{\sigma_3}{C_0}} \tag{3.46}$$

em que:

σ_1 = tensão principal maior na ruptura;
σ_3 = tensão principal menor na ruptura;
C_0 = resistência à compressão uniaxial da rocha intacta;
m = constante para matriz rochosa.

Para rocha intacta, os valores das constantes são denotadas por m_i e $a = 0{,}5$. Entre os critérios de ruptura disponíveis, o de Hoek-Brown é o único que leva em consideração a resistência da rocha intacta e do maciço rochoso (por meio das constantes m e C_0).

O parâmetro m desse critério apresenta as seguintes características: altos valores de m (13-32) tendem a ser associados a rochas ígneas e metamórficas (frágeis). Baixos valores de m (7-12) tendem a corresponder a rochas sedimentares não clásticas, como carbonatos, evaporitos e orgânicas, mais dúcteis.

Fazendo $\sigma_3 = 0$ na Eq. 3.45, obtém-se a resistência à compressão uniaxial da amostra de rocha:

$$\sigma_1 = \sigma_c = \sqrt{C^2} = \sqrt{C_0} \tag{3.47}$$

O critério de Hoek-Brown não trata de tração. Entretanto, rupturas por tração são um aspecto importante em alguns problemas de engenharia. Assim, a solução mais efetiva para esse problema é a teoria de Griffith, que pode ser generalizada em termos da razão entre resistência à compressão uniaxial e tração, C_0/T_0, dada pela equação:

$$C_0/T_0 = 0{,}81 m_i + 7 \tag{3.48}$$

Hoek e Martin (2014) propuseram um *cut-off* de tração para aplicação em problemas práticos de engenharia, baseado na teoria do critério de ruptura de Griffith. Maiores detalhes podem ser encontrados em Hoek e Brown (2018). Na Fig. 3.37 apresentam-se, graficamente, os critérios de Hoek-Brown e Mohr-Coulomb.

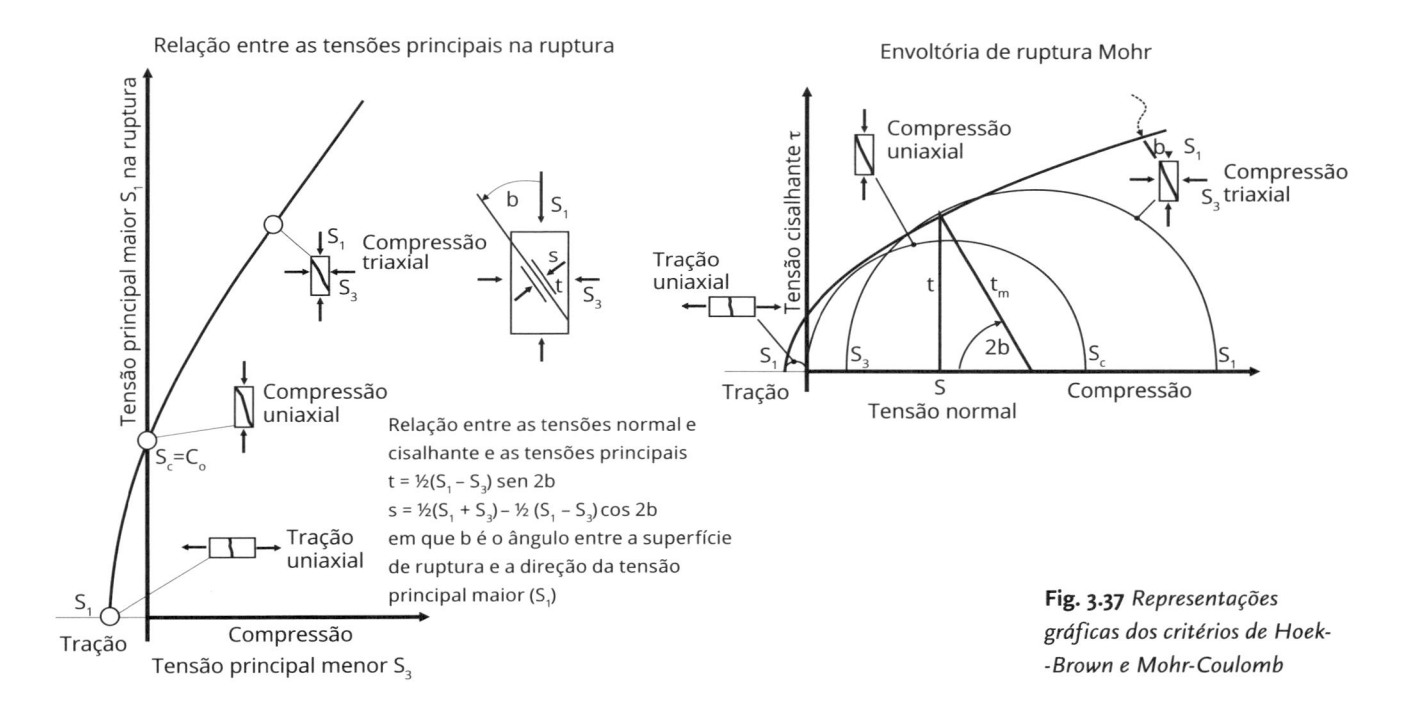

Fig. 3.37 *Representações gráficas dos critérios de Hoek--Brown e Mohr-Coulomb*

O critério de Hoek-Brown fornece bons resultados para determinados tipos de rochas frágeis, como gnaisses, anfibolitos, doleritos, gabros, granitos, noritos e quartzodioritos. Com esse critério, é observada uma maior dispersão na previsão da ruptura em rochas dúcteis, como calcários e argilitos.

Para determinar os parâmetros da rocha intacta e do maciço rochoso, reescreve-se a Eq. 3.45, obtendo-se as Eqs. 3.49 e 3.50. Há alguns programas de computador, entre eles o RocData®, que determinam esses parâmetros a partir de dados de ensaios laboratoriais e de levantamento de campo.

$$(\sigma_1 - \sigma_3)^2 = m_i\, C_0\, \sigma_3 + C_0^2 \tag{3.49}$$

que pode ser ainda escrita da seguinte forma:

$$y = Ax + B \tag{3.50}$$

em que:
$y = (\sigma_1 - \sigma_3)^2$;
$A = mC_0$;
$x = \sigma_3$;
$B = C_0^2$.

No caso de rocha intacta, o valor de s é igual a 1 (s = 1). Ajusta-se uma reta pelos pontos (x, y), cujo intercepto é dado por $B = sC_0^2$ e cuja inclinação é $A = mC_0$. Portanto,

$$C_0 = \sqrt{B} \quad \text{e} \quad m = \frac{A}{C_0} \tag{3.51}$$

Para valores de s aproximadamente nulos, essa equação pode fornecer um resultado negativo. Em tais casos, fazer:

$$s = 0$$

$$m = \frac{\sum y}{C_0 \sum x} \tag{3.52}$$

A seguir, são apresentadas algumas considerações sobre o critério de Hoek-Brown:
- O critério é válido para tensões efetivas.
- A resistência à compressão não confinada (C_0) pode reduzir em 50% se o material estiver saturado.
- O critério considera um efeito de escala no cálculo da resistência à compressão não confinada (C_0). A influência do tamanho do espécime pode ser aproximada por:

$$C_{0_d} = C_0 \left(\frac{50}{d}\right)^{0,18} \tag{3.53}$$

em que:
C_{0_d} = resistência à compressão simples de um corpo de prova com diâmetro d;
C_0 = resistência à compressão simples em um corpo de prova com d = 50 mm;
d = diâmetro do corpo de prova (em mm).

- Na análise do comportamento da rocha intacta, esse critério deve ser utilizado para uma tensão normal efetiva no máximo igual à resistência à compressão simples (C_0).

Em termos dos invariantes, o critério de Hoek-Brown é escrito de forma que:

$$-\frac{1}{3} m I_1 + \frac{4 J_2}{C_0} \cos^2 \theta + m \left(\cos\theta + \frac{\sen\theta}{\sqrt{3}}\right) \sqrt{J_2} = s\, C_0 \tag{3.54}$$

em que I_1, J_2 e θ foram definidos nas Eqs. 3.35 a 3.37.

Entre os requisitos que devem ser satisfeitos por um critério de ruptura empírico, incluem-se:
- ter boa concordância com os dados experimentais;
- ser expresso por equações matemáticas simples (em parâmetros adimensionais);
- oferecer a possibilidade de ser estendido à ruptura anisotrópica e à ruptura de maciços fraturados.

3.1.5 Influência da água na resistência das rochas

O efeito da água nas rochas pode ser dividido em duas categorias:
- desagregar a microestrutura, principalmente argilominerais;
- desenvolver poropressões.

Nos dois casos, observa-se uma redução da resistência do material, que, dependendo do tipo de rocha, pode chegar a 90%.

Ao realizar um ensaio não drenado, pode-se considerar um sistema fechado, em que parte das tensões serão absorvidas pela água, resultando em sua pressurização e no desenvolvimento, portanto, de poropressões (curva Δu), que diminuem a resistência efetiva da rocha e impedem sua deformação volumétrica. No caso dos ensaios drenados, o sistema é aberto e as tensões são absorvidas pelo esqueleto sólido. Nesses ensaios, a variação volumétrica ($\Delta V/V$) da amostra, que inicialmente diminui, passa a apresentar comportamento de dilatância ou contração, em razão do rearranjo dos grãos.

O princípio das tensões efetivas de Terzaghi não é perfeitamente válido para rochas. Entretanto, do ponto de vista prático, estabeleceu-se que a forma clássica do princípio de Terzaghi pode ser usada:

$$\sigma' = \sigma - u \tag{3.55}$$

em que:
σ' = tensão efetiva;
σ = tensão total;
u = poropressão.

Para a adoção desse princípio, supõe-se que a água seja um fluido incompressível e que sua resistência ao cisalhamento seja nula.

O critério de ruptura de Mohr-Coulomb, por exemplo, expresso em termos de tensões principais efetivas, é dado por:

$$\sigma'_1 = C'_0 + \sigma'_3 \, tg \, \psi' \tag{3.56}$$

em que:

$$C'_0 = \frac{2 \, c' \cos \phi'}{(1 - \sen \phi')} \tag{3.57a}$$

$$tg \, \psi' = \frac{1 + \sen \phi'}{1 - \sen \phi'} = tg^2 \left(45° + \frac{\phi'}{2}\right) \tag{3.57b}$$

Ou, subtraindo-se σ'_3 de ambos os lados da expressão, fica-se com:

$$\sigma'_1 - \sigma'_3 = C'_0 + \sigma'_3 \, \text{tg}\,\psi' - \sigma'_3 \tag{3.58a}$$

$$\sigma'_1 - \sigma'_3 = C'_0 + \sigma'_3 \, (\text{tg}\,\psi' - 1) \tag{3.58b}$$

já que a tensão desviadora não é afetada pela poropressão, pois:

$$\sigma'_1 - \sigma'_3 = \sigma_1 - u - (\sigma_3 - u) = \sigma_1 - \sigma_3 \tag{3.59}$$

Substituindo-se o valor de $\sigma'_1 - \sigma'_3$ encontrado na Eq. 3.59 na Eq. 3.58b, o critério de resistência de Mohr-Coulomb pode ser assim expresso:

$$\sigma_1 - \sigma_3 = C'_0 + (\sigma_3 - u)(\text{tg}\,\psi' - 1) \tag{3.60}$$

A poropressão requerida para iniciar a ruptura da rocha, a partir de um estado inicial de tensões totais, definido por σ_1 e σ_3, pode ser calculada por meio da seguinte expressão:

$$u = \sigma_3 - \frac{(\sigma_1 - \sigma_3) - C'_0}{\text{tg}^2\left(45° + \dfrac{\phi'}{2}\right) - 1} = p_w \tag{3.61}$$

Na Fig. 3.38 encontra-se uma representação gráfica da magnitude da poropressão desenvolvida na rocha, inicialmente seca, que leva esse material ao estado de ruptura.

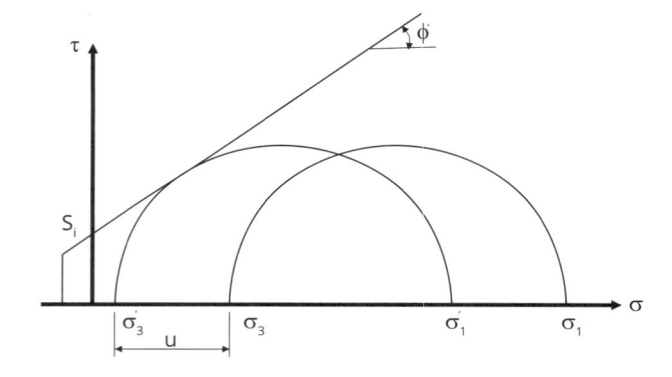

Fig. 3.38 *Poropressão requerida para iniciar a ruptura de uma rocha intacta submetida a um estado de tensão inicial*
Fonte: adaptado de Goodman (1989).

3.1.6 Efeito de escala na resistência de rochas

A resistência da rocha vai depender do tamanho da amostra ensaiada. Como as rochas são compostas de várias feições, cristais, grãos, microfraturas e fissuras, que condicionam seu comportamento mecânico, amostras de tamanho reduzido podem não ser representativas do maciço rochoso como um todo. De modo geral, a resistência aumenta com a diminuição do tamanho da amostra, uma vez que, em tamanho reduzido, algumas características do maciço podem não estar presentes.

Na Fig. 3.39 apresentam-se os valores de resistência à compressão uniaxial (σ_c) em amostras de rocha com diâmetro (d) qualquer, normalizados em relação aos valores verificados em amostras com diâmetro igual a 50 mm (σ_{c50}), obtidos de ensaios de compressão uniaxial (Hoek; Brown, 1980).

3.1.7 Efeito de anisotropia na resistência de rochas

A anisotropia de resistência das rochas corresponde à variação da resistência de acordo com a direção das tensões principais. Trata-se de uma característica das rochas compostas de minerais planares, tais como micas, cloritas e argilas, dispostos em arranjos paralelos, orientados segundo uma direção. Esses minerais orientados são comumente encontrados em rochas metamórficas, especialmente xistos, filitos e ardósias.

Diversos autores, entre os quais se pode citar Jaeger (1960) e Donath (1964), apresentam trabalhos experimentais e teóricos nos quais se considera o efeito de uma descontinuidade preexistente (plano de anisotropia) na resistência de uma amostra de rocha.

Na Tab. 3.7 mostra-se o resultado de ensaios de resistência à compressão uniaxial realizados em três gnaisses do Rio de Janeiro para diversos níveis de intemperismo.

Da análise dos dados apresentados em relação à resistência à compressão uniaxial (C_0), é possível observar que há algum comportamento anisotrópico, marcado pela variação da resistência à compressão com o ângulo entre a direção de carregamento e a foliação.

As rochas, enquanto material na engenharia, podem apresentar grande variação nas suas propriedades físico-mecânicas, nomeadamente sua resistência, deformabilidade e permeabilidade. Diversos fenômenos geológicos que ocorrem ao longo da história geológica atuam no sentido de fazer variar essas propriedades. Entre esses fenômenos, merece destaque o intemperismo, tanto pela velocidade com que afeta o comportamento da matriz rochosa e do maciço quanto

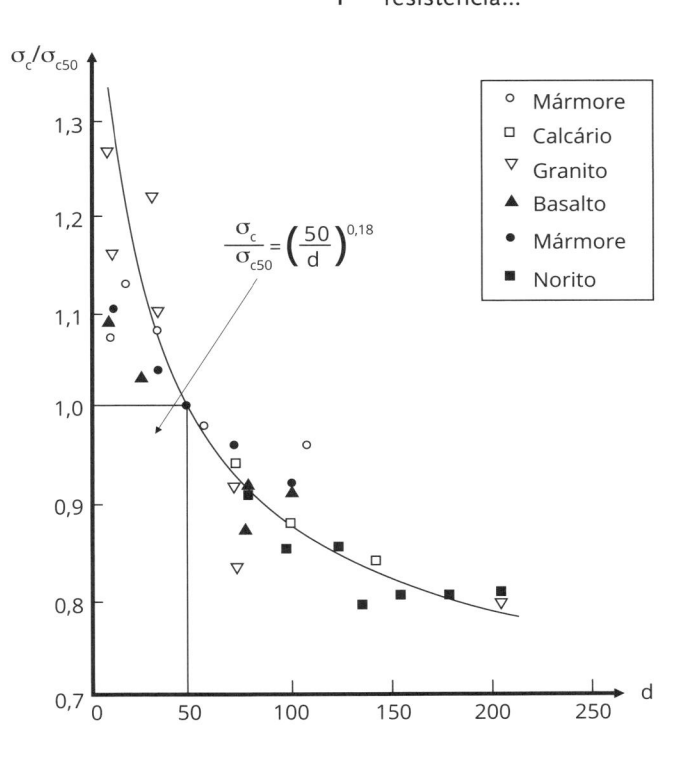

Fig. 3.39 *Efeito de escala na resistência de rochas intactas*
Fonte: adaptado de Hoek e Brown (1980).

$$\frac{\sigma_c}{\sigma_{c50}} = \left(\frac{50}{d}\right)^{0,18}$$

Tab. 3.7 Comparação dos resultados de resistência à compressão simples, módulo de elasticidade e coeficiente de Poisson para três gnaisses mais comuns do Rio de Janeiro

	Ângulo β	Gnaisse facoidal			Kinzigito			Leptinito		
		C_0 (MPa)	E (GPa)	ν	C_0 (MPa)	E (GPa)	ν	C_0 (MPa)	E (GPa)	ν
W1	00°	74,1	33,0	0,10	89,9	65,7	0,26	104,0	22,7	0,10
	45°	60,0	23,0	0,12	80,4	58,0	0,24	63,5	9,6	0,14
	90°	77,9	23,7	0,10	109,6	52,2	0,23	107,1	11,4	0,08
W2	00°	27,5	12,4	0,13	62,6	37,6	0,35	72,4	15,7	0,10
	45°	28,3	14,0	0,14	31,0	16,2	0,24	67,5	9,1	0,07
	90°	33,2	6,7	0,14	24,9	24,6	0,24	81,8	11,6	0,08
W3	00°	20,3	9,9	0,16	21,1	7,8	0,35	24,9	4,2	0,12
	45°	18,7	10,1	0,08	11,1	8,6	0,42	19,4	4,5	0,12
	90°	17,7	5,0	0,14	10,0	5,6	0,09	20,3	3,0	0,13
W4	00°	5,90	1,3	0,24	N.D.	N.D.	N.D.	N.D.	N.D.	N.D.
	45°	5,70	1,4	0,19	N.D.	N.D.	N.D.	N.D.	N.D.	N.D.
	90°	6,90	1,2	0,14	N.D.	N.D.	N.D.	N.D.	N.D.	N.D.

pelos seus efeitos, que são bastante deletérios e, portanto, de fundamental interesse para o entendimento do comportamento geomecânico do maciço rochoso.

Nas seções anteriores foram apresentados diversos resultados de ensaios que demonstram a influência dos processos de intemperismo sobre o comportamento mecânico da matriz rochosa. De maneira a exemplificar essa influência em termos de resistência e de deformação, apresentam-se, na Fig. 3.40, os resultados de ensaios triaxiais realizados em gnaisses, com uma tensão confinante de 6 MPa em todos os ensaios. Da observação das curvas, é possível notar uma redução da resistência à compressão, marcada pela redução das resistências medidas nas amostras sãs (indicadas pelo número inicial 1) em relação às amostras pouco (número 2) a medianamente alteradas (número 3).

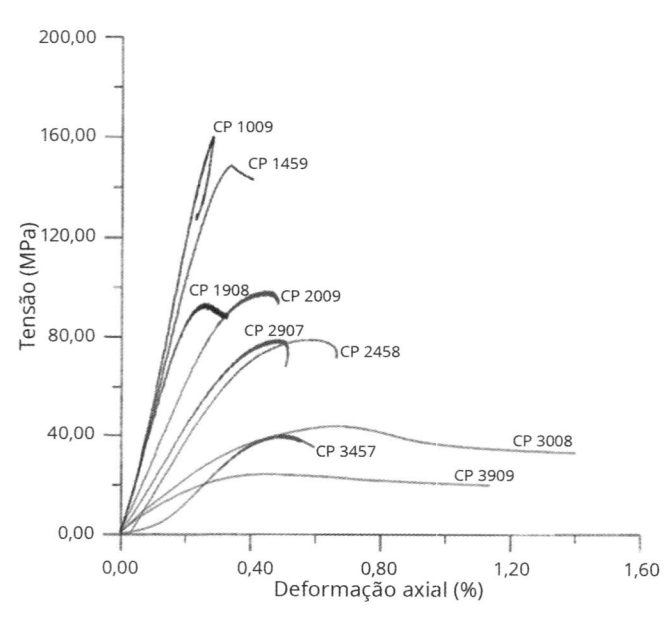

Fig. 3.40 *Curvas tensão-deformação para diversos níveis de intemperismo e diferentes direções de carregamento em relação à foliação para gnaisses do Rio de Janeiro*
Fonte: Marques (1998), Menezes Filho (1993) e Barroso (1993).

Resistência da rocha com uma descontinuidade

A análise do efeito da presença de descontinuidades na resistência da rocha é de grande importância em Mecânica das Rochas.

Considere-se uma amostra de rocha com uma descontinuidade AB, inclinada de β com a vertical e submetida às tensões σ_1 e σ_3 (Fig. 3.41A). A teoria de Jaeger determina as condições sob as quais o deslizamento pode ocorrer através de uma única descontinuidade. Se a descontinuidade tem uma resistência ao cisalhamento expressa por:

$$\tau_j = c_j + \sigma_{n,j}\,\mathrm{tg}\,\phi_j \tag{3.62}$$

em que:

τ_j e $\sigma_{n,j}$ = tensões cisalhante e normal na descontinuidade;

c_j = resistência coesiva da superfície da descontinuidade;

ϕ_j = ângulo de atrito da superfície da descontinuidade.

Então o deslizamento ocorre quando a tensão cisalhante imposta à amostra atinge o valor da resistência da junta, isto é:

$$\sigma_1 - \sigma_3 \geq \frac{2(c_j + \sigma_3\,\mathrm{tg}\,\phi_j)}{(1 - \mathrm{tg}\,\phi_j\,\mathrm{tg}\,\beta)\,\mathrm{sen}\,2\beta} \tag{3.63}$$

A condição de deslizamento pela descontinuidade, proposta por Jaeger, pode ser expressa graficamente através da variação de $(\sigma_1 - \sigma_3)$ em relação ao ângulo β da junta, conforme mostrado na Fig. 3.41. Para todas as combinações de c_j, ϕ_j, σ_3 e β em que a relação mencionada é satisfeita, o deslizamento pode ocorrer pela descontinuidade. Caso contrário, não há deslizamento pela descontinuidade, porém pode acontecer a ruptura da amostra de rocha independentemente da presença da descontinuidade. Observa-se que, para valores de β iguais a 0, $\pi/2$ e ϕ_j, a relação $(\sigma_1 - \sigma_3)$ tende para o infinito, ou seja, teoricamente não há ruptura por deslizamento da descontinuidade; a ruptura é controlada pela resistência da rocha sã (σ_r).

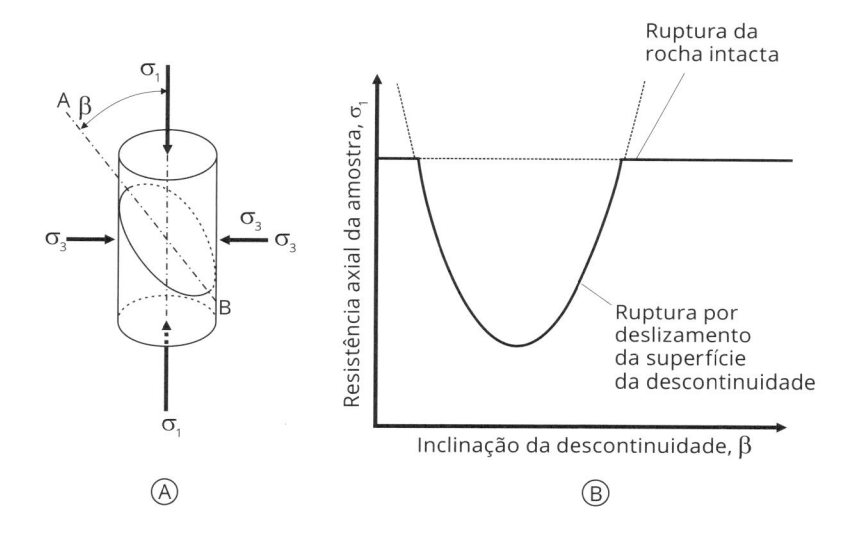

Fig. 3.41 *(A) Amostra de rocha com descontinuidade (plano AB) submetida a um estado de tensão e (B) resistência da amostra prevista pela teoria de Jaeger*

Resistência da rocha com descontinuidades múltiplas

O modelo simples de Jaeger, bem como os modelos simplificados de Hoek e Brown (1980), adapta-se aos casos de amostras que apresentam mais de um plano de fraqueza.

Adotando-se o modelo de Jaeger para uma amostra de rocha com duas descontinuidades distintas (Fig. 3.42), é possível determinar a envoltória de menor resistência, em virtude da variação dos ângulos das descontinuidades.

Utilizando-se a expressão de deslizamento crítico pela superfície de fraqueza, tanto para a descontinuidade AB quanto para a descontinuidade CD, é possível plotar as curvas teóricas de cada uma e determinar a curva de resistência que passa pelos menores valores de tensão atingidos pelo sistema de duas descontinuidades, considerando-se todos os valores de β.

Na Fig. 3.43A é ilustrado o sistema composto de duas descontinuidades. A curva de resistência corresponde à curva em linha cheia. Analogamente, obtém-se a característica de resistência dos sistemas que contêm três ou mais descontinuidades (Fig. 3.43B,C).

É interessante notar que, quanto maior o número de descontinuidades da massa rochosa, mais isotrópico tende a ser seu comportamento de resistência. Em projetos de escavações subterrâneas, por exemplo, o maciço rochoso que contém quatro ou mais descontinuidades é tratado como um maciço isotrópico.

3.2 Propriedades de resistência de descontinuidades

Os maciços rochosos, conjuntos formados pela matriz rochosa e por todas as descontinuidades neles presentes, contêm feições em geral planares ou

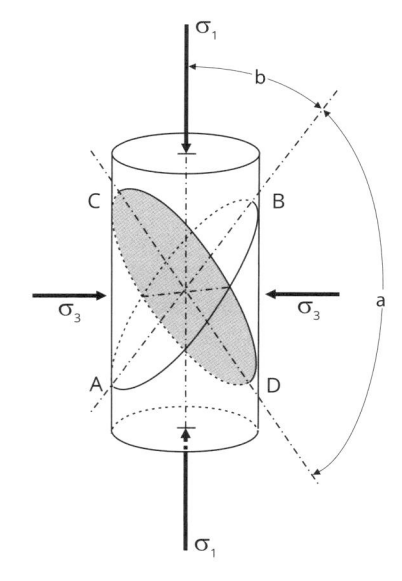

Fig. 3.42 *Amostra de rocha com duas descontinuidades (planos AB e CD) submetida a um estado de tensões*
Fonte: adaptado de Hoek e Brown (1980).

tabulares, originadas por processos tectônicos ou sedimentares ocorridos durante a evolução geológica e que apresentam propriedades de resistência e rigidez muito inferiores às da matriz rochosa circunvizinha. Planos como juntas, falhas, foliações, acamamentos e estratificações proeminentes e contatos geológicos bruscos constituem exemplos típicos.

As descontinuidades influenciam, em maior ou menor escala, as propriedades geotécnicas relevantes dos maciços rochosos: a resistência, a deformabilidade e a permeabilidade.

Nesta seção serão apresentados, inicialmente, detalhes da morfologia e da geometria das descontinuidades que ocorrem em maior escala, como juntas, planos de acamamento e falhas; posteriormente, serão descritas suas propriedades de resistência.

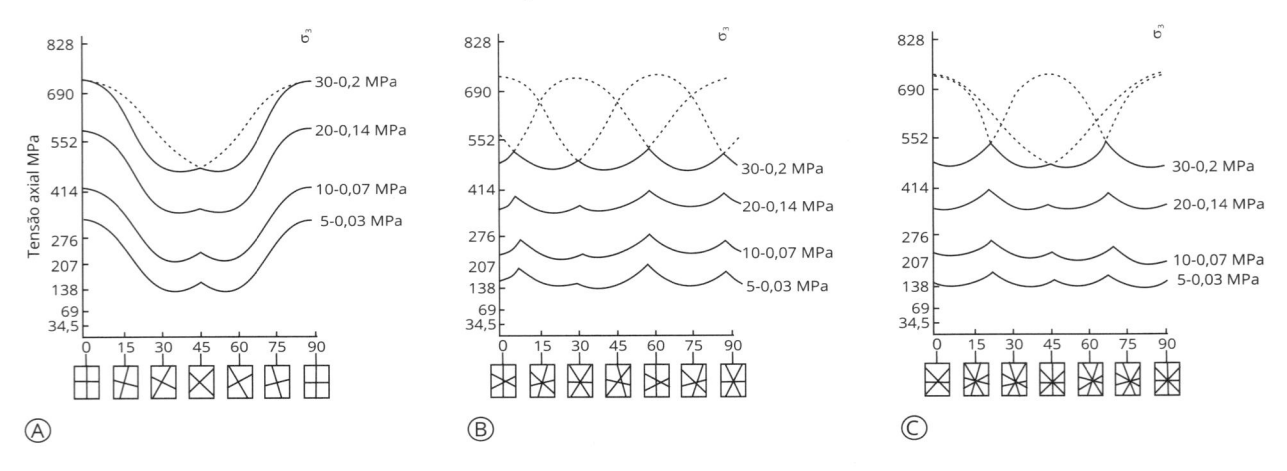

Fig. 3.43 *Curva de resistência de sistemas compostos de (A) duas, (B) três e (C) quatro descontinuidades*
Fonte: adaptado de Hoek e Brown (1980).

3.2.1 Características das descontinuidades
Informações geológico-estruturais

As descontinuidades ocorrem geralmente em famílias, ou seja, em conjuntos de superfícies aproximadamente paralelas entre si. Essas famílias podem ter forma bastante regular ou não, como pode ser observado na Fig. 3.44.

As principais características geométricas de uma descontinuidade são representadas pelos dez parâmetros listados no Quadro 3.1 e ilustrados na Fig. 3.45.

Orientação

É a atitude da descontinuidade no espaço, descrita pela direção do mergulho ou azimute, medida no sentido horário a partir do norte verdadeiro, e pelo mergulho da linha mais inclinada da descontinuidade em relação à horizontal, conforme mostrado na Fig. 3.46.

Portanto:
- *mergulho* (dip): máxima inclinação do plano estrutural da descontinuidade em relação à horizontal (ângulo β);
- *direção do mergulho ou azimute de mergulho* (dip direction ou dip azimuth): é a direção da projeção horizontal da linha de maior inclinação do plano (mergulho verdadeiro), medida no sentido horário a partir do norte (ângulo α);

Fig. 3.44 *Esquemas de maciços rochosos fraturados: (A) em blocos; (B) irregulares; (C) tabulares; e (D) colunares*

▸ *direção* (strike): é o ângulo entre a direção norte e a linha de interseção entre um plano inclinado com a horizontal e o plano horizontal. Forma ângulo reto com a direção do mergulho.

Quadro 3.1 Determinação das características geométricas de uma descontinuidade

Característica geométrica	Técnica de medida
Orientação	Bússola geológica
Espaçamento	Fita graduada (métrica)
Persistência	Fita graduada (métrica)
Rugosidade	Ábacos de referência
Resistência da parede	Martelo de Schmidt
Abertura	Escala
Material de preenchimento	Observação tátil-visual
Condições de fluxo	Observações no tempo
Número de famílias	Projeção estereográfica
Tamanho do bloco	Frequência de abertura 3D

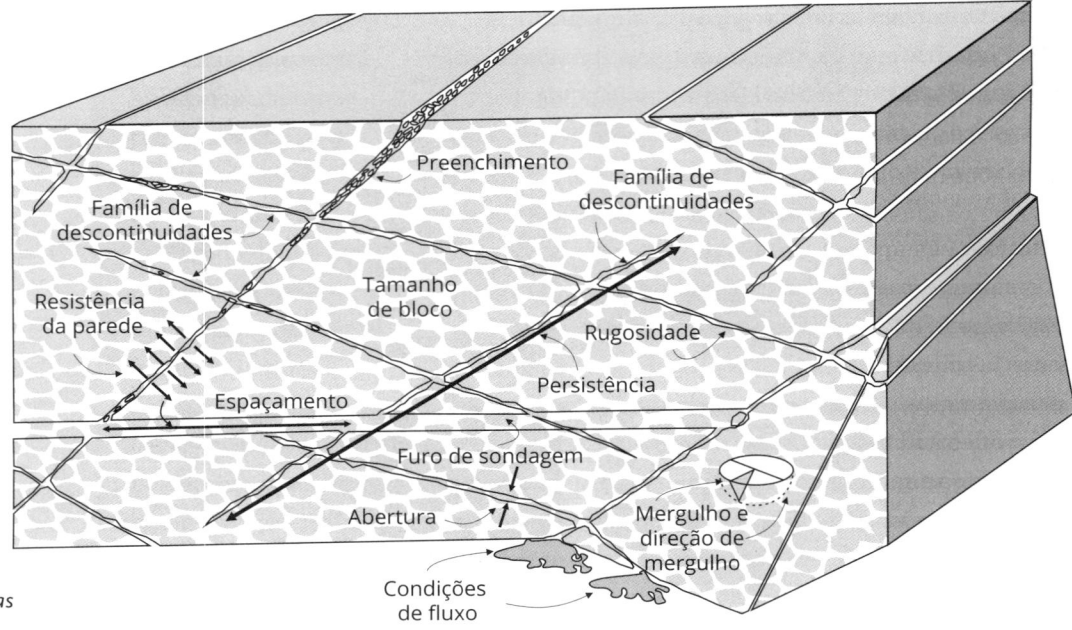

Fig. 3.45 *Características geométricas de uma descontinuidade*
Fonte: adaptado de Hudson (1989).

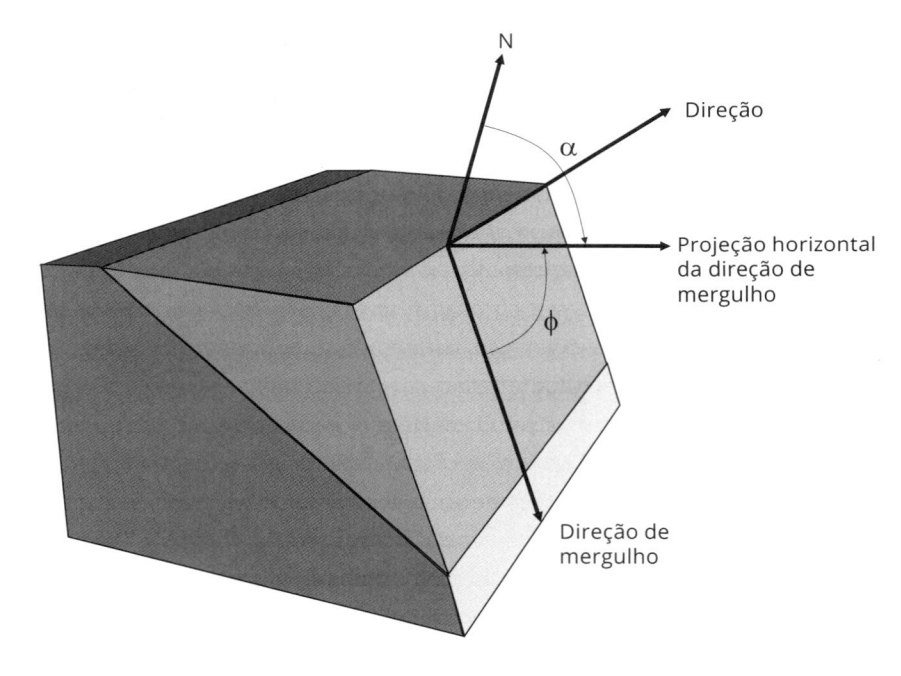

Fig. 3.46 *Definição da orientação de uma descontinuidade*

A direção (ou a direção do mergulho) e o mergulho são suficientes para informar a orientação da descontinuidade no espaço. Ela é determinada por meio de bússola geológica, e os resultados podem ser apresentados por roseta de juntas (Fig. 3.47), diagrama de blocos ou projeção estereográfica (Fig. 3.48).

Espaçamento

É definido como a distância perpendicular de separação entre descontinuidades pertencentes a uma mesma família, como mostrado na Fig. 3.49, exprimindo sua "abundância" relativa. Em geral, essa abundância é medida em afloramentos, teste-

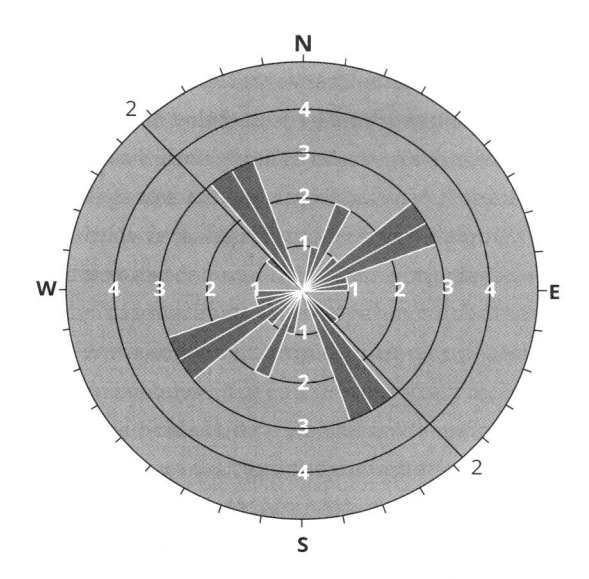

Roseta mostrando a frequência de descontinuidades, medidas em um levantamento geológico-geomecânico

Fig. 3.47 *Representação de descontinuidades por roseta de juntas*

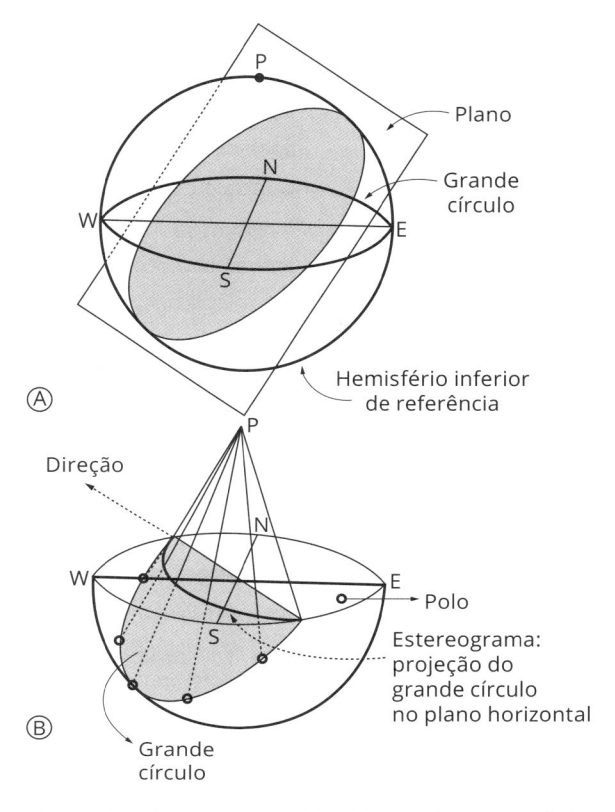

Fig. 3.48 *Projeção estereográfica de uma descontinuidade: (A) interseção do plano com a esfera de referência e (B) hemisfério de referência inferior com a projeção do plano e de seu polo*
Fonte: adaptado de Minette (1985).

munhos de sondagem e furos através de fitas graduadas (métricas), câmaras fotográficas ou periscópios.

Em furos de sondagem (Fig. 3.50), o espaçamento entre descontinuidades pode ser calculado pela expressão:

$$\overline{S} = \frac{L \cos \alpha}{N_C} \quad (3.64)$$

em que:
$\overline{S}$ = espaçamento médio das descontinuidades;
L = comprimento do furo de sondagem;
α = ângulo entre a normal à descontinuidade e o eixo do furo de sondagem;
N_C = número de descontinuidades interceptadas.

No caso de descontinuidades perpendiculares ao furo de sondagem ($\alpha = 0$), simplifica-se a expressão para:

$$S = \frac{L}{N_C} \quad (3.65)$$

Algumas dificuldades são encontradas no caso de descontinuidades paralelas ao furo de sondagem, uma vez que não podem ser detectadas, e quando se estabelece a orientação das descontinuidades através de dados de sondagem não orientados, já que o testemunho pode sofrer uma rotação de valor indeterminado no momento em que é levado para a superfície do maciço.

Fig. 3.49 *Medida do espaçamento entre descontinuidades*

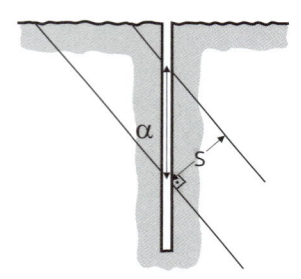

Fig. 3.50 *Descontinuidades interceptadas por furos de sondagem*

Tab. 3.8 Classificação do espaçamento entre descontinuidades

Descrição	Espaçamento (mm)
Extremamente pouco espaçada	< 20
Muito pouco espaçada	20-60
Pouco espaçada	60-200
Moderadamente espaçada	200-600
Espaçada	600-2.000
Muito espaçada	2.000-6.000
Extremamente espaçada	> 6.000

Fonte: ISRM (2007).

Tab. 3.9 Classificação da descontinuidade em relação à persistência

Grau de persistência	Comprimento da descontinuidade (m)
Muito baixa	< 1
Baixa	1-3
Média	3-10
Alta	10-20
Muito alta	> 20

Fonte: ISRM (2007).

Na Tab. 3.8 é apresentada a terminologia recomendada para a descrição do espaçamento de maciços rochosos.

Persistência

A persistência ou continuidade de uma descontinuidade está ligada à sua extensão em área ou dimensão (Fig. 3.45). Pode ser estimada pelo comprimento dos traços de descontinuidades nas faces expostas dos maciços rochosos em taludes, túneis e galerias. É um dos mais importantes parâmetros dos maciços rochosos, porém é de difícil quantificação, posto que seu valor depende da orientação e da dimensão da superfície rochosa na qual se expõe, além de ser necessário determiná-la em três dimensões.

O comprimento do traço de cada família de descontinuidades, medido por fita graduada (métrica), pode ser classificado de acordo com o mostrado na Tab. 3.9.

A avaliação da persistência das diversas famílias de descontinuidades é fundamental na investigação da ruptura potencial de taludes rochosos. O modo de ruptura 1, ilustrado na Fig. 3.51, tende a ocorrer quando a descontinuidade envolvida no cisalhamento tem persistência inferior a 100%.

Em geral, a persistência de planos, bandas ou superfícies de ruptura é estimada de forma conservadora, ou seja, o profissional admite uma persistência em torno de 100%, ignorando a resistência ao cisalhamento das pontes de rocha intacta da superfície de ruptura. A resistência ao cisalhamento, ou coesão, devida a qualquer ponte de rocha intacta pode ser grosseiramente estimada pela relação:

$$c = \frac{1}{2}(\sigma_c \sigma_t)^{1/2} \tag{3.66}$$

em que:

c = coesão da ponte de rocha intacta;
σ_c = resistência à compressão uniaxial da rocha intacta;
σ_t = resistência à tração da rocha intacta.

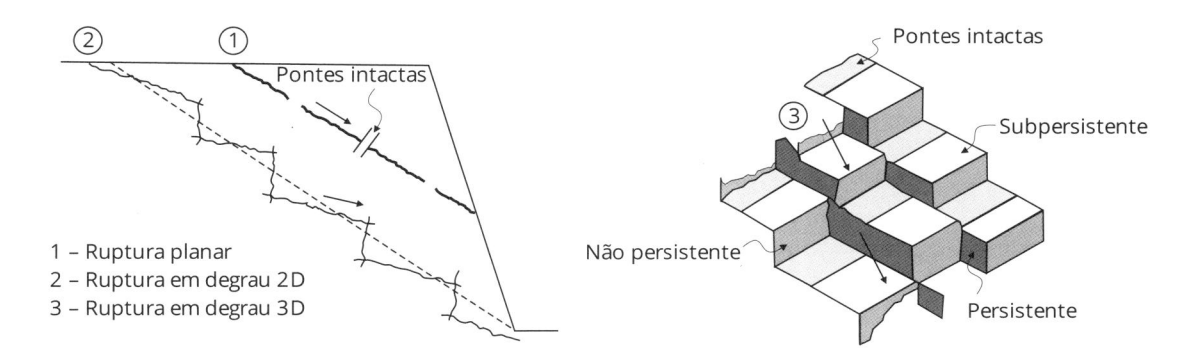

1 – Ruptura planar
2 – Ruptura em degrau 2D
3 – Ruptura em degrau 3D

Fig. 3.51 *Planos de ruptura potenciais associados à persistência de descontinuidades*
Fonte: adaptado de ISRM (2007).

Admitindo-se que $\sigma_c/\sigma_t = 9$, a resistência coesiva da ponte é igual a um sexto da resistência à compressão uniaxial e equivale a uma a duas vezes o valor da resistência ao cisalhamento da descontinuidade. Portanto, a hipótese de 100% de persistência numa análise de estabilidade é a favor da segurança.

Rugosidade

A rugosidade é uma componente potencialmente importante na resistência ao cisalhamento de descontinuidades, especialmente no caso de fraturas não preenchidas.

Distinguem-se duas escalas de rugosidade nas paredes das descontinuidades. A primeira é caracterizada por ondulações que podem atingir até dezenas de metros (Fig. 3.52), enquanto a segunda refere-se a rugosidades de pequena escala, que afetam comprimentos menores.

A ISRM (2007) propõe diferentes métodos para a determinação da rugosidade; entretanto, ressalta-se que métodos muito sofisticados se mostram pouco vantajosos para esse tipo de avaliação. Por exemplo, a rugosidade pode ser definida por meio de bússola e clinômetro de disco (método de Feckers e Rengers), de diâmetros que variam de 5 cm a 40 cm, os quais fornecem a direção de mergulho e o mergulho de cada posição do disco sobre a rugosidade.

Nos casos em que há limitações relativas à determinação quantitativa da rugosidade, sua descrição qualitativa pode ser baseada na classificação proposta

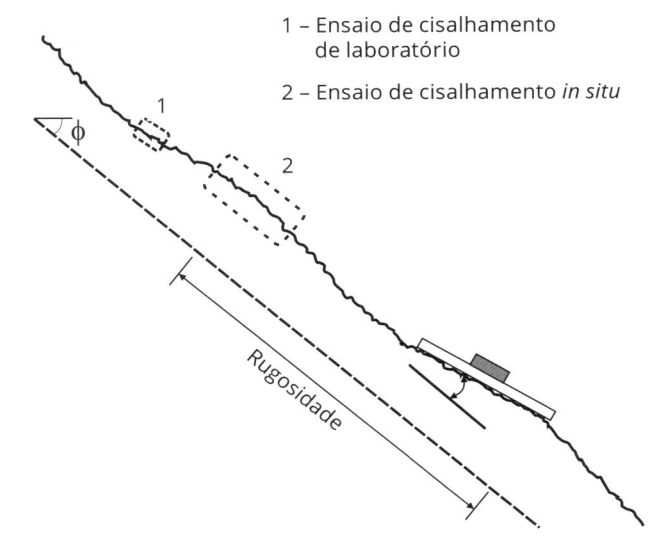

1 – Ensaio de cisalhamento de laboratório
2 – Ensaio de cisalhamento *in situ*

Fig. 3.52 *Variação da escala das rugosidades de descontinuidades medidas por diferentes ensaios*
Fonte: adaptado de ISRM (2007).

pela própria ISRM (2007) e ilustrada na Fig. 3.53. É interessante observar que o termo *slickensided* somente deve ser empregado caso haja evidências de deslizamento cisalhante prévio ao longo da descontinuidade.

Os ângulos de rugosidade efetivos, ou simplesmente rugosidade (i), definidos pelas nove categorias da classificação proposta, contribuem para resistências ao cisalhamento gradualmente maiores, em geral obedecendo às seguintes ordens:

- I > II > III;
- IV > V > VI;
- VII > VIII > IX, supondo-se que o recobrimento mineral da superfície da descontinuidade não existe ou existe em quantidades iguais.

Resistência da parede

A resistência à compressão da parede de uma descontinuidade é uma componente importante da resistência ao cisalhamento e da deformabilidade. Em função de sua resistência, a rugosidade de uma descontinuidade pode ser destruída sob a ação das tensões cisalhantes.

Os maciços rochosos são frequentemente intemperizados próximo à superfície, e, da mesma forma, o intemperismo também pode atuar sobre as paredes das descontinuidades, ocasionando desagregação mecânica e/ou decomposição química do material localizado em suas proximidades.

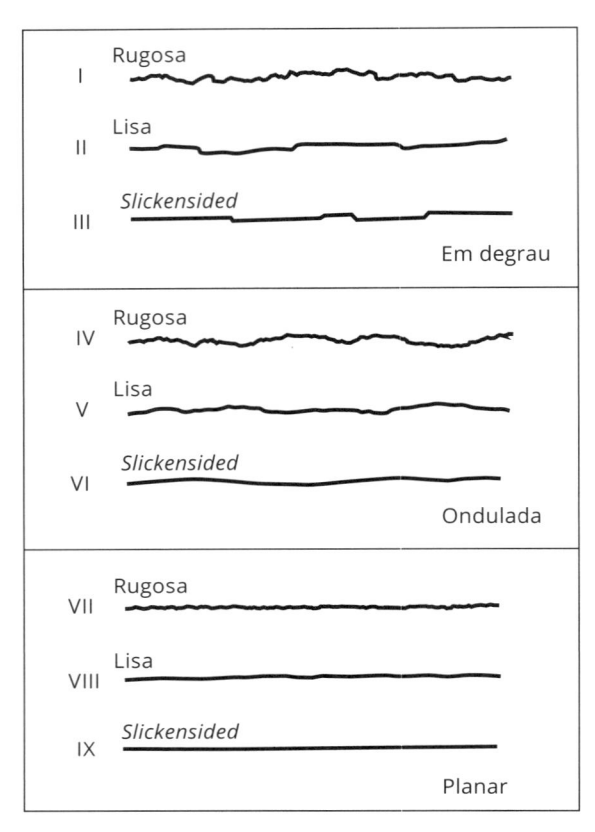

Fig. 3.53 *Classificação da rugosidade através de perfis típicos de rugosidade*
Fonte: adaptado de ISRM (2007).

O intemperismo físico provoca a abertura das descontinuidades, a formação de novas descontinuidades através do fraturamento da rocha, a abertura de contornos dos grãos e a fratura ou clivagem de grãos minerais individuais. O intemperismo químico, que gera a descoloração da parede de rocha, provoca a decomposição de minerais em outros minerais, em geral de baixa resistência ao cisalhamento e de propriedades expansivas.

A resistência da parede da descontinuidade pode ser determinada por meio de exames visuais, descritos qualitativamente, conforme a classificação da ISRM (2007), ou através de testes com martelo de Schmidt, que estima quantitativamente a resistência da parede a ser empregada nos cálculos da resistência ao cisalhamento segundo o critério de Barton, Lien e Lunde (1974), apresentada no final deste capítulo. O grau de intemperismo do material pode ser classificado segundo as tabelas sugeridas pela ISRM (2007).

Abertura

É definida como a distância perpendicular de separação entre as paredes de rocha de uma descontinuidade aberta cujo interior se encontra preenchido por água ou ar. Distingue-se de *largura*, termo empregado para o espaço entre as paredes de uma descontinuidade que se encontra preenchido por um material sólido, por exemplo, argilas. Na Fig. 3.54 são apresentadas esquematicamente as definições de abertura e largura de descontinuidades.

A ISRM (2007) propõe a classificação de abertura mostrada na Tab. 3.10.

A abertura é um parâmetro da descontinuidade muito importante e extremamente variável. Grandes aberturas significam maior facilidade de acesso à água e, consequentemente, facilidade de intemperização e redução de resistência.

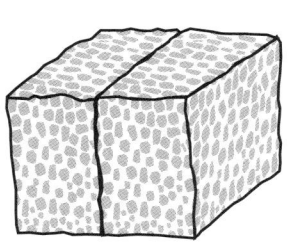

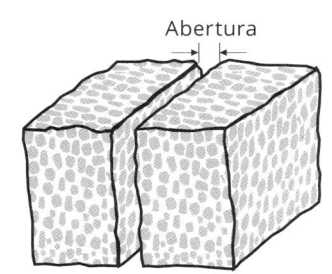

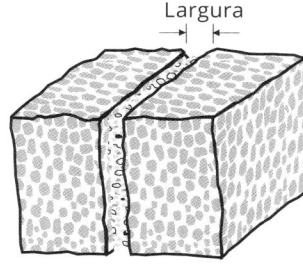

Fig. 3.54 *Definição esquemática de abertura e largura de descontinuidades*
Fonte: adaptado de ISRM (2007).

Tab. 3.10 Classificação de abertura de descontinuidades

Abertura	Descrição	Aspecto
< 0,1 mm	Muito estreita	Feições fechadas
0,1-0,25 mm	Estreita	
0,25-0,5 mm	Parcialmente aberta	
0,5-2,5 mm	Aberta	Feições entreabertas
2,5-1 mm	Moderadamente larga	
10 mm	Larga	
1-10 cm	Muito larga	Feições abertas
10-100 cm	Extremamente larga	
> 1 m	Cavernosa	

Fonte: ISRM (2007).

Material de preenchimento

É todo aquele material que ocupa a distância entre as paredes de rocha de uma descontinuidade, ou seja, a largura da descontinuidade. Entre os materiais de preenchimento mais comuns, destacam-se: óxido de ferro, calcita, clorita, areias, argilas e siltes.

Em razão da enorme variedade de ocorrência, as descontinuidades preenchidas apresentam grande variação de comportamento, especialmente no que se refere à resistência ao cisalhamento, à deformabilidade e à permeabilidade.

Os fatores condicionantes mais importantes do comportamento de descontinuidades preenchidas são:

- mineralogia do material de preenchimento;
- distribuição granulométrica do material de preenchimento;
- razão de pré-adensamento do material de preenchimento;
- teor de umidade e permeabilidade do material de preenchimento;
- deslizamento cisalhante prévio;
- rugosidade da parede;
- largura do material de preenchimento;
- estado de fraturamento ou esmigalhamento da parede da descontinuidade.

Na Fig. 3.55 são ilustradas a amplitude da rugosidade da parede e a espessura do material de preenchimento. No caso de descontinuidades mais simples preenchidas, esses dois parâmetros podem auxiliar na indicação da quantidade de deslizamento cisalhante requerida para a ocorrência de contato rocha/rocha das paredes da descontinuidade.

Condições de fluxo

O estabelecimento de fluxo em maciços rochosos resulta, sobretudo, da passagem de água através das descontinuidades. A ISRM (2007) propõe uma classificação que associa as características da descontinuidade não preenchida ou preenchida ao tipo de fluxo possível.

Número de famílias

O comportamento mecânico do maciço rochoso é essencialmente influenciado pelo número de famílias de descontinuidades que possui, uma vez que esse número determina a extensão do maciço que pode se deformar sem envolver a ruptura da rocha intacta.

A avaliação das famílias de descontinuidades é feita por meio de exame visual, bússola geológica e clinômetro.

Na Fig. 3.56 são apresentados dois exemplos de maciços rochosos com diferentes famílias de descontinuidades.

Tamanho de bloco

O tamanho de bloco (estrutura geomecânica elementar do maciço rochoso) é um indicador extremamente importante do comportamento do maciço rochoso. É determinado pelo espaçamento e pela persistência das descontinuidades e pelo número de famílias e suas orientações. Esses dois últimos parâmetros definem o formato dos blocos rochosos, que podem ser instáveis ou não.

Os maciços rochosos podem ser descritos por meio do tamanho e da forma dos blocos, sendo ilustrados pela Fig. 3.44 e classificados segundo o Quadro 3.2.

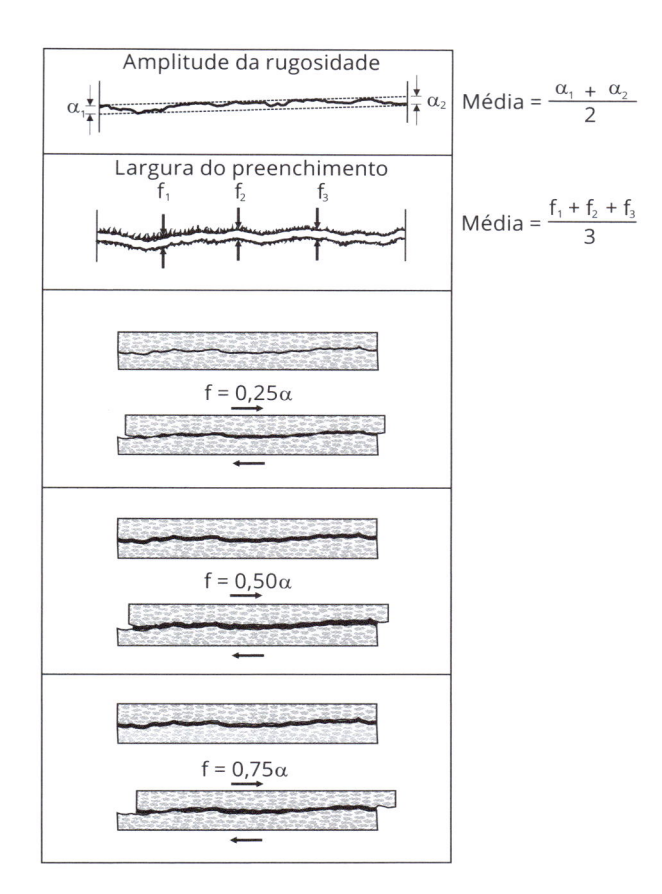

Fig. 3.55 *Amplitude da rugosidade da parede e espessura do material de preenchimento de uma descontinuidade*
Fonte: adaptado de ISRM (2007).

Fig. 3.56 *Efeito do número de famílias de descontinuidades no aspecto do maciço rochoso: (A) uma e (B) três famílias de descontinuidades*

Quadro 3.2 Classificação dos maciços rochosos segundo as características dos blocos formados pelas descontinuidades

Maciço rochoso	Características dos blocos
Maciço	Poucas juntas ou grande espaçamento
Em blocos	Blocos aproximadamente equidimensionais
Tabular	Uma das dimensões consideravelmente menor do que as outras duas
Colunar	Uma das dimensões consideravelmente maior do que as outras duas
Irregular	Grandes variações de tamanho e formato de bloco
Britado	Extremamente fraturado

3.2.2 Determinação das propriedades mecânicas de descontinuidades

As propriedades que governam a resistência e a deformabilidade das descontinuidades podem ser estimadas por meio da descrição detalhada de suas características, por geólogos e/ou engenheiros geotécnicos, ou medidas diretamente através de ensaios de campo e laboratório. É usual a execução de ensaios de laboratório para a obtenção dos parâmetros que serão utilizados na determinação empírica das propriedades de resistência das descontinuidades.

A amostragem das descontinuidades para ensaios de laboratório pode ser coletada em testemunhos de sondagem ou em blocos de rocha.

Testemunhos de sondagem, perpendiculares ou longitudinais à descontinuidade, podem ser utilizados como amostras.

O testemunho de sondagem com a descontinuidade deve ser posicionado na caixa de cisalhamento de tal forma que a descontinuidade fique paralela ao topo das caixas inferior e superior. Após posicionada a amostra com a ajuda de um fixador (Fig. 3.57A), o lado acima e o lado abaixo da descontinuidade são presos com um arame e a parte inferior é concretada (Fig. 3.57B). Posteriormente, a porção superior é concretada na caixa superior e o arame é cortado para a realização do ensaio (Fig. 3.57C).

Fig. 3.57 *Preparação de amostras de descontinuidades naturais: (A) colocação e centralização da amostra na caixa de cisalhamento, (B) concretagem da amostra inferior e fixação da amostra superior com arame e (C) vista lateral de amostra inferior e superior fixada com argamassa e corte do arame de fixação*
Fonte: Baêsso, 2021

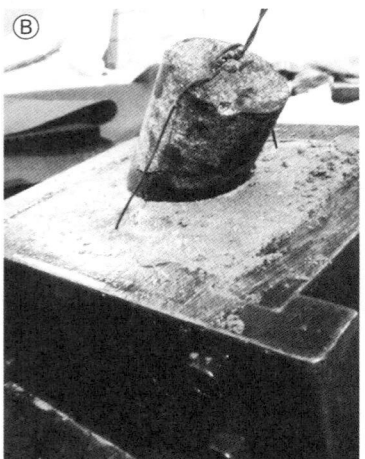

▸ Técnicas especiais (descontinuidades artificiais):
- Criação de descontinuidades artificiais rugosas ou lisas em amostras de rocha intacta ensaiadas por tração indireta (ensaio brasileiro) e por compressão triaxial, conforme a Fig. 3.58A.
- Criação de descontinuidade artificial através da moldagem, por borracha ou silicone líquidos, das faces superior e inferior da descontinuidade natural. Os moldes preenchidos por cimento ou resina produzem a descontinuidade artificial (Fig. 3.58B).

Ensaios em descontinuidades em laboratório

Os ensaios de compressão triaxial e de cisalhamento direto são utilizados na determinação das propriedades de descontinuidades.

No ensaio de cisalhamento direto, a amostra é cimentada nas partes inferior e superior da caixa cisalhante, de forma que a superfície da descontinuidade coincida com o plano de cisalhamento imposto pela separação da caixa. A força normal,

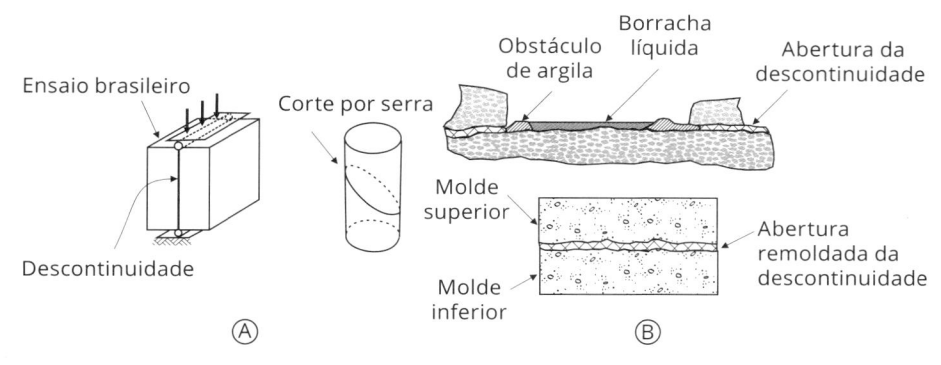

Fig. 3.58 *Amostras de descontinuidades artificiais: (A) através de ensaio brasileiro e de compressão triaxial e (B) por meio de moldagem da descontinuidade natural*
Fonte: adaptado de Goodman (1976, 1989).

aplicada por um pistão ou equipamento similar, é, em geral, mantida constante, enquanto a força cisalhante aumenta até o deslizamento das faces da descontinuidade (Fig. 3.59A). A presença de rugosidades ocasiona variação da abertura e provoca o aparecimento de uma componente normal de deslocamento, conhecida como dilatância.

A força cisalhante pode ser ligeiramente inclinada, conforme mostrado na Fig. 3.59B, para evitar a rotação de um bloco em relação ao outro, devido à dilatância da descontinuidade. Esse problema é minimizado em ensaios com altas pressões normais.

O estado de tensões da amostra na caixa cisalhante pode ser representado pelo círculo de Mohr da Fig. 3.60. A tensão normal σ_y e a cisalhante τ_{xy} no plano de ruptura definem o ponto A'. A tensão normal σ_x, paralela à descontinuidade, depende do sistema usado para a fixação da amostra dentro da caixa e pode variar desde zero até uma elevada proporção de σ_y. O círculo de Mohr é definido pelo diâmetro AA', uma vez que a tensão cisalhante perpendicular ao plano da descontinuidade deve ser igual a τ_{xy}.

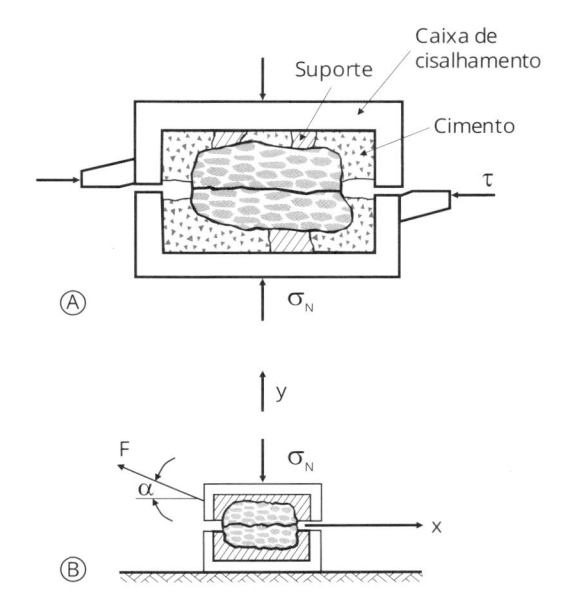

Fig. 3.59 *Ensaio de cisalhamento direto: (A) esquema geral da amostra na caixa de cisalhamento e (B) ensaio com força cisalhante inclinada*
Fonte: adaptado de Goodman (1989).

Há vários tipos de aparelho de cisalhamento direto, como o desenvolvido por Goodman e Ohnishi e o sistema portátil proposto por Ross-Brown e Walton, para o cisalhamento de pequenas amostras em campo ou laboratório, esquematizados na Fig. 3.61.

O ensaio de compressão triaxial também pode ser utilizado para a determinação das propriedades de deformabilidade e resistência das descontinuidades. A amostra de rocha com a descontinuidade inclinada de β em relação à direção da força axial é submetida a uma pressão confinante (σ_3) constante e ao contínuo aumento da tensão desviadora ($\sigma_1 - \sigma_3$). O deslizamento da descontinuidade ocorre quando o ponto A, que representa as tensões normal e cisalhante no plano da descontinuidade, atinge a envoltória de resistência ao cisalhamento da descontinuidade, conforme se observa na Fig. 3.62.

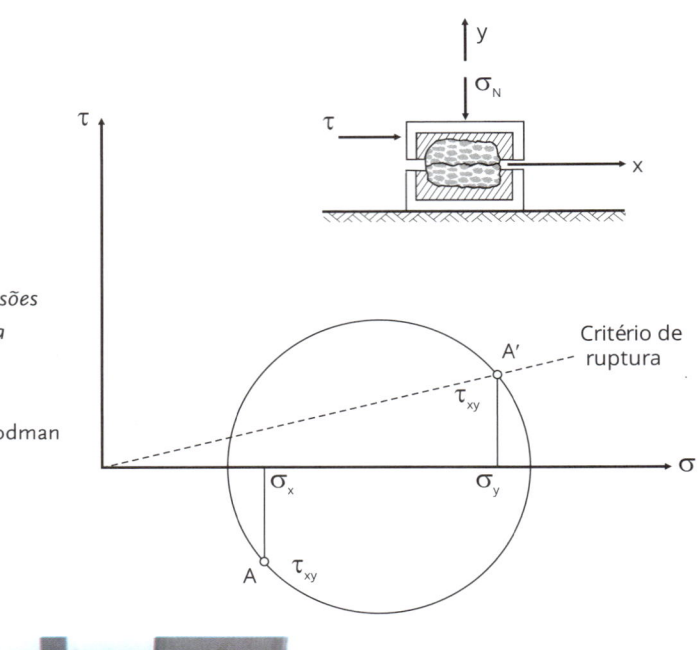

Fig. 3.60 *Estado de tensões aproximado da amostra de rocha no ensaio de cisalhamento direto*
Fonte: adaptado de Goodman (1989).

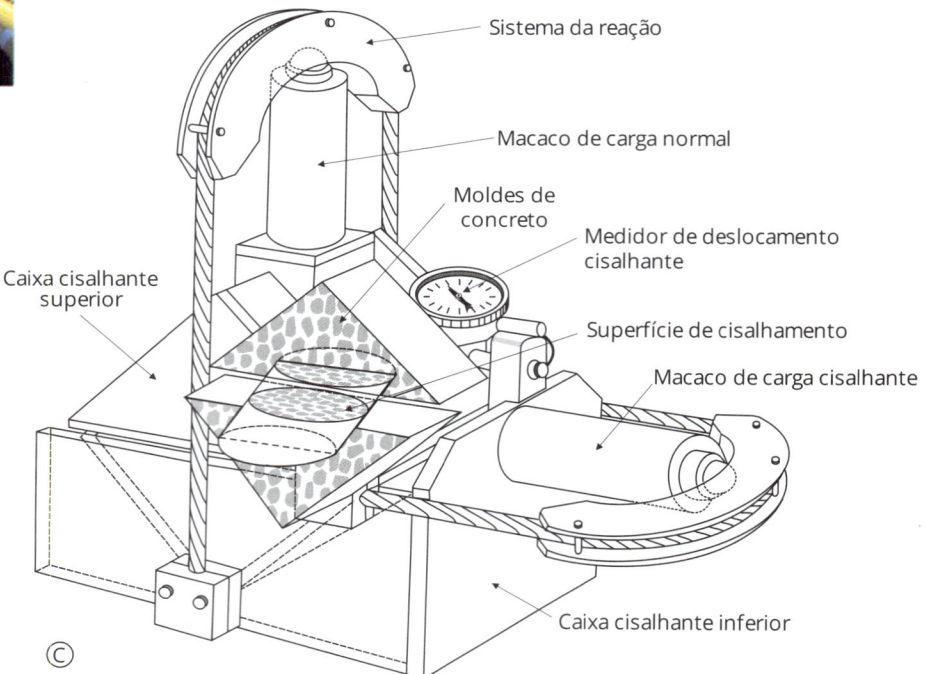

Fig. 3.61 *Esquemas de aparelhos de cisalhamento direto: (A, B) de laboratório e (C) portátil para campo e laboratório*

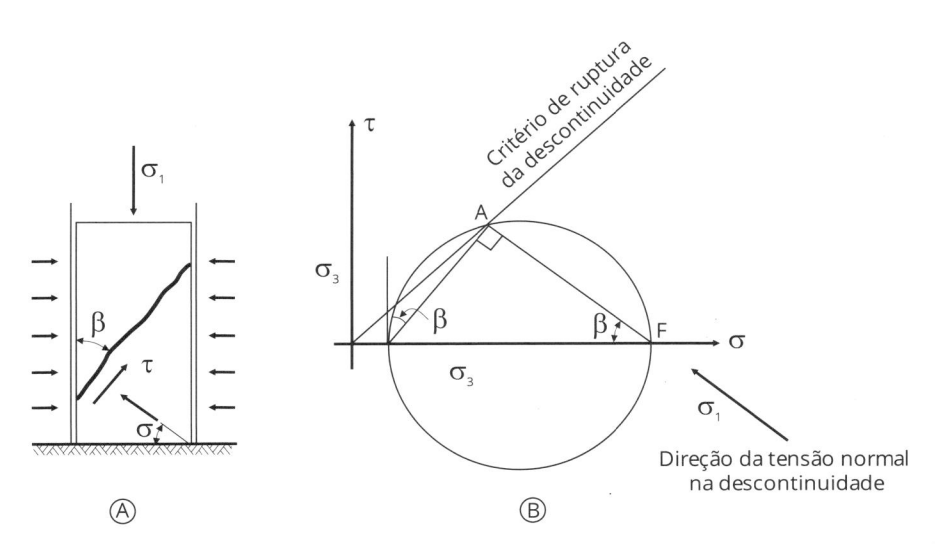

Fig. 3.62 *Ensaio de compressão triaxial de descontinuidades: (A) esquema da descontinuidade e (B) estado de tensões*
Fonte: adaptado de Goodman (1976).

Ensaios em descontinuidades in situ

Os ensaios de cisalhamento direto de descontinuidades *in situ* são realizados somente em condições específicas, pois envolvem custos muito elevados.

O arranjo típico desse ensaio é apresentado na Fig. 3.63, podendo ser executado tanto na superfície do maciço quanto em uma galeria subterrânea. Neste caso, as paredes e o teto representam os sistemas de reação das forças cisalhante e normal aplicadas ao bloco de rocha ou ao plano de fraqueza do maciço selecionado para o ensaio.

3.2.3 Critérios de resistência de descontinuidades

Vários critérios de resistência (de ruptura) para descontinuidades, fundamentados ou não em observações experimentais, têm sido formulados nas últimas décadas, desde os mais simples, como os critérios de Patton (1966) e de Ladanyi e Archambault (1970), até os mais elaborados, como o de Barton e Bandis (1982).

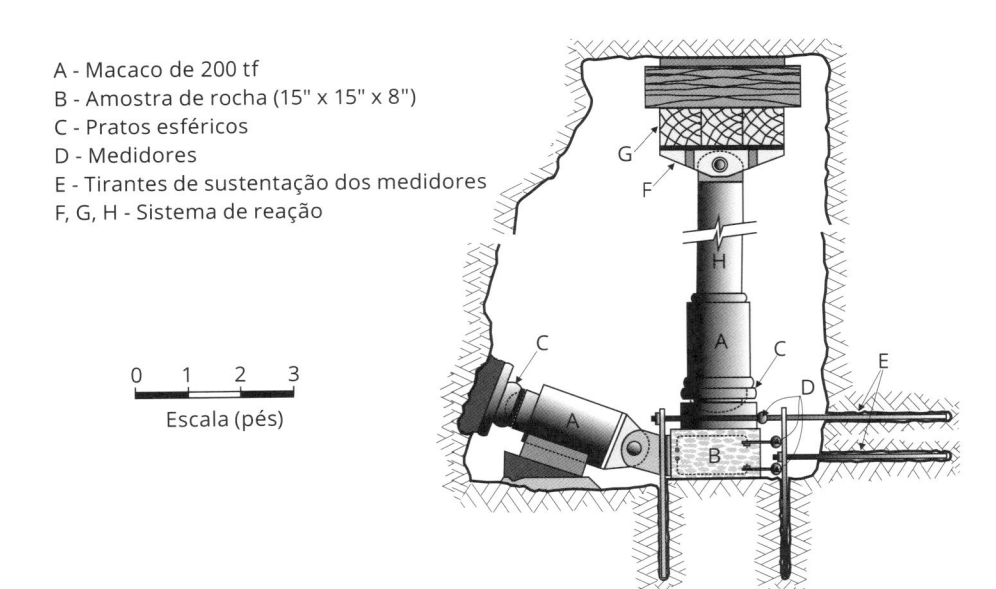

A - Macaco de 200 tf
B - Amostra de rocha (15" x 15" x 8")
C - Pratos esféricos
D - Medidores
E - Tirantes de sustentação dos medidores
F, G, H - Sistema de reação

Escala (pés)

Fig. 3.63 *Ensaio de cisalhamento direto* in situ *executado em galeria subterrânea*
Fonte: adaptado de Hoek e Brown (1980).

Considere-se uma amostra de rocha que contém uma descontinuidade aberta e rugosa submetida a cisalhamento direto, conforme mostrado na Fig. 3.64A. Aplica-se uma tensão normal constante (σ) na superfície da descontinuidade e mede-se o deslocamento cisalhante (u_s) provocado pela tensão cisalhante (τ).

O comportamento da tensão de cisalhamento *versus* deslocamento cisalhante está mostrado na Fig. 3.64B. Observa-se que τ cresce até atingir um valor máximo ($\tau_{máx}$) e, após esse ponto, diminui com o aumento do deslocamento cisalhante (u_s), até um valor residual (τ_r).

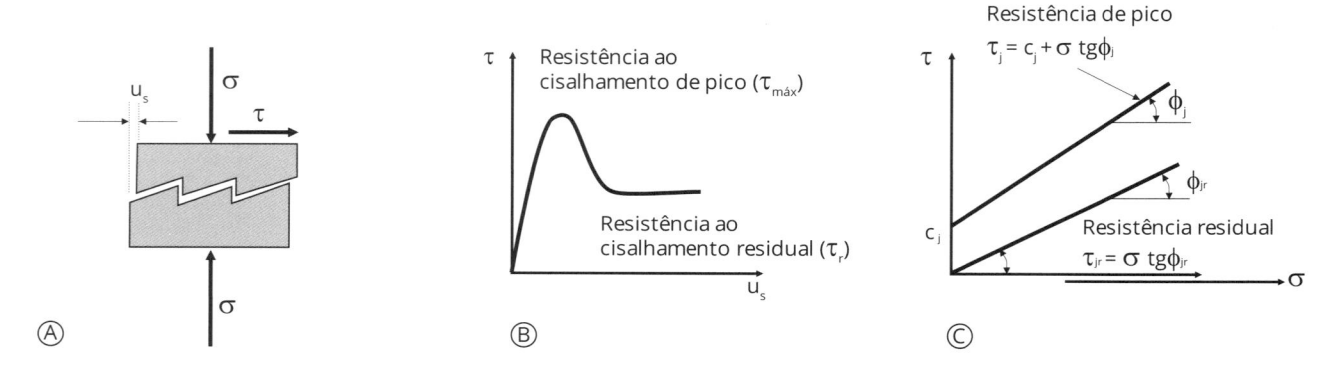

Fig. 3.64 *(A) Esquema de ensaio de cisalhamento direto em uma descontinuidade aberta e rugosa, (B) relação entre tensão de cisalhamento (τ) e deslocamento cisalhante (u_s) típica e (C) envoltórias de resistência ao cisalhamento de pico e residual da descontinuidade*

Executando vários ensaios desse tipo, admitindo diferentes valores de tensão normal, é possível definir as envoltórias de resistência de pico (máxima) e residual das descontinuidades (Fig. 3.64C). A envoltória de resistência ao cisalhamento de pico da descontinuidade, quando linearizada, é dada pela expressão:

$$\tau_j = c_j + \sigma \, \text{tg}\,\phi_j \tag{3.67}$$

em que:

ϕ_j = ângulo de atrito de pico;
τ_j = tensão cisalhante de pico;
c_j = resistência coesiva do material cimentante da descontinuidade.

A resistência ao cisalhamento residual (τ_{jr}) é dada também por uma relação linear em que o intercepto coesivo é nulo: nesse estágio, a resistência coesiva do material cimentante é completamente destruída e, portanto,

$$\tau_{jr} = \sigma \, \text{tg}\,\phi_{jr} \tag{3.68}$$

em que:

ϕ_{jr} = ângulo de atrito residual da descontinuidade.

Critério de Patton (1966) – influência da rugosidade na resistência da descontinuidade

No ensaio de cisalhamento direto descrito anteriormente (Fig. 3.64A), considerou-se que a superfície da descontinuidade onde ocorre o deslizamento é paralela à direção da tensão cisalhante aplicada (τ). Entretanto, a superfície da descontinuidade pode ser inclinada de um ângulo i em relação à direção de τ (Fig. 3.65).

a] *Superfície plana*

$$T = N\operatorname{tg}\phi_b \quad \text{ou} \quad \tau = \sigma\operatorname{tg}\phi_b \qquad (3.69)$$

b] *Superfície inclinada*

Componentes normais – $N\cos i + T\operatorname{sen} i$

Componentes tangenciais – $T\cos i - T\operatorname{sen} i$

$T\cos i - N\operatorname{sen} i = (N\cos i + T\operatorname{sen} i)\operatorname{tg}\phi_b$

$T\cos i - T\operatorname{sen} i\operatorname{tg}\phi_b = N\operatorname{sen} i + N\cos i\operatorname{tg}\phi_b$

$T - T\operatorname{tg} i\operatorname{tg}\phi_b = N\operatorname{tg} i + N\operatorname{tg}\phi_b$

$T(1 - \operatorname{tg} i\operatorname{tg}\phi_b) = N(\operatorname{tg} i + \operatorname{tg}\phi_b)$

$$T = \frac{N(\operatorname{tg} i + \operatorname{tg}\phi_b)}{(1 - \operatorname{tg} i\operatorname{tg}\phi_b)}$$

$$T = N\operatorname{tg}(\phi_b + i) \quad \text{ou} \quad \tau = \sigma\operatorname{tg}(\phi_b + i) \qquad (3.70)$$

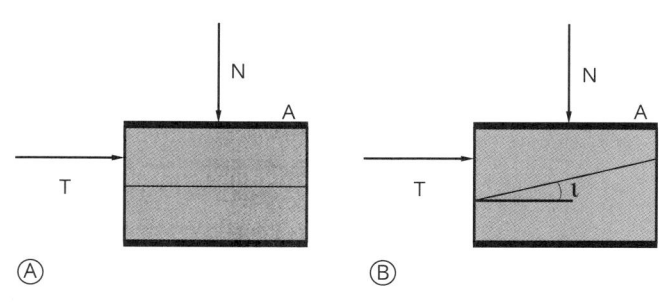

Fig. 3.65 *(A) Superfície plana e (B) superfície inclinada*

Considere-se a superfície de uma descontinuidade com rugosidades idênticas que fazem um ângulo i com o plano médio da descontinuidade, conforme mostrado na Fig. 3.66A. Seja ϕ_j o ângulo de atrito de uma descontinuidade lisa. Para a tensão de cisalhamento máxima, a força resultante na descontinuidade (R) está orientada com um ângulo ϕ_j com a normal à superfície cujo movimento está prestes a ocorrer (Fig. 3.66B). Como essa superfície está orientada de i graus com o plano médio da descontinuidade, o ângulo de atrito, referente à direção do plano médio da descontinuidade, é dado por:

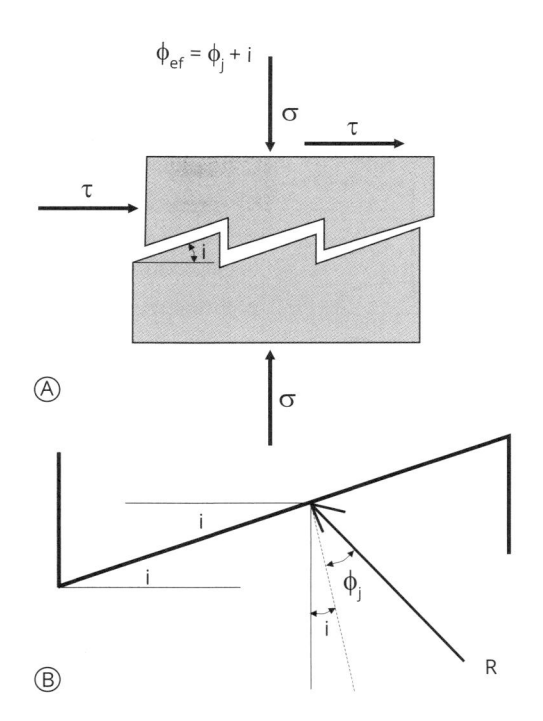

$$\phi_{ef} = \phi_j + i \qquad (3.71)$$

Fig. 3.66 *Base da lei de Patton para a resistência ao cisalhamento da descontinuidade*
Fonte: adaptado de Goodman (1989).

De acordo com a relação proposta por Patton (1966), o aumento da resistência ao cisalhamento se deve à existência de rugosidades nas superfícies das descontinuidades:

$$\tau = \sigma \, \text{tg}(\phi_j + i) \tag{3.72}$$

Os valores do ângulo de atrito da parede lisa da descontinuidade (ϕ_j) variam de 21° a 44°. Um valor razoável sugerido por Goodman (1989) é $\phi_j = 30°$. Quando as superfícies das paredes da descontinuidade são constituídas por minerais de baixa resistência, como mica, clorita, talco e argilas, ϕ_j pode apresentar valores muito baixos. Se a descontinuidade estiver preenchida com material argiloso, ϕ_j pode mostrar valores de cerca de 6°.

Na realidade, a superfície das descontinuidades apresenta rugosidades de primeira e segunda ordens. As rugosidades de primeira ordem têm ângulos mais reduzidos devido à maior escala de medida, ao passo que as rugosidades de segunda ordem mostram valores elevados do ângulo i em razão da menor escala de medida.

No caso de pressões normais elevadas, inicialmente ocorre o cisalhamento das rugosidades de segunda ordem e, posteriormente, o cisalhamento das rugosidades de primeira ordem. Somente após a ruptura dessas rugosidades acontecerá o deslizamento pela superfície da descontinuidade.

No caso de a pressão normal ser relativamente alta, é mais fácil cisalhar a descontinuidade através das rugosidades existentes ao longo de sua superfície do que levantá-la sobre essas rugosidades. A mobilização de alguma resistência da rocha pela ruptura das rugosidades gera um intercepto de resistência ao cisalhamento c_j e um novo ângulo de atrito (ϕ_r) relacionado ao deslizamento ao longo das superfícies rompidas de rocha e que pode, portanto, ser aproximado pelo ângulo de atrito da rocha intacta (ϕ_b).

Na Fig. 3.67 é mostrado o critério bilinear de ruptura para as descontinuidades, representando uma combinação da lei de Patton com a condição de cisalhamento através das descontinuidades.

$$\tau = \sigma \, \text{tg}(\phi_j + i) \quad \text{para} \quad \sigma < \sigma_t \tag{3.73a}$$

$$\tau = c_j + \sigma \, \text{tg}\,\phi_r \quad \text{para} \quad \sigma > \sigma_t \tag{3.73b}$$

$$\sigma_t = \frac{c_j}{\text{tg}(\phi_j + i) - \text{tg}\,\phi_r} \tag{3.74}$$

em que:

c_j = intercepto coesivo da descontinuidade (junta planar);

ϕ_j = ângulo de atrito da descontinuidade;

i = ângulo de rugosidade;

ϕ_r = ângulo de atrito residual da rocha intacta com a descontinuidade.

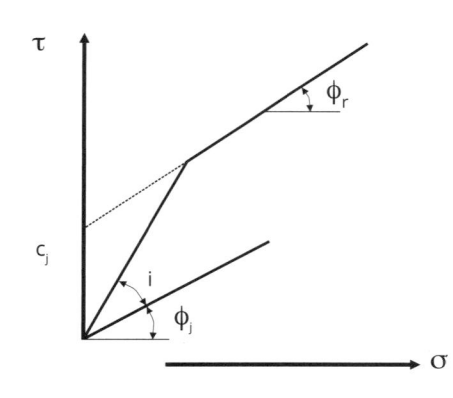

Fig. 3.67 *Critério bilinear de Patton para a resistência ao cisalhamento de descontinuidades*
Fonte: adaptado de Goodman (1976).

Para muitas aplicações práticas, é suficiente substituir, na Eq. 3.73b, ϕ_r por ϕ_j, já que esses valores são muito próximos. Resultados de ensaios mostram a transição entre a inclinação inicial da reta de inclinação ($\phi_j + i$) e a reta de inclinação ϕ_r. Algumas teorias para a resistência da descontinuidade na região de transição foram propostas por Ladanyi e Archambault (1970), Jaeger (1971) e Barton, Bandis e Bakhtar (1985).

Critério de Ladanyi e Archambault (1970)

De acordo com esse critério, na resistência ao cisalhamento da descontinuidade são consideradas as contribuições do embricamento, do atrito e da dilatância, conforme a expressão:

$$\tau = \frac{\sigma (1 - a_s)(\dot{v} + \text{tg}\,\phi_j) + a_s \tau_R}{1 - (1 - a_s)\,\dot{v}\,\text{tg}\,\phi_j} \quad (3.75)$$

em que:

a_s = proporção da superfície da descontinuidade que é cisalhada (para baixas tensões normais, $a_s \to 0$, e, para elevadas tensões normais, $a_s = 1$);

$\dot{v}$ = razão de dilatância (dv/du_s) no pico, isto é, a razão entre o deslocamento normal e o horizontal na resistência de pico (para baixas pressões normais, $\dot{v} \to \text{tg}\,i$, e, para elevadas pressões, $\dot{v} = 0$);

τ_R = resistência ao cisalhamento da rocha intacta (para altas pressões normais, a resistência ao cisalhamento da descontinuidade, τ, aproxima-se de τ_R).

Obtém-se a_s por meio de:

$$a_s = \frac{\sum a_i}{a} \quad (3.76)$$

Ladanyi e Archambault (1970) sugerem que a resistência do material intacto localizado nas paredes das superfícies da descontinuidade (τ_R) pode ser calculada por meio de qualquer critério de resistência ao cisalhamento, como a equação parabólica de Fairhurst:

$$\tau_R = \tau_j \frac{\sqrt{1+n} - 1}{n} \left(1 + n\frac{\sigma}{\sigma_j}\right)^{1/2} \quad (3.77)$$

em que:

σ_j = resistência à compressão uniaxial do material adjacente à descontinuidade, que, devido ao intemperismo, pode ser inferior à resistência à compressão uniaxial da rocha intacta;

n = razão entre a resistência à compressão uniaxial e a resistência à tração da rocha.

Em geral, os parâmetros a_s e $\dot{v}$ não são de fácil determinação. Pela experiência obtida em um grande número de ensaios de cisalhamento de superfícies rugosas, esses autores propõem relações empíricas para o cálculo desses parâmetros. Goodman (1976) apresenta o assunto em detalhes.

Critério de Barton-Bandis (1982)

O primeiro trabalho que deu origem ao critério de Barton-Bandis para descontinuidades data do início dos anos 1970 e foi originalmente desenvolvido por Barton (1971) para descrever a resistência ao cisalhamento de descontinuidades artificiais com base em dados experimentais. Nesses ensaios, foram observadas evidências físicas da influência das propriedades da superfície das juntas (resistência à compressão e rugosidades das paredes) em seu comportamento mecânico.

Posteriormente, Barton e Choubey (1977) desenvolveram métodos para quantificar essas propriedades e propuseram uma lei empírica que poderia ser utilizada tanto para extrapolar e ajustar dados experimentais quanto para prever valores de resistência ao cisalhamento de juntas.

Com base em inúmeros estudos experimentais em juntas naturais e artificiais, esses trabalhos iniciais foram aperfeiçoados até se chegar a uma equação empírica para a resistência ao cisalhamento de pico das juntas, conhecida como critério de Barton-Bandis (Barton, 1983; Barton; Bandis, 1990), tal que:

$$|\tau_p| = \sigma \, \text{tg}\left(JRC \, \log_{10}\left(\frac{JCS}{\sigma}\right) + \phi_r \right) \quad (3.78)$$

Esse critério não admite tração e é função dos cinco parâmetros de caracterização das juntas vistos a seguir, que podem ser medidos em laboratório ou no campo:

i. *Coeficiente de rugosidade da junta* (joint roughness coefficient – JRC): é estimado indiretamente por meio de *tilt tests*, ensaios de cisalhamento direto ou comparação do perfil da junta com perfis de rugosidades típicas, conforme mostrado na Fig. 3.68.

Nos ensaios de *tilt tests*, blocos de rocha interceptados por juntas são retirados do maciço e inclinados até que a parte superior do bloco deslize em relação à parte inferior. Os valores de tensão normal (muito baixa) (σ) e de tensão de cisalhamento (τ) são devidos somente ao peso da parte superior do bloco.

O valor de JRC varia de 0, para juntas lisas, não dilatantes, a 20, para juntas com alta rugosidade.

ii. *Resistência à compressão da junta* (joint compressive strength – JCS): é um parâmetro de importância fundamental, já que são as finas camadas de rocha adjacentes à junta que controlam as propriedades de resistência e deformabilidade do maciço.

Sua importância é acentuada se as juntas estão alteradas. Em especial, se há fluxo de água, esse valor é menor do que a resistência à compressão uniaxial não confinada da rocha intacta (C_0), que corresponde ao valor de JCS no caso de juntas sãs.

Na ausência de resultados experimentais, uma estimativa conservativa para o limite inferior de JCS é $0{,}25 C_0$.

É calculada a partir de ensaios com o martelo de Schmidt.

iii. *Ângulo de atrito residual* (ϕ_r): em razão dos efeitos do intemperismo, não se considera o ângulo de atrito básico do material (ϕ_b), a não ser que as tensões aplicadas sejam suficientemente elevadas para que as camadas de rocha alterada sejam destruídas, permitindo, desse modo, o contato com a rocha intacta situada abaixo dessas camadas.

É estimado a partir de ensaios com o martelo de Schmidt, sendo calculado por:

$$\phi_r = (\phi_b - 20°) + 20\frac{r}{R} \tag{3.79}$$

em que:

ϕ_b = obtido de *tilt tests*;

r = parâmetro obtido do ensaio para superfícies de juntas previamente saturadas;

R = parâmetro obtido do ensaio para superfícies de juntas secas não alteradas.

iv. *Resistência à compressão uniaxial* (C_0 ou σ_c): observa-se que os valores de C_0 (σ_c) e ϕ_r reduzem-se significativamente se as juntas estão saturadas. Nesse caso, seus valores devem ser estimados com base em ensaios sob condições de saturação.

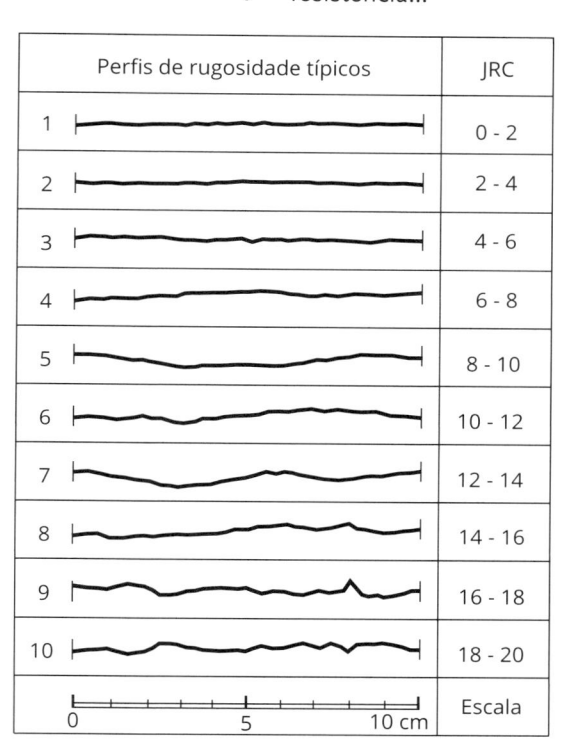

Fig. 3.68 *Coeficiente de rugosidade da junta – parâmetro JRC no critério de Barton-Bandis*

Perfis de rugosidade típicos	JRC
1	0 - 2
2	2 - 4
3	4 - 6
4	6 - 8
5	8 - 10
6	10 - 12
7	12 - 14
8	14 - 16
9	16 - 18
10	18 - 20
0 5 10 cm	Escala

v. *Resistência ao cisalhamento*: a resistência ao cisalhamento de pico, válida para juntas alteradas e sãs, é definida por uma relação empírica dada pela Eq. 3.78.

A relação entre JCS e σ (JCS/σ) indica o grau de alterabilidade da junta.

A Eq. 3.78 pode ser assim reescrita:

$$\tau_p = \sigma \; \text{tg}(d_p + \phi_r) \tag{3.80}$$

em que d_p representa o ângulo de dilatância de pico – que ocorre quase simultaneamente à resistência ao cisalhamento de pico, de acordo com Barton (1983) – e é dado por:

$$d_p = JRC_p \log\left(\frac{JCS}{\sigma}\right) \tag{3.81}$$

O ângulo de dilatância demonstra se é possível considerar um valor de resistência ao cisalhamento maior do que o devido ao ângulo de atrito residual. Em projetos, deve-se utilizar o valor de ϕ_r se as juntas são preenchidas ou planares ou se exibem sinais de cisalhamento prévio. Se, por outro lado, as juntas são rugosas, não preenchidas e não cisalhadas previamente, o ângulo de dilatância dá uma ideia aproximada do valor do ângulo de atrito, além daquele devido a ϕ_r.

Em geral, uma junta rugosa alterada (alto valor de JRC e baixo valor de JCS) sofre maior dano durante o cisalhamento do que uma junta resistente e mais lisa (alto JCS e baixo JRC). Entretanto, ambas sofrem baixa dilatância. Somente juntas com altos valores de JCS e JRC dilatam-se significativamente (Barton; Choubey, 1977).

Barton e Choubey (1977) observaram que, em juntas para as quais o valor da razão (JCS/σ) é suficientemente baixo, ocorre significativo dano das rugosidades e que, por outro lado, para altos valores dessa razão, pouco dano é observado. Bandis (1980) define, então, um coeficiente de dano das rugosidades (M), de modo que o valor do ângulo de dilatância de pico passa a ser dado por:

$$d_p = \frac{1}{M} JRC_p \log\left(\frac{JCS}{\sigma}\right) \qquad (3.82)$$

em que:

M = 1 para (JCS/σ) ≥ 100 (pouco dano das asperezas);
M = 2 para (JCS/σ) < 100 (ruptura das asperezas).

Nesse critério, a rugosidade *i* deixa de ser um valor constante, como no critério de Patton, e passa a ser uma medida empírica.

Resultados experimentais obtidos por Barton; Bandis e Bakhtar (1985) comprovaram a dependência da escala nos valores de JRC e JCS. Com o aumento da junta, observaram-se reduções nesses valores. Foram propostas, então, relações empíricas para o cálculo dessas grandezas que levam em conta a dependência do comprimento da junta. Portanto,

$$JRC_n = JRC_0 \left(\frac{L_n}{L_0}\right)^{-0,02\, JRC_0} \qquad (3.83a)$$

$$JCS_n = JCS_0 \left(\frac{L_n}{L_0}\right)^{-0,03\, JCS_0} \qquad (3.83b)$$

em que:

JRC_0 = rugosidade das paredes da descontinuidade para uma amostra de laboratório com comprimento-padrão, L_0 = 0,10 m;

JCS_0 = resistência das paredes da descontinuidade para uma amostra de laboratório com comprimento-padrão, L_0 = 0,10 m;

JRC_n = rugosidade das paredes da descontinuidade corrigida para o comprimento *in situ* da descontinuidade considerada (L_n);

JCS_n = resistência das paredes da descontinuidade corrigida para o comprimento *in situ* da descontinuidade considerada (L_n).

3.2.4 Consideração da influência da rugosidade e da presença de pontes de rocha na análise de estabilidade

Conforme mencionado, qualquer estrutura geológica constitui condicionante da estabilidade dos taludes. É comum essas estruturas apresentarem-se, na grande maioria dos casos, onduladas e com persistência finita, sendo, portanto, intercaladas, pelo que se denominam pontes de rocha.

As ondulações são responsáveis por um incremento na resistência friccional ao longo dos planos das descontinuidades. Estima-se que o ângulo de atrito mobilizado ao longo do plano seja governado pelas características básicas das paredes da descontinuidade, em associação com essas ondulações. Nesse caso, o ângulo de atrito básico (ϕ') seria acrescido de um valor R para representar o efeito resistente das ondulações, que precisariam ser galgadas ou cisalhadas durante um eventual deslizamento.

Para representar a influência do efeito de escala e da resistência de planos preferenciais de deslizamento constituídos por descontinuidades, pode-se citar o critério de Barton e Bandis (1990).

O efeito da presença de pontes de rocha deve ser considerado na análise de estabilidade. Essas pontes rochosas, intercaladas entre os planos da descontinuidade, compondo um eventual "grande plano de fraqueza", aumentam a resistência global desse plano, em razão de o maciço rochoso apresentar resistência ao cisalhamento superior à das descontinuidades. Para a inclusão do efeito das pontes rochosas, utiliza-se o critério de Jennings (1970), dado por:

$$c'_p = K c'_d + (1 - K) c'_r \tag{3.84a}$$

$$\operatorname{tg} \phi'_p = K \operatorname{tg} \phi'_d + (1 - K) \operatorname{tg} \phi'_r \tag{3.84b}$$

sendo

$$K = \frac{J}{J + P} \tag{3.84c}$$

em que:

c'_p = coesão do plano de ruptura;

c'_d = coesão da descontinuidade;

c'_r = coesão da ponte rochosa;

ϕ'_p = ângulo de atrito do plano de ruptura;

ϕ'_d = ângulo de atrito da descontinuidade;

ϕ'_r = ângulo de atrito da ponte rochosa;

J = persistência máxima da foliação aberta;

P = extensão da ponte rochosa (maciço rochoso e/ou foliação fechada).

Para a avaliação da resistência dos planos (R), pode-se utilizar o critério de Barton; Bandis e Bakhtar (1985) com a correção do efeito de escala nos parâmetros JRC e JCS (Eq. 3.83):

$$R = JRC_n \log\left(\frac{JCS_n}{\sigma_n}\right) \tag{3.85}$$

em que:

σ_n = nível de tensão estimado na superfície potencial de ruptura.

3.2.5 Influência da água na resistência ao cisalhamento de descontinuidades

A mais importante influência da presença de água em uma descontinuidade na rocha é a redução da resistência ao cisalhamento decorrente da redução da tensão normal provocada pela poropressão, conforme estabelece o princípio das tensões efetivas descrito anteriormente.

A expressão da resistência ao cisalhamento da descontinuidade, considerando-se a pressão de água, é dada por (Goodman, 1989):

$$\tau_j = c_j + (\sigma - u)\,\text{tg}\,\phi_j \tag{3.86}$$

em que:
τ_j = resistência ao cisalhamento da descontinuidade;
c_j = coesão do material de preenchimento da descontinuidade;
σ = tensão normal total na descontinuidade;
u = pressão de água na descontinuidade;
ϕ_j = ângulo de atrito da descontinuidade.

A influência da água sobre o ângulo de atrito e o intercepto coesivo (coesão) da descontinuidade depende da natureza de seu material de preenchimento. Essas propriedades são pouco alteradas pela água no caso de rochas resistentes, cascalhos e solos arenosos. Entretanto, a maioria das argilas, folhelhos, argilitos e arenitos argilosos podem sofrer alterações significativas com a variação do teor de umidade, o que reforça a necessidade de fazer ensaios com amostras cujo teor de umidade seja o mais próximo possível do existente no maciço rochoso *in situ*.

De forma análoga ao mostrado na seção 3.1.5, sobre a influência da água na resistência das rochas, é possível calcular a poropressão requerida para causar o deslizamento da descontinuidade. Na Fig. 3.69 é apresentado o estado de tensões totais e efetivas e a poropressão crítica que provoca o tangenciamento do círculo de Mohr à envoltória de resistência da descontinuidade. A característica bilinear dessa envoltória se deve ao critério de resistência da descontinuidade proposto por Patton, apresentado na seção 3.2.3.

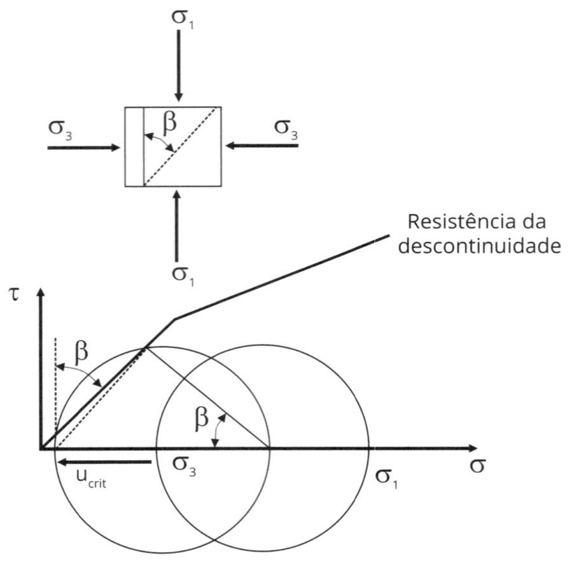

Analiticamente, para calcular a poropressão crítica, é necessário considerar, além do estado inicial de tensões totais e dos parâmetros de resistência, a orientação do plano da descontinuidade, por meio da expressão:

$$u_{\text{crit}} = \frac{c_j}{\text{tg}\,\phi_j} + \sigma_3 + (\sigma_1 + \sigma_3)\left(\text{sen}^2\beta - \frac{\text{sen}\,\beta\cos\beta}{\text{tg}\,\phi_j}\right) \tag{3.87}$$

Fig. 3.69 *Poropressão requerida para provocar deslizamento no plano da descontinuidade da rocha*
Fonte: adaptado de Goodman (1989).

em que:

u_{crit} = poropressão que provoca deslizamento pela descontinuidade;
c_j = intercepto coesivo da descontinuidade;
ϕ_j = ângulo de atrito da descontinuidade;
σ_1 e σ_3 = tensões principais iniciais da rocha que contém a descontinuidade;
β = ângulo entre o plano da descontinuidade e a tensão principal maior (σ_1).

A poropressão crítica corresponde ao menor valor calculado por essa equação, utilizando-se (i) $c_j \neq 0$ e $\phi_j = \phi_{jr}$; e (ii) $c_j = 0$ e $\phi_{ef} = (\phi_j + i)$, em que i representa o ângulo da rugosidade, ou seja, o ângulo que a rugosidade da descontinuidade faz com o plano da própria descontinuidade.

3.3 Propriedades de resistência de maciços rochosos

3.3.1 Critério de Jaeger (1971)

Suponha-se que a amostra de rocha tenha somente um plano de fraqueza, cuja normal faça um ângulo β com a direção da tensão principal maior σ_1 (na direção longitudinal da amostra), conforme mostrado nas Figs. 3.62 e 3.70.

O critério de deslizamento nesse plano é:

$$|\tau| = c_j + \sigma \, \text{tg} \phi_j \quad (3.88)$$

em que τ e σ são calculados em função de σ_1 e σ_3, por meio de:

$$\begin{cases} \sigma = \dfrac{1}{2}(\sigma_1 + \sigma_3) + \dfrac{1}{2}(\sigma_1 - \sigma_3)\cos 2\beta \\ \tau = -\dfrac{1}{2}(\sigma_1 - \sigma_3)\text{sen} 2\beta \end{cases} \quad (3.89)$$

ou

$$\begin{cases} \sigma = \sigma_m + \tau_m \cos 2\beta \\ \tau = -\tau_m \text{sen} 2\beta \end{cases} \quad (3.90)$$

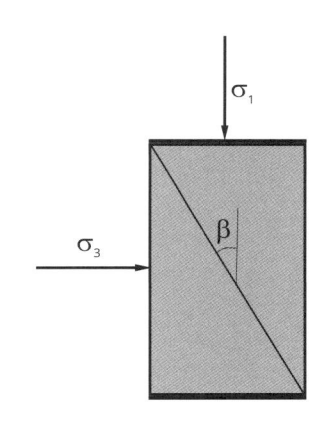

Fig. 3.70 *Amostra de rocha com um plano de fraqueza*

em que:

$$\begin{aligned} \sigma_m &= \dfrac{1}{2}(\sigma_1 + \sigma_3) \to \sigma_{\text{média}} \\ \tau_m &= \dfrac{1}{2}(\sigma_1 - \sigma_3) \to \tau_{\text{média}} \end{aligned} \quad (3.91)$$

A substituição da Eq. 3.90 na Eq. 3.88 é mostrada a seguir:

$$\tau_m \text{sen} 2\beta = c_j + \text{tg}\phi_j (\sigma_m + \tau_m \cos 2\beta)$$

$$\tau_m(\text{sen} 2\beta - \text{tg}\phi_j \cos 2\beta) = c_j + \sigma_m \text{tg}\phi_j$$

$$\tau_m = \dfrac{\sigma_m \text{tg}\phi_j}{\text{sen} 2\beta - \text{tg}\phi_j \cos 2\beta} + \dfrac{c_j}{\text{sen} 2\beta - \text{tg}\phi_j \cos 2\beta}$$

$$\tau_m = \dfrac{\sigma_m \text{sen}\phi_j}{\text{sen} 2\beta \cos\phi_j - \text{sen}\phi_j \cos 2\beta} + \dfrac{c_j \cos\phi_j}{\text{sen} 2\beta \cos\phi_j - \text{sen}\phi_j \cos 2\beta} \quad (3.92)$$

$$\tau_m = \frac{\sigma_m \operatorname{sen}\phi_j}{\operatorname{sen}(2\beta-\phi_j)} + \frac{c_j \cos\phi_j}{\operatorname{sen}(2\beta-\phi_j)}$$

$$\frac{\tau_m}{\operatorname{sen}\phi_j} = \frac{\sigma_m}{\operatorname{sen}(2\beta-\phi_j)} + \frac{c_j \cotg\phi_j}{\operatorname{sen}(2\beta-\phi_j)}$$

$$\tau_m = (\sigma_m + c_j \cotg\phi_j)\underbrace{\operatorname{sen}\phi_j \operatorname{cossec}(2\beta-\phi_j)}_{\delta}$$

Ela fornece a seguinte expressão para o critério de resistência de descontinuidades de Jaeger:

$$\tau_m = (\sigma_m + c_j \cotg\phi_j)\delta \qquad (3.93)$$

em que:

$$\delta = \operatorname{sen}\phi_j \operatorname{cossec}(2\beta-\phi_j) \qquad (3.94)$$

Substituindo as Eqs. 3.91 na Eq. 3.93, para que haja deslizamento segundo esse plano, o critério de Jaeger é assim escrito:

$$\sigma_1 \geq \sigma_3 + \frac{2(c_j + \tg\phi_j \sigma_3)}{(1 - \tg\phi_j \tg\beta)\operatorname{sen}2\beta} \qquad (3.95a)$$

ou

$$\sigma_1 - \sigma_3 \geq \frac{2(c_j + \tg\phi_j \sigma_3)}{(1 - \tg\phi_j \tg\beta)\operatorname{sen}2\beta} \qquad (3.95b)$$

Pontos singulares do critério de resistência de Jaeger

Ao plotar a variação de σ_1 com o ângulo β, como mostrado na Fig. 3.71, verifica-se que essa curva tende ao ∞ em $\beta = 0°$ e $\beta = (90° - \phi_j)$.

O significado físico desses resultados é que o deslizamento nas superfícies das descontinuidades não é possível no intervalo $90° - \phi_j < \beta < 90°$, ou seja, a tensão σ_1 teria que ser infinita para que a ruptura ocorresse ao longo das descontinuidades. A ruptura se dá, portanto, na rocha intacta, que não resiste à compressão. Valores de β entre $(90° - \phi_j)$ e $90°$ fornecem valores negativos para σ_1, o que significa ruptura por tração, sem significado físico, já que σ_1 é de compressão, por hipótese.

No caso de haver mais de uma descontinuidade, os efeitos delas se superpõem. Desse modo, aumenta a faixa de valores do ângulo β para os quais pode ocorrer deslizamento ao longo das descontinuidades (Fig. 3.43).

3.3.2 Resistência de maciços rochosos

A resistência de maciços rochosos vai depender da resistência da rocha intacta (τ) e da resistência da descontinuidade (τ_j). No entanto, ainda não é claro em que proporções essas parcelas se compõem para estabelecer a resistência dos maciços rochosos.

$\beta = 0° \Rightarrow \sigma_1 \to \infty$: ruptura da rocha intacta

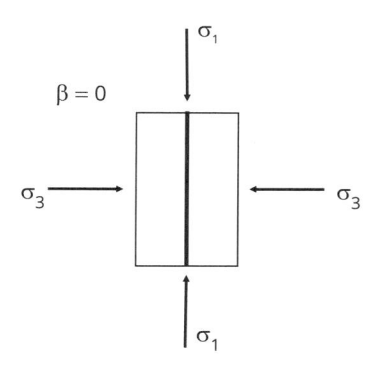

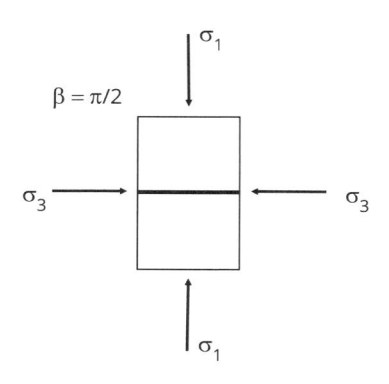

$\beta = \pi/2 \Rightarrow \sigma_1 \Rightarrow \infty$: ruptura da rocha intacta

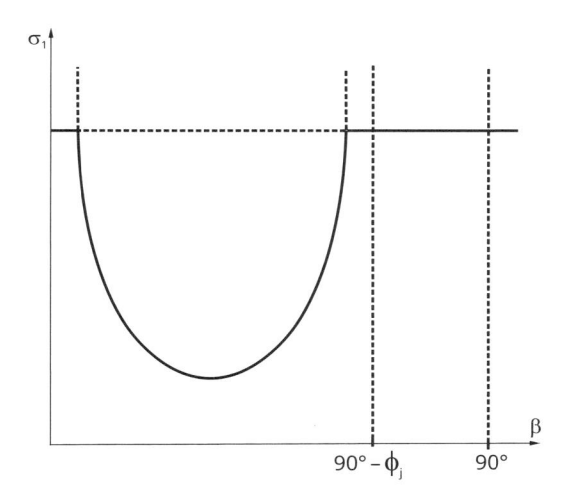

Fig. 3.71 *Relação σ_1 versus β do critério de resistência de Jaeger*

No Quadro 3.3 são apresentadas situações típicas nas quais o maciço rochoso pode ser encontrado nos problemas de engenharia. Esses casos típicos são caracterizados por várias condicionantes relacionadas à resistência do maciço, conforme resumido a seguir:

- *caso I*: isotrópico, função da resistência da rocha intacta;
- *caso II*: anisotrópico, função das resistências da rocha intacta e da descontinuidade;
- *caso III*: anisotrópico, função das resistências da rocha intacta e das descontinuidades e dos mecanismos de interação entre os blocos;
- *caso IV*: razoavelmente isotrópico, função da resistência das descontinuidades somente.

O caso III, bastante comum na prática, representa provavelmente a situação mais complexa em termos de mecanismos de ruptura. Para ilustrar essa situação, é mostrada na Fig. 3.72 uma configuração testada experimentalmente por Ladanyi e Archambault (1972). O meio consiste de duas famílias de fraturas, uma persistente e outra não persistente perpendicular à primeira. Foram realizados vários ensaios biaxiais com diferentes valores do ângulo β, formado pelas direções das fraturas e da tensão principal maior (σ_1).

Quadro 3.3 Características dos maciços rochosos típicos

	Descrição	Características de resistências	Ensaios de resistência	Considerações teóricas
	Rocha intacta dura	Frágil, elástica e geralmente isotrópica	Ensaio triaxial em laboratório; relativamente simples e de pouco custo; resultados razoáveis	Comportamento teórico da rocha frágil, elástica e isotrópica adequadamente compreendido para a maioria das aplicações práticas
	Rocha intacta com uma descontinuidade inclinada	Acentuadamente anisotrópica, função da resistência ao cisalhamento da descontinuidade	Ensaio triaxial em laboratório difícil e oneroso, com resultados razoáveis; ensaio de cisalhamento direto da descontinuidade simples e de baixo custo, com resultados que exigem interpretação cuidadosa	Comportamento teórico das juntas individuais e rochas xistosas adequadamente compreendido para a maioria das aplicações práticas
	Maciço rochoso com poucas descontinuidades	Anisotrópica, função do número, da continuidade e da resistência ao cisalhamento das descontinuidades	Ensaios de laboratório muito difíceis devido à perturbação da amostra e limitação de tamanho dos equipamentos	Comportamento da rocha fraturada pouco compreendido devido à complexa interação dos blocos
	Maciço rochoso muito fraturado	Razoavelmente isotrópica; elevada dilatância a baixas pressões e tensões e quebra de partículas a altas tensões	Ensaio triaxial de amostras não perturbadas extremamente difícil devido à dificuldade de obtenção e preparação da rocha	Comportamento das rochas muito fraturadas muito pouco compreendido devido à interação dos blocos angulares

Fonte: Vargas Jr. e Nunes (1992).

Os valores de resistência ao cisalhamento previstos para as fraturas e para a rocha intacta são apresentados na Fig. 3.73. A Fig. 3.73A mostra uma previsão do comportamento do sistema rocha/fraturas segundo o modelo de Jaeger, enquanto a Fig. 3.73B exibe os resultados experimentais obtidos por Ladanyi e Archambault. Verifica-se que os valores observados em laboratório são, em geral, inferiores aos previstos pela teoria de Jaeger.

A Fig. 3.74 ilustra os três mecanismos de colapso observados pelos autores. Na Fig. 3.74A, a ruptura se dá por uma superfície de cisalhamento do material intacto muito bem definida, ao passo que na Fig. 3.74B ela ocorre através de uma zona de cisalhamento. Já na Fig. 3.74C, observa-se a formação das *kink bands*, que são regiões onde acontecem acentuadas rotações dos blocos que compõem a amostra ensaiada.

A razão principal da diferença de comportamento mostrada na Fig. 3.74 está relacionada aos mecanismos de ruptura do sistema ensaiado. A teoria de Jaeger prevê somente a possibilidade de deslizamento ao longo das descontinuidades ou ruptura por cisalhamento através da rocha intacta. Na realidade, conforme se observa no

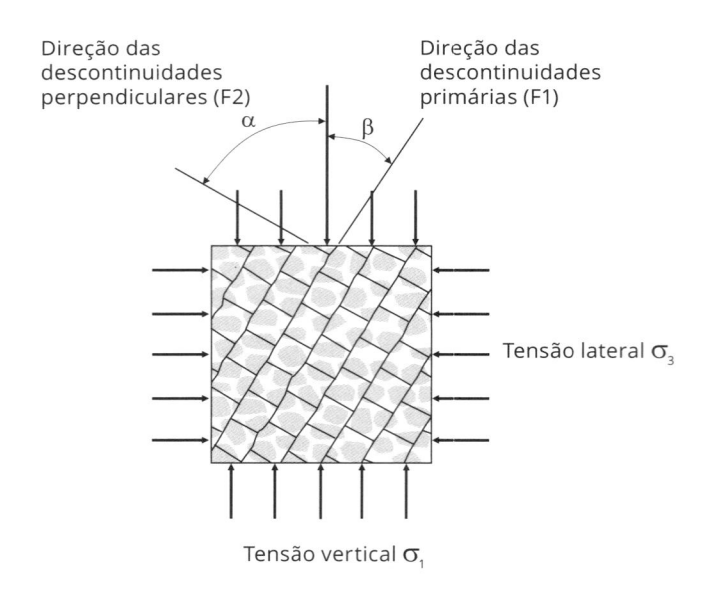

Fig. 3.72 *Configuração do modelo de blocos ensaiado por Ladanyi e Archambault*
Fonte: adaptado de Hoek (1983).

Quadro 3.3, o meio rochoso formado por blocos discretos pode ter mecanismos de deformação e/ou colapso que envolvem a rotação e a separação dos blocos de rocha, movimentos esses que não são previstos pela teoria de Jaeger.

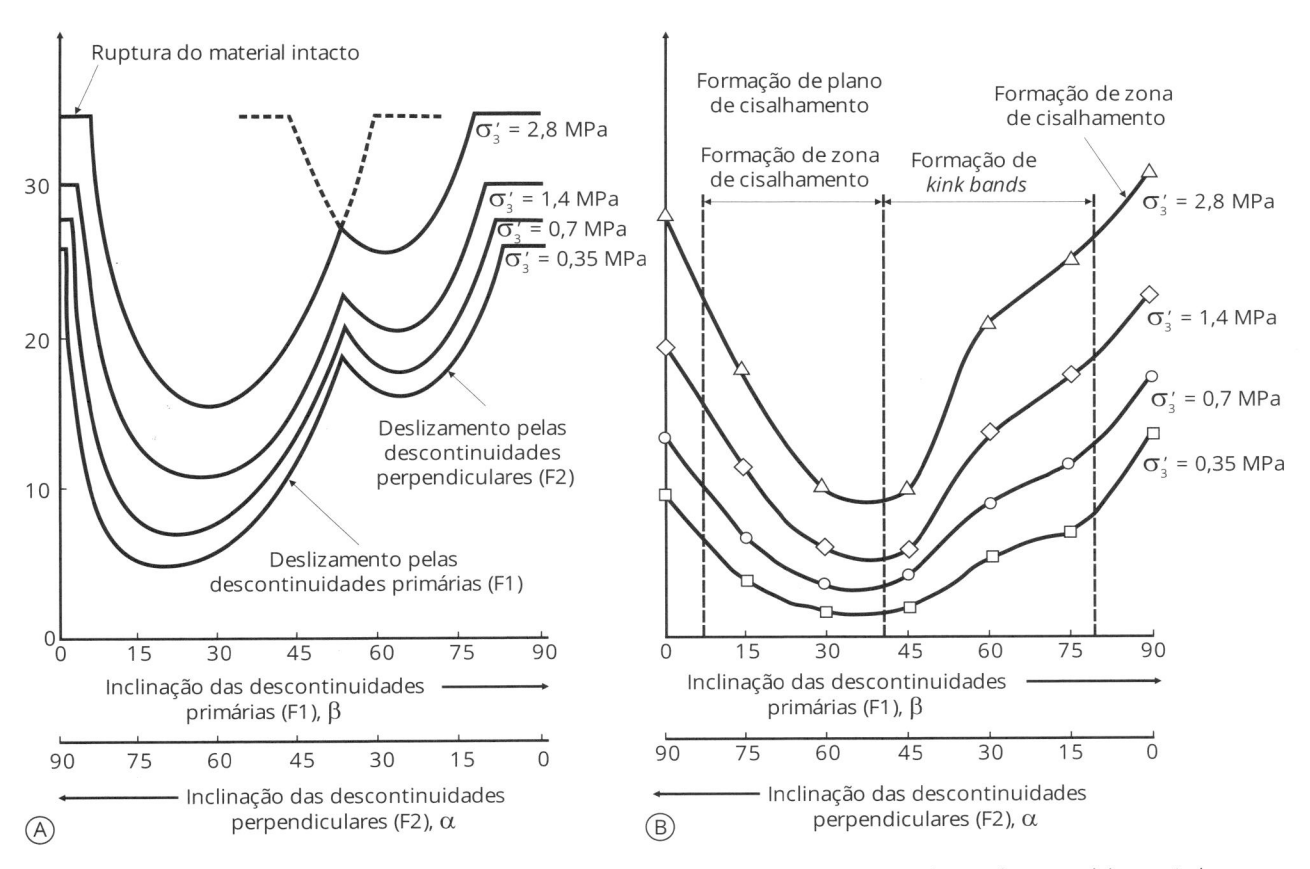

Fig. 3.73 *Comparação entre (A) a resistência prevista pela teoria de Jaeger e (B) a resistência observada no modelo ensaiado por Ladanyi e Archambault*
Fonte: adaptado de Hoek (1983).

Na Mecânica das Rochas, ainda não é possível quantificar esses fenômenos de forma simplificada. Na prática, entretanto, pode-se estabelecer que a resistência dos maciços rochosos se encontra entre um máximo devido à resistência da rocha intacta e um mínimo proveniente da resistência das descontinuidades.

Fig. 3.74 *Mecanismos de ruptura do modelo de blocos: (A) ruptura em uma superfície de cisalhamento, (B) ruptura através de uma zona de cisalhamento e (C) ruptura por kink band*
Fonte: Goodman (1976).

3.3.3 Classificação geomecânica GSI (Hoek, 1994)

Hoek e Brown reconheceram que um critério de ruptura de maciços rochosos não teria aplicação prática se não estivesse relacionado a observações geológicas que pudessem ser fácil e rapidamente obtidas em campo por um geólogo ou um geólogo de engenharia (Marinos; Marinos; Hoek, 2005). Eles consideraram o desenvolvimento de um novo sistema de classificação de maciços ainda nos anos 1970, mas desistiram da ideia em razão do já existente RMR e do sistema Q. Entretanto, esses autores julgavam imprópria a consideração dos parâmetros referentes à água subterrânea e à orientação das descontinuidades, no sistema RMR, bem como do parâmetro de tensão, no sistema Q, na medida em que já eram considerados explicitamente em análises numéricas envolvendo tensões efetivas. Além disso, logo ficou comprovado que a utilização do RMR em maciços de baixa qualidade não era adequada. O próprio índice de resistência geológica (*geological strength index* – GSI), em suas formulações iniciais, também não se aplicava de forma adequada a esses maciços. Mas, a partir de 1998, Hoek e Marinos, em razão de materiais extremamente difíceis encontrados durante escavações de túneis na Grécia, aprimoraram o sistema para a inclusão de maciços de baixa qualidade (Hoek; Marinos; Benissi, 1998; Marinos; Hoek, 2000, 2001).

O GSI foi introduzido originalmente por Hoek em 1994 e posteriormente modificado por Hoek, Kaiser e Bawden (1995) e Hoek e Brown (1988). Esse índice provê um sistema para a estimativa da redução da resistência do maciço rochoso para diferentes condições geológicas identificadas em observações de campo. A caracterização do maciço rochoso é simples e baseia-se em dois parâmetros: a análise da estrutura da rocha, em especial a forma dos blocos; e as condições de superfície (rugosidade e alteração) das descontinuidades. Combinados, esses dois parâmetros permitem a descrição de uma ampla variedade de tipos de maciço rochoso, desde aqueles com blocos muito resistentes, intertravados, até os muito esmagados.

O sistema é apresentado nas Figs. 3.75 e 3.76. O "coração" dessa classificação é uma cuidadosa descrição geológico-geotécnica do maciço rochoso, que é essencialmente qualitativa, com base na definição da litologia, da estrutura e das condições das descontinuidades presentes no maciço rochoso a partir do exame visual do maciço em afloramentos ou em superfícies de escavação (túneis, taludes etc.). Combinando esses dois parâmetros fundamentais do processo geológico – o tipo, o tamanho e a forma dos blocos; e as condições das descontinuidades –, essa classificação respeita os principais condicionantes que governam o comportamento dos maciços.

O sistema GSI não pretende substituir os sistemas RMR e Q, na medida em que nenhum projeto de reforço ou suporte de maciço é apresentado.

3.3.4 Critério de ruptura de Hoek-Brown para maciços rochosos

Ajustando-se os valores dos parâmetros m e s para as condições do maciço rochoso, o critério de ruptura de Hoek-Brown pode ser aplicado para determinar as propriedades de resistência do maciço rochoso. Para isso, o critério requer que o fraturamento seja tão elevado que o comportamento de resistência global não tenha uma direção preferencial, ou seja, o maciço rochoso se comporta como um meio contínuo equivalente. A versão mais atual do critério, que tem sido constantemente atualizado, é dada pela equação:

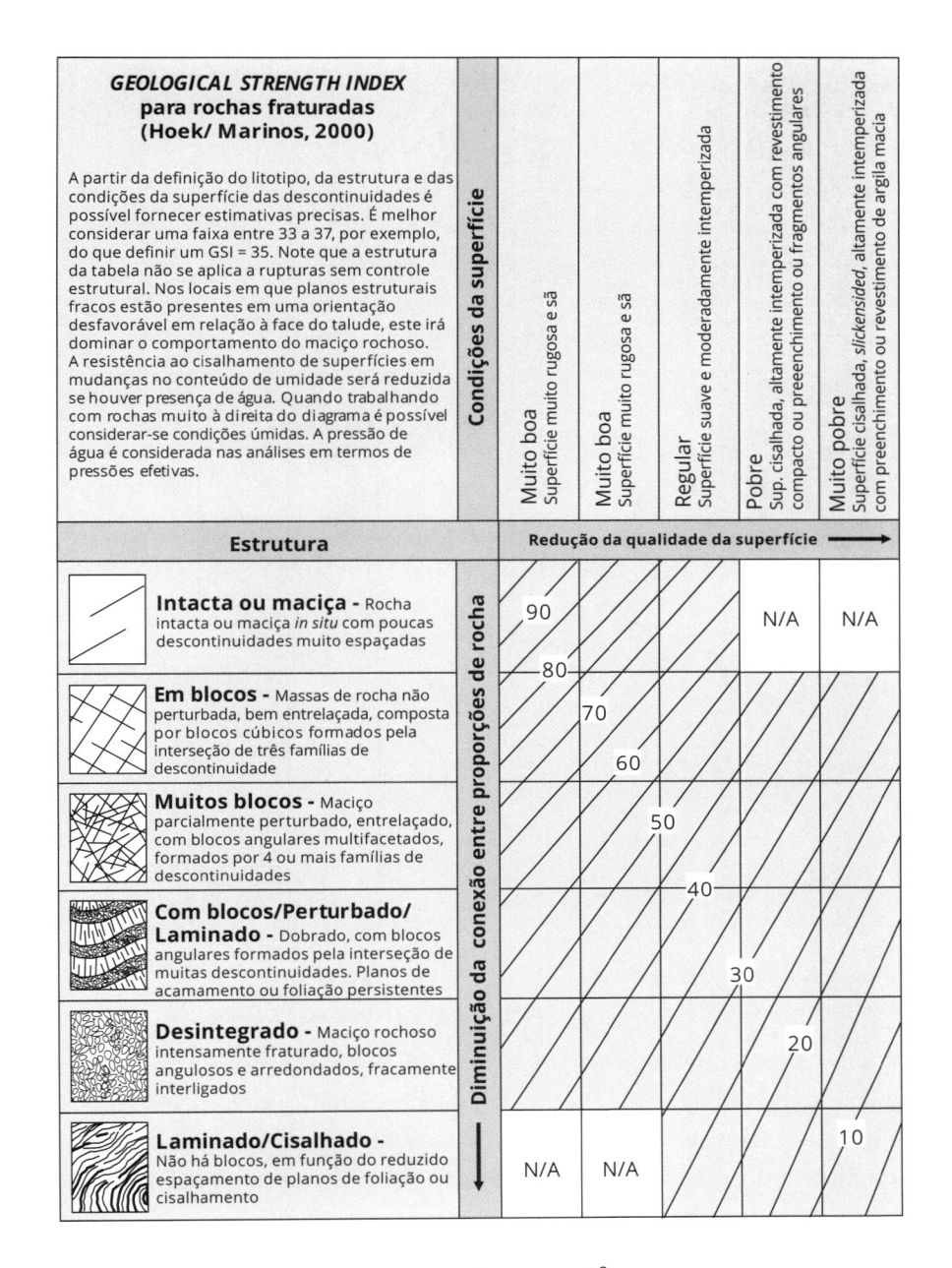

Fig. 3.75 *Estimativa do GSI para maciços rochosos fraturados*
Fonte: modificado de Hoek e Marinos (2000).

$$\sigma_1 = \sigma_3 + C_0 \left(m_b \frac{\sigma_3}{C_0} + s \right)^a$$

(3.96)

em que as relações para as constantes do maciço rochoso m_b, s e a são dadas por:

$$m_b = m_i \exp\left[(GSI - 100) / (28 - 14D) \right]$$

(3.97)

$$s = \exp\left[(GSI - 100) / (9 - 3D) \right]$$

(3.98)

$$a = \frac{1}{2} + \frac{1}{6} \left(e^{-GSI/15} - e^{-20/3} \right)$$

(3.99)

GSI para Maciços Rochosos Heterogêneos, como Flysch (Hoek; Marinos, 2000)

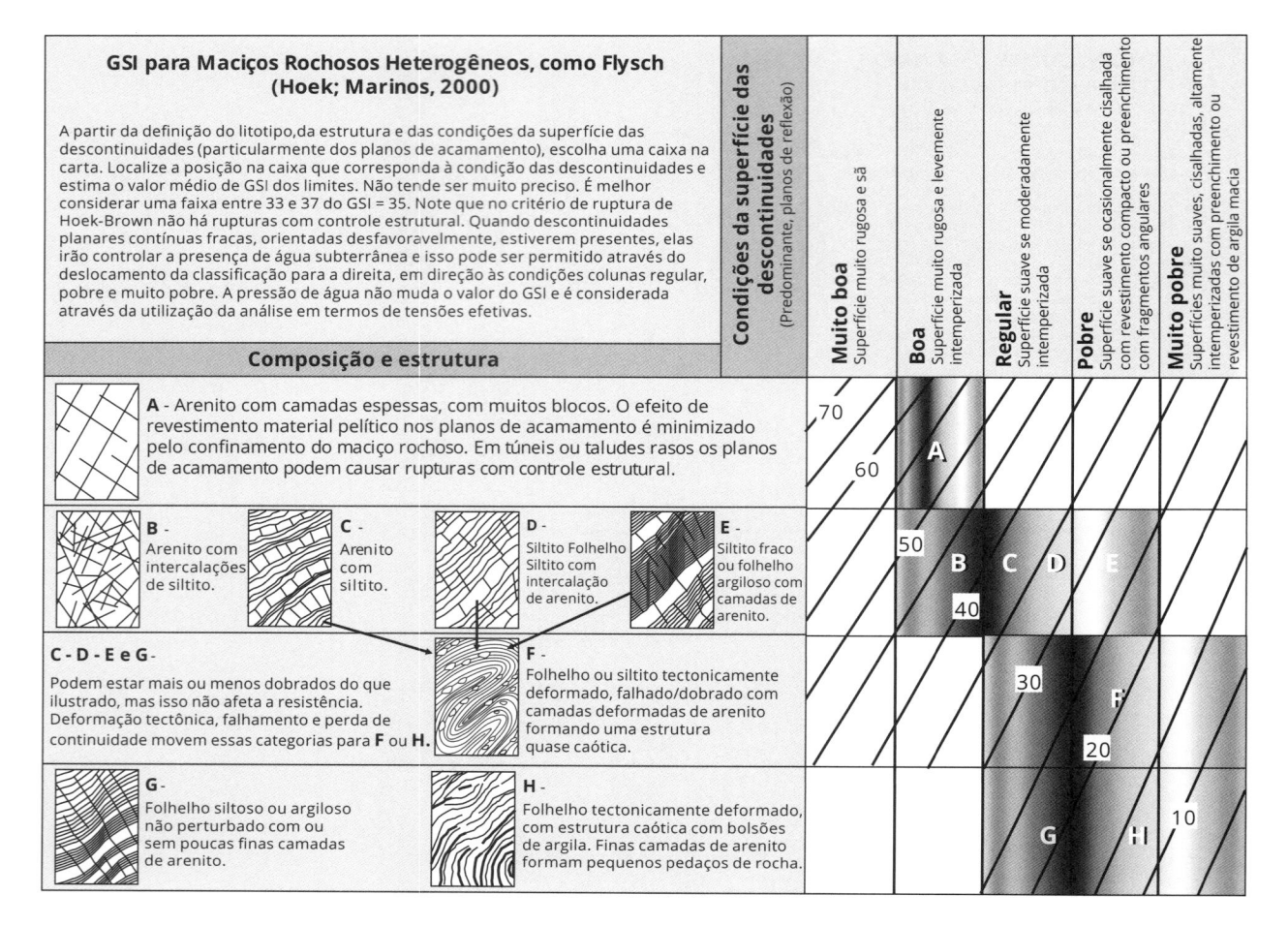

A partir da definição do litotipo, da estrutura e das condições da superfície das descontinuidades (particularmente dos planos de acamamento), escolha uma caixa na carta. Localize a posição que corresponda à condição das descontinuidades e estima o valor médio de GSI dos limites. Não tende ser muito preciso. É melhor considerar uma faixa entre 33 e 37 do GSI = 35. Note que no critério de ruptura de Hoek-Brown não há rupturas com controle estrutural. Quando descontinuidades planares contínuas fracas, orientadas desfavoravelmente, estiverem presentes, elas irão controlar a presença de água subterrânea e isso pode ser permitido através do deslocamento da classificação para a direita, em direção às condições colunas regular, pobre e muito pobre. A pressão de água não muda o valor do GSI e é considerada através da utilização da análise em termos de tensões efetivas.

Condições da superfície das descontinuidades (Predominante, planos de reflexão)
- **Muito boa**: Superfície muito rugosa e sã
- **Boa**: Superfície muito rugosa e levemente intemperizada
- **Regular**: Superfície suave se moderadamente intemperizada
- **Pobre**: Superfície suave se ocasionalmente cisalhada com revestimento compacto ou preenchimento com fragmentos angulares
- **Muito pobre**: Superfícies muito suaves, cisalhadas, altamente intemperizadas com preenchimento ou revestimento de argila macia

Composição e estrutura

A - Arenito com camadas espessas, com muitos blocos. O efeito de revestimento material pelítico nos planos de acamamento é minimizado pelo confinamento do maciço rochoso. Em túneis ou taludes rasos os planos de acamamento podem causar rupturas com controle estrutural.

B - Arenito com intercalações de siltito.

C - Arenito com siltito.

D - Siltito Folhelho Siltito com intercalação de arenito.

E - Siltito fraco ou folhelho argiloso com camadas de arenito.

C - D - E e G - Podem estar mais ou menos dobrados do que ilustrado, mas isso não afeta a resistência. Deformação tectônica, falhamento e perda de continuidade movem essas categorias para F ou H.

F - Folhelho ou siltito tectonicamente deformado, falhado/dobrado com camadas deformadas de arenito formando uma estrutura quase caótica.

G - Folhelho siltoso ou argiloso não perturbado com ou sem poucas finas camadas de arenito.

H - Folhelho tectonicamente deformado, com estrutura caótica com bolsões de argila. Finas camadas de arenito formam pequenos pedaços de rocha.

Fig. 3.76 *Estimativa do GSI para maciços rochosos heterogêneos*
Fonte: modificado de Hoek e Marinos (2000).

O valor de m_i é um parâmetro derivado do melhor ajuste da curva do ensaio de compressão triaxial da rocha intacta. O parâmetro mb é um valor reduzido de m_i, referente aos efeitos de redução de resistência das condições do maciço rochoso, definidas pelo GSI. Ajustes de s e a também são realizados de acordo com o GSI. O valor de GSI é estimado a partir de cartas, como visto anteriormente.

A Fig. 3.77 exibe um exemplo da boa concordância entre a envoltória definida pelo critério de Hoek-Brown e os círculos de Mohr críticos, para um folhelho, e sua comparação com a envoltória de Mohr-Coulomb.

3.4 Deformabilidade das rochas

Deformabilidade é a capacidade da rocha de se deformar sob a ação de um carregamento ou descarregamento. Seu estudo é bastante relevante nos problemas de engenharia.

Nos projetos envolvendo fundações de barragens, os recalques na fundação provenientes do peso da barragem dependerão dos parâmetros de deformabilidade dessa fundação. Por exemplo, em uma barragem assentada sobre um maciço de fundação formado por vários tipos de rocha, com diferentes propriedades de defor-

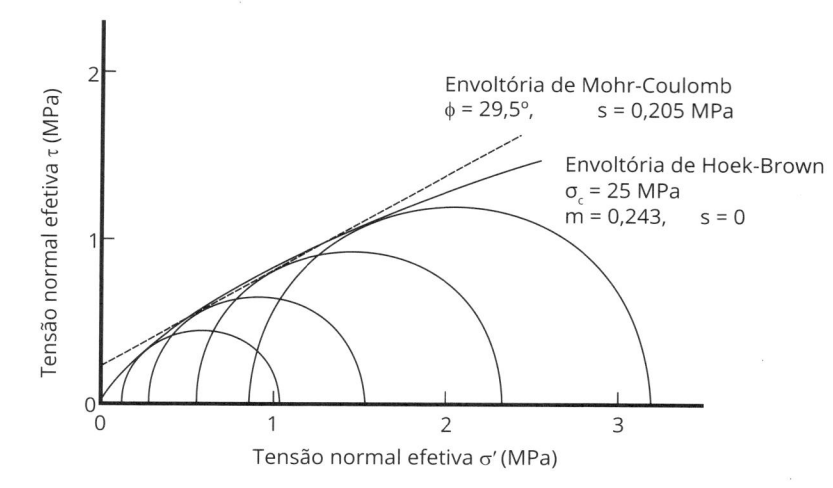

Fig. 3.77 *Comparação entre as envoltórias de ruptura de Mohr-Coulomb e de Hoek-Brown, obtidas a partir de ensaios drenados de folhelho*
Fonte: adaptado de Hoek (1983).

mabilidade, surgirão tensões de cisalhamento e de tração devidas aos diferentes valores de deflexão da fundação. Em projetos de túneis, o conhecimento da expansão da cavidade é de fundamental importância, sobretudo na definição do revestimento. A propagação de ondas acústicas em rochas depende das propriedades elásticas.

3.4.1 Modelos constitutivos

Um modelo constitutivo (Quadro 3.4) caracteriza a relação tensão-deformação dos materiais envolvidos.

A deformabilidade de uma rocha, de modo geral, não pode ser caracterizada somente por constantes elásticas, já que várias rochas apresentam comportamento não elástico. Muitas têm comportamento elástico no laboratório, mas no campo, onde podem apresentar fissuras, fraturas, planos de acamamento, contatos, zonas de alteração e argilas com propriedades plásticas, a maioria delas não é perfeitamente elástica.

Modelo elástico linear

A relação entre tensão e deformação é linear (Fig. 3.78), ou seja, há proporcionalidade entre tensão e deformação. Não existem deformações permanentes e só há uma curva para carregamento e descarregamento.

Sua vantagem é ser um modelo muito simples, e sua desvantagem é que só pode ser usado para níveis de tensão relativamente baixos, em que se verifica proporcionalidade entre tensão e deformação.

O modelo elástico linear pode ser utilizado adequadamente para a rocha intacta, por exemplo, em problemas de fundação de barragens, em que os níveis de tensão são relativamente baixos. Esse modelo, entretanto, não pode ser usado na análise de uma escavação subterrânea a grandes profundidades, já que os níveis de tensão são muito elevados. Também não pode ser empregado na análise da fundação de uma barragem em rocha fraturada, a não ser que seja adotado o conceito de meio contínuo equivalente (Fig. 3.79).

Quadro 3.4 Modelos de comportamento em função do número de descontinuidades

	Tipo de análise	Modelo
Intacta 	Contínuo	• Elástico linear • Elástico não linear • Inelástico etc.
Uma família de descontinuidades 	Descontínuo	• Modela-se o comportamento da descontinuidade + rocha intacta
Duas famílias de descontinuidades 	Descontínuo	• Modela-se o comportamento das descontinuidades + rocha intacta
Três a quatro famílias de descontinuidades 	Descontínuo	• Modela-se o comportamento das descontinuidades + rocha intacta
Extremamente fraturado 	Contínuo equivalente	• Elástico linear • Elástico não linear • Inelástico não linear

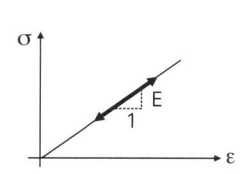

Fig. 3.78 *Gráfico exemplificando um modelo elástico linear*

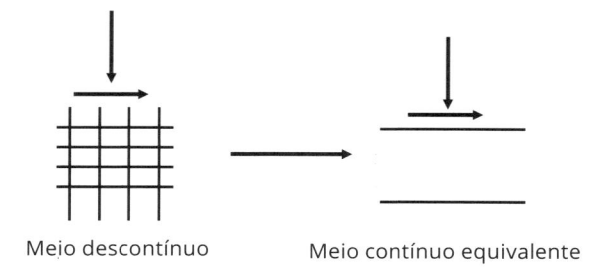

Fig. 3.79 *Ilustração da transformação de um meio descontínuo em um meio contínuo equivalente*

Rochas têm comportamento tensão-deformação bastante diversificado. Algumas rochas duras, como granitos, anfibolitos e quartzitos, mostram no trecho pré-pico um comportamento próximo ao de um modelo linear elástico.

Modelo elástico não linear

A relação entre tensão e deformação é não linear (Fig. 3.80), ou seja, não há proporcionalidade entre tensão e deformação. Não existem deformações permanentes e só há uma curva para carregamento e descarregamento.

Modelo inelástico não linear

A relação tensão-deformação é não linear e existem curvas diferentes para carregamento e descarregamento (Fig. 3.81), o que caracteriza a existência de deformações permanentes (ou plásticas). É o modelo que mais se aproxima do comportamento real das rochas.

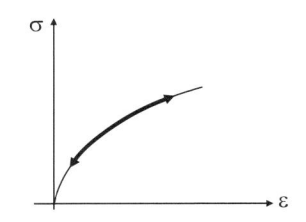

Fig. 3.80 *Gráfico exemplificando um modelo elástico não linear*

3.4.2 Constantes elásticas

Elasticidade refere-se à propriedade de reversibilidade das deformações em resposta a um carregamento.

Na teoria da elasticidade, é considerada a classe específica de sólidos elásticos, ou seja, aqueles que retornam à configuração inicial com a remoção do carregamento. A maioria dos materiais sólidos apresenta esse comportamento até certo limite de tensão ou deformação (limite elástico).

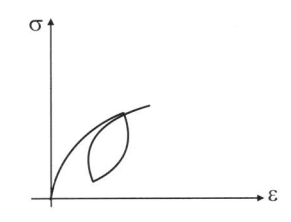

Fig. 3.81 *Gráfico exemplificando um modelo inelástico não linear*

Tipos de material

Em rochas intactas, a anisotropia deve-se à presença de planos de foliação, acamamento, fratura, orientação textural e/ou de microestrutura. Nos maciços rochosos, a anisotropia deve-se, adicionalmente, aos sistemas de fraturas existentes.

Materiais *ortotrópicos* são aqueles que apresentam simetria em relação a três direções mutuamente perpendiculares, denominadas direções principais de simetria. Se o maciço rochoso apresenta três famílias de fraturas ou juntas perpendiculares, por exemplo, deve comportar-se ortotropicamente. Um exemplo de material com esse tipo de comportamento são os granitos com três direções de fraturamento ortogonais.

Materiais *transversalmente isotrópicos*, cujos exemplos mais comuns são as rochas sedimentares (arenitos e carbonatos) e metamórficas bem foliadas (ardósias, filitos e xistos), são aqueles que apresentam simetria em um plano. Isso acontece, por exemplo, quando dois tipos de rocha estão dispostos em camadas alternadas ou, ainda, quando minerais planos, como mica, talco, clorita ou grafite, estão orientados em uma direção paralela.

Materiais *isotrópicos* são aqueles para os quais as propriedades são as mesmas em qualquer direção.

No caso de materiais com comportamento elástico e linear, as equações constitutivas têm a forma da lei de Hooke generalizada.

Lei de Hooke ⇒ Caso 1D

Considere-se um paralelepípedo retângulo elementar, mostrado na Fig. 3.82, com as faces paralelas aos eixos coordenados, submetido à ação da tensão normal σ_x uniformemente distribuída sobre as duas faces opostas, como em um ensaio de tração, até o limite de proporcionalidade (≅ limite elástico):

$$\sigma_x = E\varepsilon_x \qquad (3.100)$$

$$\varepsilon_x = \frac{\sigma_x}{E} \qquad (3.101)$$

em que E é o módulo de elasticidade longitudinal na tração (módulo de Young).

Diferente para cada material, a constante E pode ser determinada experimentalmente, para um dado material, a partir do ensaio de compressão, em que são registrados simultaneamente os valores de tensão e deformação. O valor dessa constante corresponde ao coeficiente angular da parte linear do diagrama tensão-deformação obtido, como mostrado na Fig. 3.83, considerando-se os valores de tensão no eixo das ordenadas e os valores de deformação no eixo das abcissas. Para a maioria dos materiais, o módulo de elasticidade sob compressão é igual àquele sob tração.

Quando a amostra é comprimida, a contração axial é acompanhada por uma expansão lateral. A relação entre as deformações transversal e longitudinal é constante na região elástica, sendo conhecida como *coeficiente de Poisson* (ν).

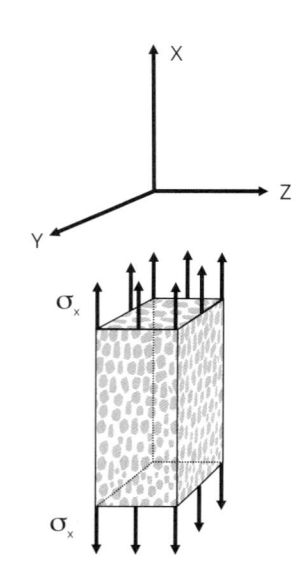

Fig. 3.82 *Amostra submetida à tração normal uniformemente distribuída*

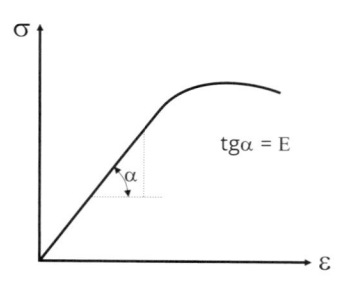

Fig. 3.83 *Curva tensão versus deformação*

No paralelepípedo elementar da Fig. 3.82, a contração na direção x é acompanhada por componentes laterais de deformação (expansões):

$$\varepsilon_y = -\nu\varepsilon_x = -\nu\frac{\sigma_x}{E}$$
$$\varepsilon_z = -\nu\varepsilon_x = -\nu\frac{\sigma_x}{E} \qquad (3.102)$$

O sinal negativo leva em conta o sentido da expansão da deformação transversal.

No caso de *sólidos elásticos lineares*, as equações constitutivas têm a forma da lei de Hooke generalizada, que envolve somente tensão e deformação (independe das taxas de tensão e/ou deformação).

Lei de Hooke generalizada ⇒ Caso 3D

As seis componentes de tensão relacionam-se linearmente com as seis componentes de deformação:

a) *Materiais homogêneos, lineares, elásticos, anisotrópicos*
- Material homogêneo → qualquer porção retirada do corpo apresenta as mesmas propriedades, ou seja, suas propriedades independem das dimensões do volume destacado do corpo.
- Anisotropia → o material possui propriedades diferentes em todas as direções.

$$\begin{Bmatrix} \sigma_x \\ \sigma_y \\ \sigma_z \\ \tau_{xy} \\ \tau_{yz} \\ \tau_{xz} \end{Bmatrix} = \begin{bmatrix} C_{11} & C_{12} & C_{13} & C_{14} & C_{15} & C_{16} \\ C_{21} & C_{22} & C_{23} & C_{24} & C_{25} & C_{26} \\ C_{31} & C_{32} & C_{33} & C_{34} & C_{35} & C_{36} \\ C_{41} & C_{42} & C_{43} & C_{44} & C_{45} & C_{46} \\ C_{51} & C_{52} & C_{53} & C_{54} & C_{55} & C_{56} \\ C_{61} & C_{62} & C_{63} & C_{64} & C_{65} & C_{66} \end{bmatrix} \begin{Bmatrix} \varepsilon_x \\ \varepsilon_y \\ \varepsilon_z \\ \gamma_{xy} \\ \gamma_{yz} \\ \gamma_{xz} \end{Bmatrix} \quad (3.103\text{a})$$

$$\{\sigma\} = [C]\{\varepsilon\} \quad (3.103\text{b})$$

ou

$$\begin{Bmatrix} \varepsilon_x \\ \varepsilon_y \\ \varepsilon_y \\ \gamma_{xy} \\ \gamma_{yz} \\ \gamma_{xz} \end{Bmatrix} = \begin{bmatrix} D_{11} & D_{12} & D_{13} & D_{14} & D_{15} & D_{16} \\ D_{21} & D_{22} & D_{23} & D_{24} & D_{25} & D_{26} \\ D_{31} & D_{32} & D_{33} & D_{34} & D_{35} & D_{36} \\ D_{41} & D_{42} & D_{43} & D_{44} & D_{45} & D_{46} \\ D_{51} & D_{52} & D_{53} & D_{54} & D_{55} & D_{56} \\ D_{61} & D_{62} & D_{63} & D_{64} & D_{65} & D_{66} \end{bmatrix} \begin{Bmatrix} \sigma_x \\ \sigma_y \\ \sigma_z \\ \tau_{xy} \\ \tau_{yz} \\ \tau_{xz} \end{Bmatrix} \quad (3.104\text{a})$$

$$\{\varepsilon\} = [D]\{\sigma\} \quad (3.104\text{b})$$

em que [C] e [D] são matrizes (simétricas) de propriedades elásticas da rocha no caso mais geral de anisotropia. Tem-se que $[C] = [D]^{-1}$.

Em geral, os materiais anisotrópicos apresentam algum grau de simetria em suas propriedades, o que reduz o número de constantes elásticas.

b) *Materiais homogêneos, lineares, elásticos, ortotrópicos*
- Ortotropia → o material apresenta propriedades simétricas em relação a três planos ortogonais. Nesse caso, são necessárias nove constantes independentes.

Se os eixos coordenados x, y e z são escolhidos como eixos paralelos às direções principais de simetria, são necessárias nove constantes para a descrição constitutiva de um sólido ortotrópico através da lei de Hooke:

$$\begin{Bmatrix} \varepsilon_x \\ \varepsilon_y \\ \varepsilon_z \\ \gamma_{xy} \\ \gamma_{yz} \\ \gamma_{xz} \end{Bmatrix} = \begin{bmatrix} \dfrac{1}{E_x} & -\dfrac{\nu_{yx}}{E_y} & -\dfrac{\nu_{zx}}{E_z} & 0 & 0 & 0 \\ -\dfrac{\nu_{xy}}{E_x} & \dfrac{1}{E_y} & -\dfrac{\nu_{zy}}{E_z} & 0 & 0 & 0 \\ -\dfrac{\nu_{zx}}{E_z} & -\dfrac{\nu_{yz}}{E_y} & \dfrac{1}{E_z} & 0 & 0 & 0 \\ 0 & 0 & 0 & \dfrac{1}{G_{xy}} & 0 & 0 \\ 0 & 0 & 0 & 0 & \dfrac{1}{G_{yz}} & 0 \\ 0 & 0 & 0 & 0 & 0 & \dfrac{1}{G_{zx}} \end{bmatrix} \begin{Bmatrix} \sigma_x \\ \sigma_y \\ \sigma_z \\ \tau_{xy} \\ \tau_{yz} \\ \tau_{xz} \end{Bmatrix} \quad (3.105)$$

Nesse caso:

$$\nu_{xy} \neq \nu_{yx}, \text{ mas } \frac{\nu_{xy}}{E_x} = \frac{\nu_{yx}}{E_y} \quad (3.106)$$

Em ν_{xy}, o primeiro subscrito indica a direção de aplicação da carga, e o segundo subscrito, a direção da medida de deformação.

As nove constantes independentes são:

$$E_x, E_y, E_z$$

$$\nu_{xy}, \nu_{zx}, \nu_{yz}$$

$$G_{xy}, G_{yz}, G_{xz}$$

Um exemplo de material ortotrópico é o carvão.

c] *Materiais homogêneos, lineares, elásticos, transversalmente isotrópicos (anisotropia cruzada)*
- *Isotropia transversal* → o material apresenta propriedades isotrópicas em um plano (Fig. 3.84). Nesse caso, são necessárias cinco constantes independentes.

$$\begin{Bmatrix} \varepsilon_n \\ \varepsilon_s \\ \varepsilon_t \\ \gamma_{ns} \\ \gamma_{ntz} \\ \gamma_{st} \end{Bmatrix} = \begin{bmatrix} \dfrac{1}{E_n} & -\dfrac{\nu_{sn}}{E_s} & -\dfrac{\nu_{sn}}{E_s} & 0 & 0 & 0 \\ -\dfrac{\nu_{ns}}{E_n} & \dfrac{1}{E_s} & -\dfrac{\nu_{st}}{E_s} & 0 & 0 & 0 \\ -\dfrac{\nu_{ns}}{E_n} & -\dfrac{\nu_{st}}{E_s} & \dfrac{1}{E_s} & 0 & 0 & 0 \\ 0 & 0 & 0 & \dfrac{1}{G_{ns}} & 0 & 0 \\ 0 & 0 & 0 & 0 & \dfrac{1}{G_{ns}} & 0 \\ 0 & 0 & 0 & 0 & 0 & \dfrac{2(1+\nu_{st})}{E_s} \end{bmatrix} \begin{Bmatrix} \sigma_n \\ \sigma_s \\ \sigma_t \\ \tau_{ns} \\ \tau_{nt} \\ \tau_{st} \end{Bmatrix} \quad (3.107)$$

Nesse caso:

$$E_s = E_t$$
$$\nu_{st} = \nu_{ts}$$
$$\nu_{tn} = \nu_{sn} \quad (3.108)$$
$$G_{tn} = G_{ns}$$
$$G_{ts} = \frac{E_s}{2(1+\nu_{ts})}$$

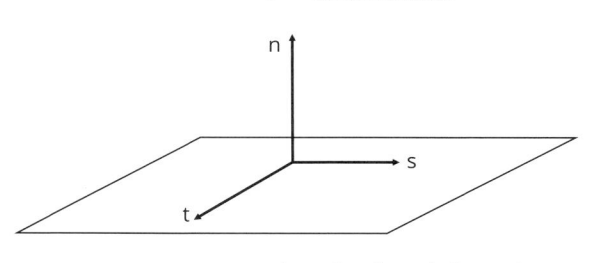

Fig. 3.84 *Plano de isotropia*

E as cinco constantes independentes são:

$$E_n, E_s$$
$$\nu_{sn}, \nu_{ts}$$
$$G_{ns}$$

São exemplos de materiais transversalmente isotrópicos a mica, o talco, o grafite e rochas sedimentares.

d] *Materiais homogêneos, lineares, elásticos, isotrópicos*
  ◆ São necessárias somente duas constantes independentes para a descrição constitutiva de um sólido isotrópico.

$$\begin{Bmatrix} \sigma_x \\ \sigma_y \\ \sigma_z \\ \tau_{xy} \\ \tau_{yz} \\ \tau_{xz} \end{Bmatrix} = \frac{E}{(1+\nu)(1-2\nu)} \begin{bmatrix} 1-\nu & 0 & 0 & 0 & 0 & 0 \\ 0 & 1-\nu & 0 & 0 & 0 & 0 \\ 0 & 0 & 1-\nu & 0 & 0 & 0 \\ 0 & 0 & 0 & \frac{1-2\nu}{2} & 0 & 0 \\ 0 & 0 & 0 & 0 & \frac{1-2\nu}{2} & 0 \\ 0 & 0 & 0 & 0 & 0 & \frac{1-2\nu}{2} \end{bmatrix} \begin{Bmatrix} \varepsilon_x \\ \varepsilon_y \\ \varepsilon_z \\ \gamma_{xy} \\ \gamma_{yz} \\ \gamma_{xz} \end{Bmatrix} \quad (3.109a)$$

ou

$$\begin{Bmatrix} \varepsilon_x \\ \varepsilon_y \\ \varepsilon_z \\ \gamma_{xy} \\ \gamma_{yz} \\ \gamma_{xz} \end{Bmatrix} = \begin{bmatrix} \frac{1}{E} & -\frac{\nu}{E} & -\frac{\nu}{E} & 0 & 0 & 0 \\ -\frac{\nu}{E} & \frac{1}{E} & -\frac{\nu}{E} & 0 & 0 & 0 \\ -\frac{\nu}{E} & -\frac{\nu}{E} & \frac{1}{E} & 0 & 0 & 0 \\ 0 & 0 & 0 & \frac{2(1+\nu)}{E} & 0 & 0 \\ 0 & 0 & 0 & 0 & \frac{2(1+\nu)}{E} & 0 \\ 0 & 0 & 0 & 0 & 0 & \frac{2(1+\nu)}{E} \end{bmatrix} \begin{Bmatrix} \sigma_x \\ \sigma_y \\ \sigma_z \\ \tau_{xy} \\ \tau_{yz} \\ \tau_{xz} \end{Bmatrix} \quad (3.109b)$$

Em engenharia, as relações 3D podem ser simplificadas. Por exemplo, na condição de deformação plana, em que uma das deformações é nula ($\varepsilon_z = 0$), a matriz dada em 3.109b se reduz a

$$\begin{Bmatrix} \varepsilon_x \\ \varepsilon_y \\ \gamma_{xy} \end{Bmatrix} = \frac{1}{E} \begin{bmatrix} 1-v^2 & -v(1+v) & 0 \\ -v(1+v) & 1-v^2 & 0 \\ 0 & 0 & z(1+v) \end{bmatrix} \begin{Bmatrix} \sigma_x \\ \sigma_y \\ \tau_{xy} \end{Bmatrix} \quad (3.110)$$

e

$$\begin{Bmatrix} \sigma_x \\ \sigma_y \\ \tau_{xy} \end{Bmatrix} = \frac{E}{(1+v)(1-2v)} \begin{bmatrix} 1-v & v & 0 \\ v & 1-v & 0 \\ 0 & 0 & \frac{(1-2v)}{2} \end{bmatrix} \begin{Bmatrix} \varepsilon_x \\ \varepsilon_y \\ \gamma_{xy} \end{Bmatrix} \quad (3.111)$$

A condição de deformação plana é comum de ser encontrada em problemas de mecânica de rochas, como em túneis, escavações superficiais e barragens. Deve-se notar que a deformação $\varepsilon_z = 0$, mas a tensão σ_z não é nula e é dada por $\sigma_z = v(\sigma_x + \sigma_y)$.

Outra condição plana de interesse encontrada em problemas geotécnicos é a axissimetria, como na representação de um poço, de uma fundação e até de um corpo de prova cilíndrico, como mostrado na Fig. 3.85. Neste caso, as matrizes de dados 3.110 e 3.111 podem ser usadas substituindo-se as coordenadas x e y pelas coordenadas r e z.

3.4.3 Efeitos de tempo na deformabilidade de rochas

Tanto rochas intactas como descontinuidades apresentam alguma dependência do tempo em suas características de deformabilidade. Assim, serão aqui apresentadas somente características desse tipo relativas às rochas intactas. Deformações ao longo do tempo em geral são conhecidas como deformações viscosas, deformações por fluência ou mesmo, utilizando o termo em inglês, deformações por *creep*. Essas deformações podem ser relevantes em problemas de engenharia como escavações subterrâneas em mineração, poços de petróleo, fundações e até estabilidade de taludes.

A Fig. 3.86 mostra esquematicamente como podem ser as deformações por fluência de uma rocha em um ensaio de laboratório onde se aplica uma tensão constante na amostra. Pode-se em geral distinguir três fases de deformações por fluência. Nas etapas iniciais, tem-se o que se denomina fluência primária. Nela, as taxas de deformação tendem a diminuir com o tempo. Em uma segunda etapa, ocorre a fluência secundária, em que as taxas de deformações permanecem constantes,

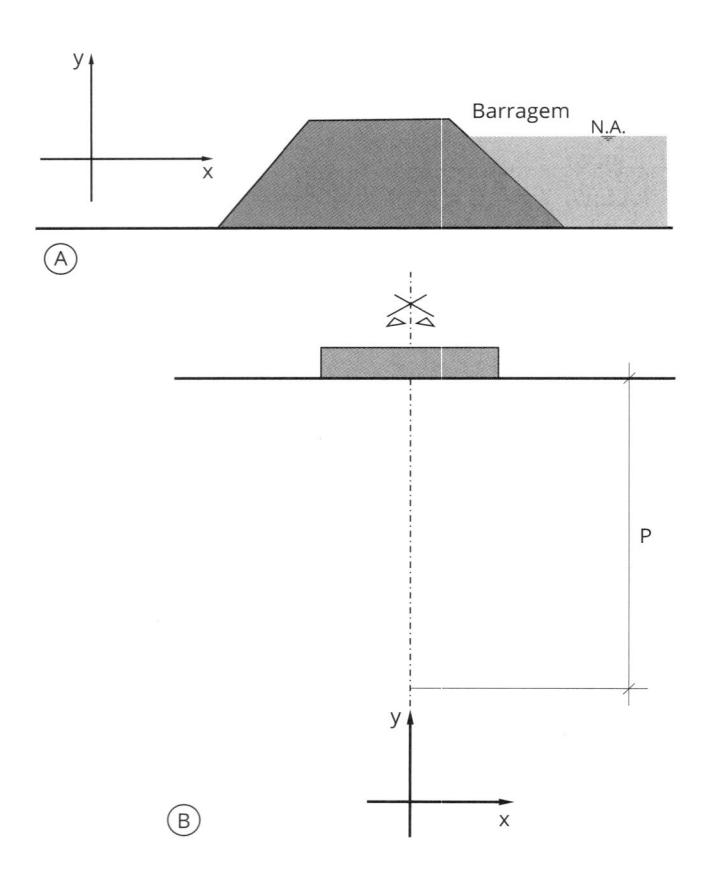

Fig. 3.85 *(A) Barragem com deformação plana e (B) axissimetria em fundação circular*

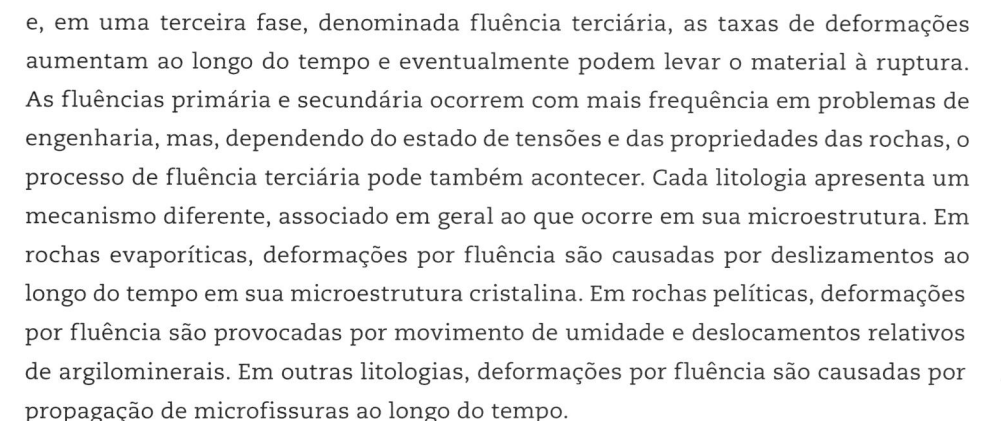

e, em uma terceira fase, denominada fluência terciária, as taxas de deformações aumentam ao longo do tempo e eventualmente podem levar o material à ruptura. As fluências primária e secundária ocorrem com mais frequência em problemas de engenharia, mas, dependendo do estado de tensões e das propriedades das rochas, o processo de fluência terciária pode também acontecer. Cada litologia apresenta um mecanismo diferente, associado em geral ao que ocorre em sua microestrutura. Em rochas evaporíticas, deformações por fluência são causadas por deslizamentos ao longo do tempo em sua microestrutura cristalina. Em rochas pelíticas, deformações por fluência são provocadas por movimento de umidade e deslocamentos relativos de argilominerais. Em outras litologias, deformações por fluência são causadas por propagação de microfissuras ao longo do tempo.

Apesar de todas as rochas apresentarem deformações por fluência, algumas delas são mais suscetíveis a isso e, por essa razão, são importantes do ponto de vista de aplicações em problemas de engenharia. Rochas mais suscetíveis a sofrer deformações por fluência são rochas evaporíticas (halita, silvinita e carnalita, entre outras), rochas carbonáticas e rochas pelíticas (folhelhos, siltitos e argilitos).

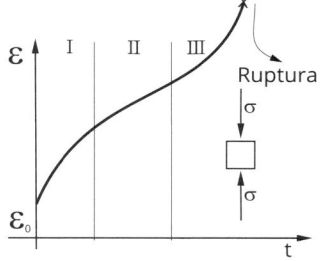

Fig. 3.86 *Deformações por fluência em uma amostra de rocha submetida a uma tensão constante. A fase I corresponde à fluência primária, a fase II, à fluência secundária, e a fase III, à fluência terciária, que eventualmente pode levar à ruptura*

Modelos

A quantificação de deformações por fluência em problemas de engenharia pode ser feita através do uso de modelos constitutivos apropriados. Neste texto são discutidos modelos mais simples, ou seja, modelos viscoelásticos, que são uma extensão dos modelos elásticos lineares para incorporar deformações por fluência. Em geral, esses modelos são representados por elementos reológicos básicos, que são molas e amortecedores, como é descrito a seguir. Como hipótese fundamental, admite-se que deformações por fluência são causadas pelas tensões desviadoras. Assim, as componentes do tensor hidrostático não causam deformações de fluência. Sabe-se, por exemplo, que o processo de realizar uma cavidade subterrânea gera o aparecimento de tensões desviadoras ao seu redor. Desse modo, é de se esperar que ocorram deformações viscosas, cuja importância vai depender da rocha em questão. É conveniente decompor o tensor de tensões em sua componente desviadora e sua componente hidrostática, como descrito na seção 3.1.2. O mesmo procedimento pode ser estendido para o tensor de deformações, como mostrado a seguir:

$$\sigma = \sigma_{mn} + \sigma_d ; \varepsilon = \varepsilon_m + \varepsilon_d \tag{3.112}$$

em que:

$$\sigma_m = \frac{\sigma_1 + \sigma_2 + \sigma_3}{3} ; \varepsilon_m = \frac{\varepsilon_1 + \varepsilon_2 + \varepsilon_3}{3} = \frac{\varepsilon_{vol}}{3} \tag{3.113}$$

em que:

σ_m e ε_m = tensões e deformações hidrostáticas;
σ_d e ε_d = tensões e deformações desviadoras;
ε_{vol} = deformações volumétricas.

As Eqs. 3.112 e 3.113 são genéricas e valem para qualquer componente do tensor de tensões ou do tensor de deformações.

A seguir são determinadas as componentes das deformações elásticas instantâneas e as componentes das deformações viscosas.

a) Deformações elásticas instantâneas

As deformações elásticas instantâneas podem ser determinadas através da superposição do efeito das componentes do tensor desviador e das componentes do tensor hidrostático de tensões.

No caso das componentes do tensor hidrostático, usando as Eqs. 3.112 e 3.113, tem-se que:

$$\varepsilon_{vol} = \frac{\sigma_m}{K}; \varepsilon_m = \frac{\sigma_m}{3K} \qquad (3.114)$$

em que:
K = módulo de deformação volumétrica (ver seção 3.1.2).

No caso das componentes do tensor desviador, pode-se demonstrar que:

$$\varepsilon_d = 2G\varepsilon_d; \varepsilon_d = \frac{\sigma_d}{2G} \qquad (3.115)$$

em que:
G = módulo de deformação transversal (ver seção 3.4.2).

As Eqs. 3.114 e 3.115 quantificam as componentes elásticas instantâneas das deformações. As deformações desviadoras instantâneas podem ser representadas pelo elemento reológico mola, como mostrado na Fig. 3.87.

b) Deformações por fluência

Essas deformações são representadas pelo elemento reológico amortecedor, como mostrado na Fig. 3.87. Para esse elemento, as taxas de deformação desviadoras, quantificadas pelas derivadas das deformações desviadoras em relação ao tempo, são dadas por:

$$\varepsilon_d = \frac{\sigma_d}{\eta}; \varepsilon_d = \frac{d\varepsilon_d}{dt} \qquad (3.116)$$

A propriedade básica do amortecedor é a viscosidade (η), que tem dimensões $(F/L^2) \cdot T$.

Viscosidade é uma propriedade básica de fluidos, mas que pode também representar o comportamento viscoso de sólidos. Valores de viscosidade típicos são:

$$\eta_{água} = 10^{-3} \text{ Pa} \cdot \text{s}$$

$$\eta_{rocha} = 10^9 \text{ MPa} \cdot \text{s}$$

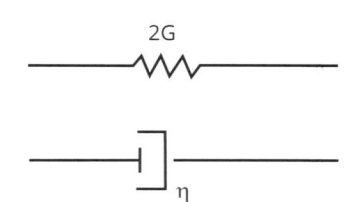

Fig. 3.87 *Componentes básicos dos modelos reológicos quando submetidos a tensões desviadoras*

Fazendo combinações dos elementos reológicos básicos, molas e amortecedores, é possível criar modelos mais complexos que podem representar o comportamento observado em rochas. Adotando esse procedimento, pode-se criar modelos clássicos da viscoelasticidade, como apresentado a seguir.

i. Modelo de Maxwell

Esse modelo é representado por uma mola em série com um amortecedor, como mostrado na Fig. 3.88. O modelo, como colocado anteriormente, quantifica apenas a parcela desviadora das deformações.

Como no modelo de Maxwell a mola e o amortecedor estão em série, a deformação total é dada pela soma das deformações de cada um desses elementos:

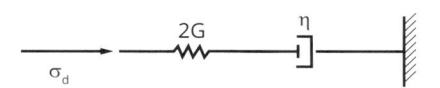

Fig. 3.88 *Representação esquemática do modelo de Maxwell*

$$\dot{\varepsilon}_d = \dot{\varepsilon}_d^{mola} + \dot{\varepsilon}_d^{amortecedor} = \frac{\dot{\sigma}_d}{2G} + \frac{\sigma_d}{\eta} \quad (3.117)$$

Considerando que as tensões sejam constantes, tem-se que:

$$\varepsilon_d = \frac{d\varepsilon_d}{dt} = \frac{\sigma_d}{\eta} \quad (3.118)$$

A integração da Eq. 3.118 fornece:

$$\varepsilon_d(t) = \varepsilon_d^0 + \frac{\sigma_d}{\eta} t \quad (3.119)$$

A deformação ε_d^0 corresponde à deformação elástica instantânea (devida à mola), dada por:

$$\varepsilon_d^0 = \frac{\sigma_d}{2G} \quad (3.120)$$

Assim, a expressão final do modelo de Maxwell é a seguinte:

$$\varepsilon_d(t) = \frac{\sigma_d}{2G} + \frac{\sigma_d}{\eta} t \quad (3.121)$$

A Fig. 3.89 mostra, esquematicamente, a deformação desviadora ao longo do tempo dada pelo modelo de Maxwell. Pode-se notar, nessa figura, que o modelo em questão tem condições de quantificar a fluência secundária somente (ver Fig. 3.86). É importante observar também que, nesse modelo, as deformações fornecidas pelo amortecedor são irreversíveis. Nota-se que a taxa de deformação desviadora é constante, além de diretamente proporcional ao valor da tensão desviadora e inversamente proporcional à viscosidade.

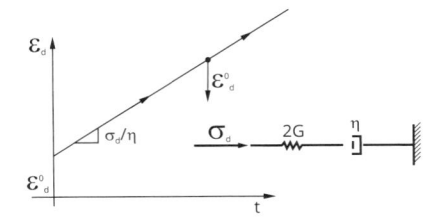

Fig. 3.89 *Deformação desviadora ao longo do tempo dada pelo modelo de Maxwell*

ii. Modelo de Kelvin

Esse modelo é representado por uma mola em paralelo com um amortecedor, como indicado na Fig. 3.90.

Como a mola e o amortecedor estão em paralelo, a tensão total é dada pela soma das tensões de cada um desses elementos:

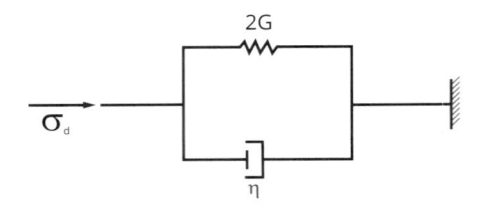

Fig. 3.90 Representação esquemática do modelo de Kelvin

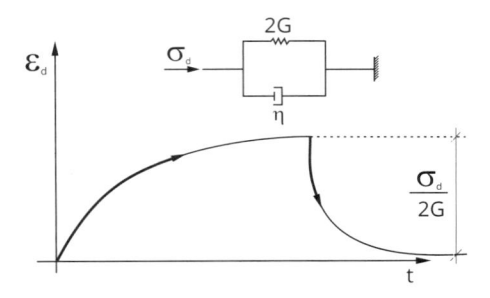

$$\sigma_d = \sigma_d^{mola} + \sigma_d^{amortecedor} = 2G\varepsilon_d + \dot{\varepsilon}_d \eta \qquad (3.122)$$

A Eq. 3.122 representa uma equação diferencial ordinária cuja solução é dada por:

$$\varepsilon_{d(t)} = \frac{\sigma_d}{2G}\left(1 - e^{\frac{-2Gt}{\eta}}\right) \qquad (3.123)$$

A Fig. 3.91 mostra, esquematicamente, a deformação desviadora ao longo do tempo dada pelo modelo de Kelvin. Pode-se observar, nessa figura, que no modelo de Kelvin as deformações são reversíveis.

iii. Modelo de Burgers

O modelo de Burgers é composto de uma unidade do modelo de Maxwell em série com uma unidade do modelo de Kelvin, como apresentado na Fig. 3.92. Nota-se que os parâmetros dos modelos de Maxwell e de Kelvin podem ser diferentes.

A expressão geral para a deformação desviadora do modelo de Burgers, no caso de tensão desviadora constante, é dada por:

$$\varepsilon_{d(t)} = \frac{\sigma_d}{2G_1} + \frac{\sigma_d}{\eta_1} + \frac{\sigma_d 2}{\sigma G_2}\left(1 - e^{\frac{-2G_2}{\eta_2}t}\right) \qquad (3.124)$$

Fig. 3.91 Deformação desviadora ao longo do tempo dada pelo modelo de Kelvin

O modelo de Burgers tem parâmetros G_1, η_1, G_2, η_2 que podem ser determinados através, principalmente, da retroanálise de ensaios de laboratório.

A Fig. 3.93 mostra esquematicamente a deformação desviadora ao longo do tempo dada pelo modelo de Burgers. Nota-se que esse modelo pode representar tanto deformações viscosas primárias quanto secundárias. Para exemplificar, faz-se uma aplicação das expressões do modelo de Burgers para um estado de compressão simples em que $\sigma_1 \neq 0$ e $\sigma_2 = \sigma_3 = 0$.

Nesse caso, têm-se que $\sigma_m = \frac{\sigma_1}{3}$ e $\sigma_d = \sigma_1 - \frac{\sigma_1}{3} = \frac{2\sigma_1}{3}$.

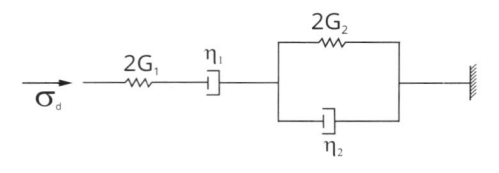

Fig. 3.92 Representação esquemática do modelo de Burgers

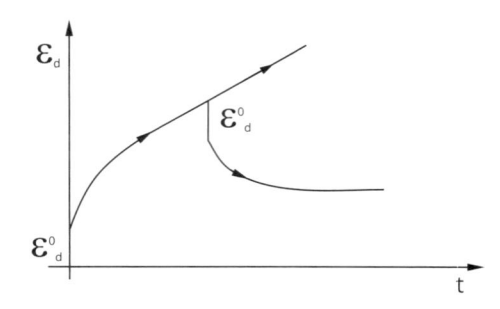

Usando a Eq. 3.114, tem-se que:

$$\varepsilon_m = \frac{\sigma_m}{3K} = \frac{\sigma_1}{9K} \qquad (3.125)$$

A deformação desviadora ao longo do tempo pode ser determinada usando:

$$\varepsilon_{d(t)} = \frac{\sigma_1}{3G_1} + \frac{2\sigma_1}{3\eta_1} + \frac{\sigma_1}{3G_2}\left(1 - e^{\frac{-2G_2 t}{\eta_2}}\right) \qquad (3.126)$$

Fig. 3.93 Deformação desviadora ao longo do tempo dada pelo modelo de Burgers

A deformação total nessa situação é definida pela soma das Eqs. 3.125 e 3.126.

iv. Modelos empíricos não lineares

Os modelos descritos anteriormente são lineares. Modelos empíricos não lineares podem e têm sido usados para a quantificação de deformações por fluência, como indicado na Eq. 3.127. Em geral, tais modelos podem representar melhor o comportamento de algumas rochas, como as salinas.

$$\dot{\varepsilon}_d = \dot{\varepsilon}_d^0 \left(\frac{\sigma_d}{\sigma_0}\right)^n \quad (3.127)$$

em que:

σ_0 = tensão de referência;

n = parâmetro a ser determinado pela retroanálise de resultados de ensaios de laboratório.

Em rochas salinas principalmente, as temperaturas têm um efeito significativo nas taxas de deformações por fluência, conforme mostrado esquematicamente na Fig. 3.94. Assim, em um poço de petróleo atravessando uma camada profunda de rocha salina, é de se esperar que as deformações por fluência sejam significativas e devem ser levadas em conta. Os modelos mencionados podem ser estendidos para incluir a influência da temperatura.

Na Fig. 3.95 apresenta-se um resultado experimental de ensaios de fluência realizados por Poiate Jr. (2012) em amostras de sal do Brasil.

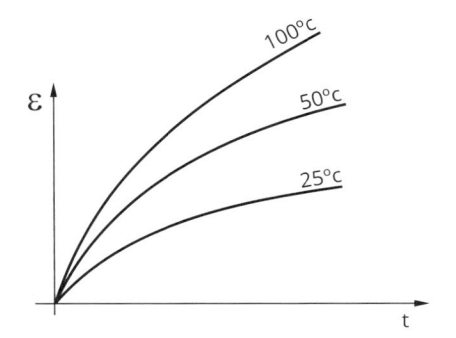

Fig. 3.94 *Representação esquemática de efeitos de temperatura nas deformações viscosas de rochas salinas*

3.4.4 Medida das propriedades de deformabilidade

Na consideração do comportamento dos diferentes sistemas na transição entre a rocha intacta e um maciço rochoso muito fraturado, deve-se ter em mente que a qualidade e a quantidade dos dados experimentais decrescem rapidamente quando se passa de uma amostra de rocha intacta para o maciço rochoso.

Amostras de rocha intacta podem ser obtidas e ensaiadas sob uma variedade de condições de laboratório. Desse modo, dispõe-se, geralmente, de grande quantidade de informações sobre quase todos os aspectos de seu comportamento. As dificuldades nos ensaios aumentam significativamente se os espécimes contêm descontinuidades.

Ensaios na escala real em maciços fortemente fraturados são muito difíceis de executar, em razão de dificuldades no preparo e no carregamento da amostra, além de serem muito dispendiosos, devido à escala. Com isso, são poucos os dados disponíveis.

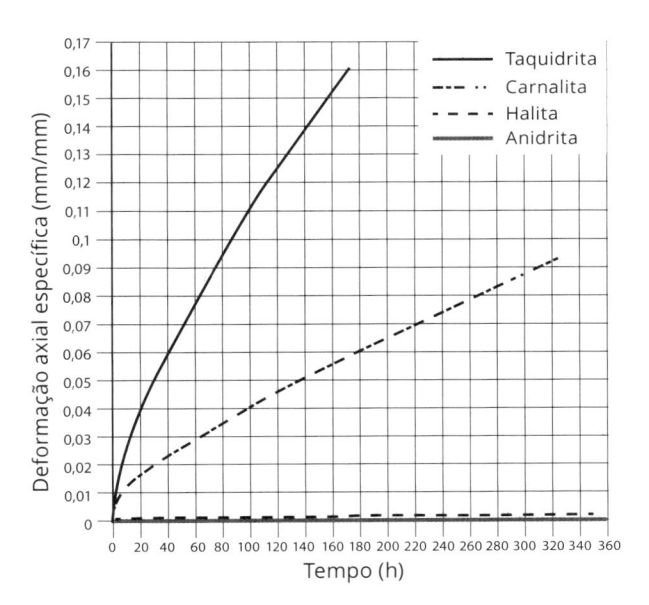

Fig. 3.95 *Resultado de ensaio de fluência em sais de uma bacia de petróleo no Brasil*
Fonte: Poiate Jr. (2012).

Deformabilidade da rocha intacta – ensaios de laboratório

Ao medir em laboratório a deformabilidade da rocha intacta, são empregados os mesmos métodos utilizados na determinação da resistência, só que as amostras devem ser instrumentadas de modo que as deformações possam ser medidas.

Os seguintes ensaios são normalmente utilizados:

- ensaio uniaxial;
- ensaios triaxiais – ensaio triaxial axissimétrico e ensaio de compressão hidrostática.

Há certa dificuldade em avaliar o valor do parâmetro E, já que no primeiro carregamento aparecem, além das deformações elásticas, deformações plásticas. A curva de descarregamento ou de recarregamento, após um ciclo completo carregamento/descarregamento, é a melhor forma de obter o parâmetro E. Quando o valor de E for calculado diretamente como a tangente à curva do primeiro carregamento, deve ser referido como *módulo de deformabilidade* em vez de *módulo de elasticidade*.

A Tab. 3.11 apresenta valores de E e coeficiente de Poisson para algumas rochas brasileiras. Deere e Miller (1966) propuseram uma classificação das rochas intactas com base na razão E/C_0, cujo valor está compreendido entre 200 e 500 para a maioria das rochas. Deve-se observar que os autores não especificaram se o valor de E é o módulo de elasticidade ou de deformabilidade.

Tab. 3.11 Valores de E e coeficiente de Poisson (v) para algumas rochas

Descrição	E	v
Filito (Vazante, MG)	126,4	N.D.
Dolomito cinza (Vazante, MG)	163,4	N.D.
Marga (Vazante, MG)	76,6	N.D.
Sienogranito W1 (ES)	55,4	0,32
Sienogranito W2 (ES)	52,9	0,09
Sienogranito W3 (ES)	9,5	0,01
Kinzigito W1 paralelo à foliação (RJ)	56,5	0,26
Kinzigito W2 paralelo à foliação (RJ)	37,6	0,13
Kinzigito W3 paralelo à foliação (RJ)	7,8	0,35
Kinzigito W1 perpendicular à foliação (RJ)	52,2	0,23
Kinzigito W2 perpendicular à foliação (RJ)	24,6	0,24
Kinzigito W3 perpendicular à foliação (RJ)	5,6	0,09

Deformabilidade do maciço rochoso – ensaios in situ (estáticos)

Ensaios *in situ* são muito dispendiosos e podem não refletir a deformabilidade do maciço, dependendo da situação particular deste (espaçamento das descontinuidades, por exemplo) e do ensaio (tamanho da placa ou do macaco utilizado, por exemplo).

Ensaio de placa (plate bearing test)

O ensaio de placa é um método comumente empregado para determinar a deformabilidade do maciço rochoso, particularmente na engenharia de fundação (Fig. 3.96). Nesse ensaio, a deformabilidade do maciço é medida *in situ* por meio do carregamento de sua superfície e da monitoração das deformações resultantes.

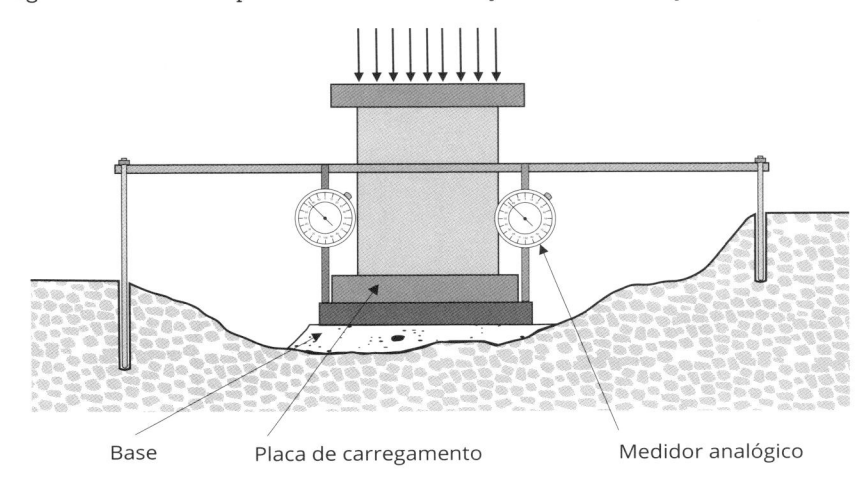

Fig. 3.96 *Exemplo de execução de um ensaio de placa na superfície*

Procedimento

Uma superfície de rocha relativamente plana é nivelada com argamassa. Posiciona-se uma placa circular rígida ou flexível de diâmetro ($2a$) de 50 cm a 1 m. Aplica-se, através de um macaco, uma pressão em estágios. São medidos os deslocamentos na superfície da placa.

Dados obtidos do ensaio

$p \rightarrow$ pressão aplicada na placa

$\bar{w} \rightarrow$ deslocamento médio

Supondo que a rocha seja um semiespaço infinito homogêneo, elástico e isotrópico, tem-se, da teoria da elasticidade (Poulos; Davis; Goodier, 1973; Timoshenko, 1980), a seguinte relação:

$$\bar{w} = \frac{c\, p(1-\nu^2)a}{E} \qquad (3.128)$$

em que:

$$c = \begin{cases} \dfrac{\pi}{2} & \text{para placa rígida} \\ 1{,}7 & \text{para placa flexível} \end{cases}$$

De posse do valor do coeficiente de Poisson (ν), pode-se calcular o valor do módulo de elasticidade (E).

Esse ensaio é executado mais frequentemente em galerias do que em um meio semi-infinito, entretanto a Eq. 3.128 ainda é válida no cálculo de E (o valor de E deve ser calculado na curva de recarregamento).

Ensaio dilatométrico (borehole test)

O dilatômetro é um equipamento cilíndrico que pressuriza as paredes de um furo preexistente e mede deslocamentos ou mudanças de volume associados. Em comparação com outros métodos de determinação de propriedades de deformabilidade, esse é o ensaio mais rápido e de menor custo (Fig. 3.97).

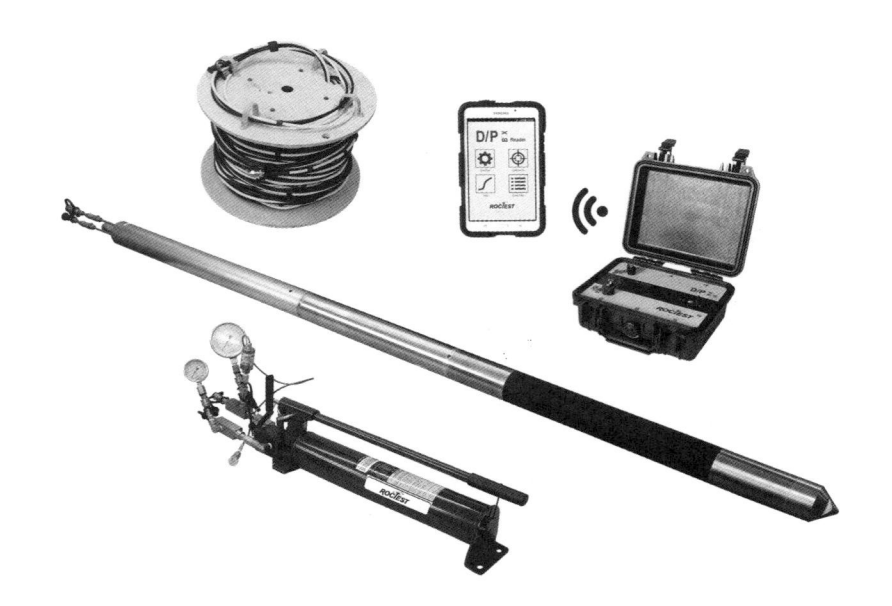

Fig. 3.97 *Equipamento de ensaio dilatométrico*
Fonte: cortesia de Roctest (2021).

Procedimento

Inserido em um furo de sondagem, o equipamento aplica uma pressão uniforme sobre a parede do furo, que se expande.

Dados obtidos do ensaio

$a \rightarrow$ raio do furo
$\Delta p \rightarrow$ pressão aplicada
$\Delta u \rightarrow$ deslocamento radial

A partir da teoria da elasticidade, calcula-se o módulo de elasticidade da seguinte forma:

$$E = (1+\nu)\Delta p \frac{a}{\Delta u} \tag{3.129}$$

Observações

▶ Esse tipo de ensaio afeta uma região muito pequena, que pode não ser representativa do maciço rochoso. O volume de rocha pressurizado pelo dilatô-

metro é menor do que 0,33 m³ e, portanto, muito reduzido para uma aplicação direta dos resultados aos projetos de engenharia.
- A Eq. 3.129 não pode ser empregada se o material é anisotrópico.
- É um ensaio-índice. Tem a vantagem de dar uma indicação das propriedades da rocha mais afastada da superfície.

Ensaio com macaco plano (flat jack test)

Nesse tipo de ensaio, um grande volume de rocha pode ser carregado (70 MPa ou mais) utilizando-se placas de aço inoxidável (Fig. 3.98).

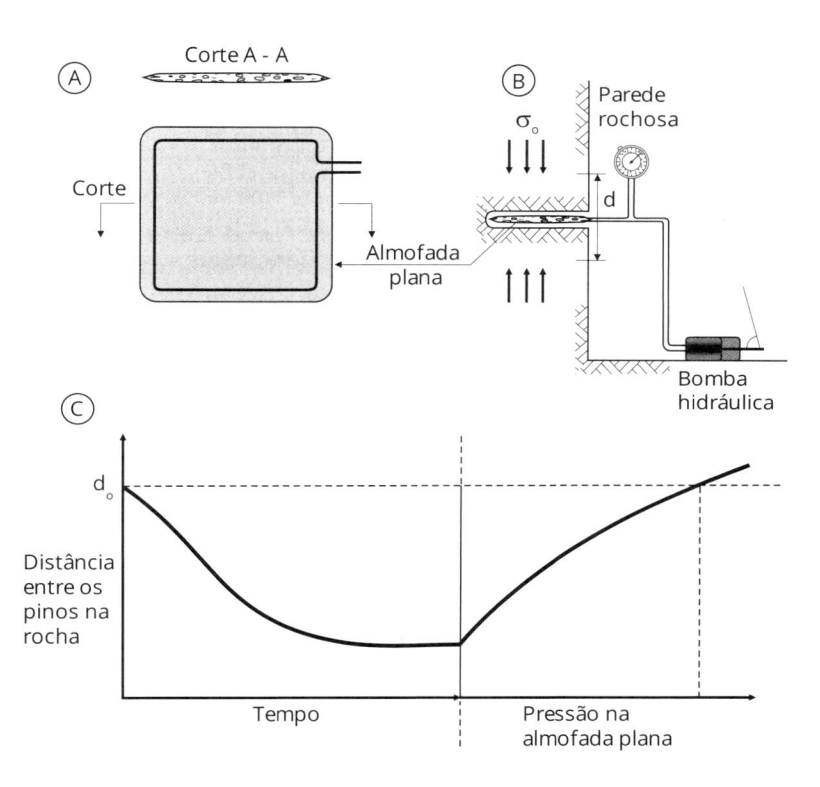

Fig. 3.98 *Ensaio com macaco plano*
Fonte: adaptado de Goodman (1989).

Procedimento

Esse ensaio é executado nas paredes da rocha. Duas placas de aço inoxidável soldadas são inseridas em uma fenda feita na parede do maciço. Aplica-se óleo sob pressão entre as placas e mede-se o deslocamento sofrido pelos referenciais colocados no maciço próximo ao macaco.

O módulo de elasticidade é obtido a partir da expressão:

$$E = \frac{p(2c)}{2\Delta y}\left[(1-\nu)\left(\sqrt{1+\frac{y^2}{c^2}} - \frac{y}{c}\right) + \frac{(1+y)}{\sqrt{1+\frac{y^2}{c^2}}}\right] \qquad (3.130)$$

em que:

y = distância do centro do macaco até cada par de pinos referenciais;

$2c$ = comprimento do macaco;
d = distância inicial entre os pinos.

Os ensaios dinâmicos, baseados na velocidade de uma onda longitudinal ou transversal, são comparativamente menos dispendiosos, mas seus resultados podem ser altamente variáveis em maciços rochosos fraturados.

Deformabilidade de rochas fraturadas

Na obtenção das propriedades de deformabilidade do maciço rochoso, este pode ser considerado descontínuo – e, nesse caso, cada uma das descontinuidades é representada separadamente – ou um meio contínuo equivalente.

No caso de rochas atravessadas por uma única família de descontinuidades, é possível calcular as constantes elásticas para um material contínuo equivalente representativo do maciço rochoso. Admite-se que a rocha intacta seja isotrópica, linear e elástica com constantes E_r e ν_r (Fig. 3.99) e que as juntas estejam regularmente espaçadas de uma distância S e sejam persistentes.

A rigidez ao cisalhamento das juntas (k_s) é a inclinação da curva tensão cisalhante *versus* deslocamento cisalhante até ocorrer dilatância (Fig. 3.100).

Serão considerados os eixos n e t, normal e paralelo ao plano das juntas, respectivamente, e, portanto, nas direções principais de simetria do maciço rochoso.

Na direção transversal

Quando se aplica uma tensão de cisalhamento (τ_{nt}), cada bloco de rocha intacta sofre um deslocamento igual a:

$$\delta_r^t = \left(\frac{\tau_{nt}}{G}\right) S \tag{3.131}$$

em que:
G = módulo de elasticidade transversal, calculado por meio de $G = \dfrac{E}{2(1+\nu)}$;
S = espaçamento entre as descontinuidades.

Por sua vez, cada descontinuidade sofre um deslizamento igual a (Fig. 3.99B):

$$\delta_j^t = \frac{\tau_{nt}}{k_s} \tag{3.132}$$

A deformação cisalhante de um material contínuo é equivalente à deformação de um maciço rochoso, se seu módulo de elasticidade transversal (G_{nt}) for tal que:

$$\delta_{TOT}^t = \left(\frac{\tau_{nt}}{G_{nt}}\right) S \tag{3.133}$$

É igual à soma dos deslocamentos da rocha e da descontinuidade, dados pelas Eqs. 3.131 e 3.132, respectivamente, ou seja:

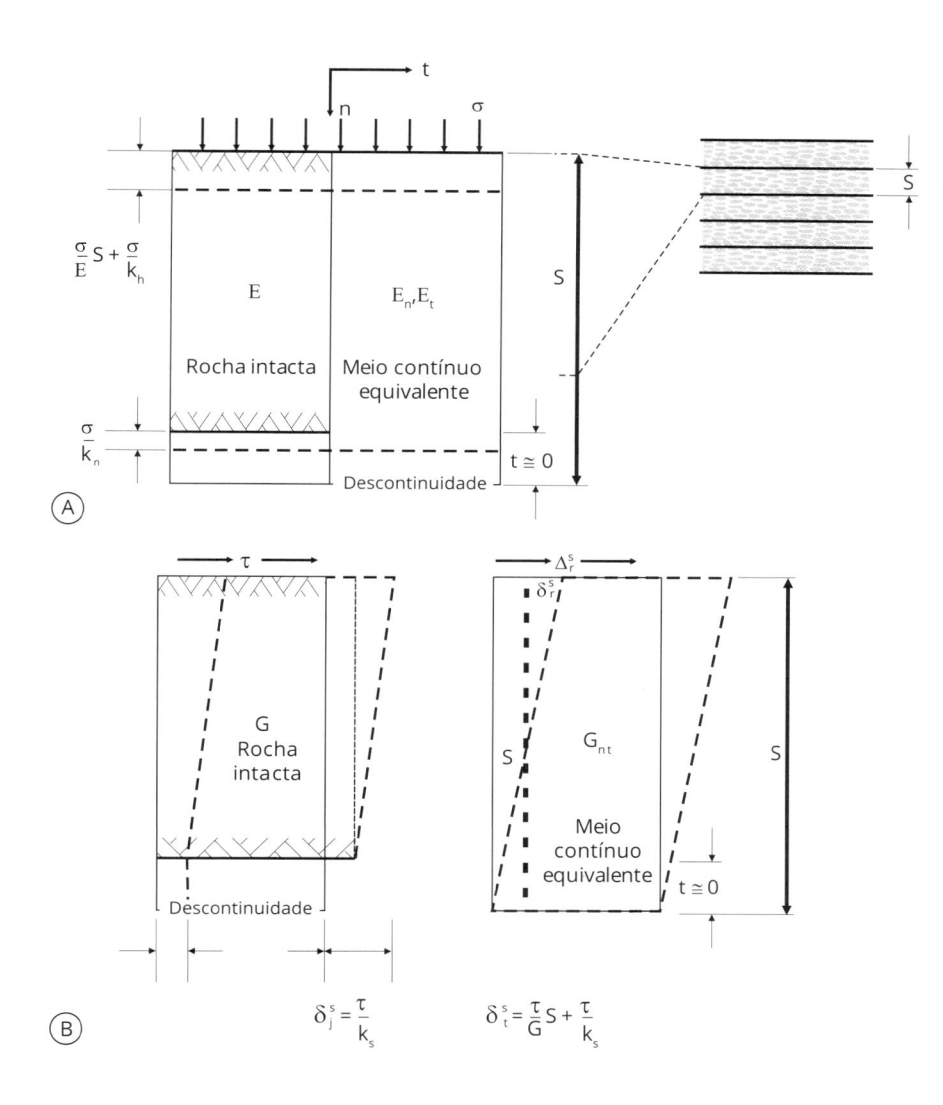

Fig. 3.99 *Representação de um maciço rochoso regularmente fraturado por um material equivalente transversalmente isotrópico*
Fonte: adaptado de Goodman (1989).

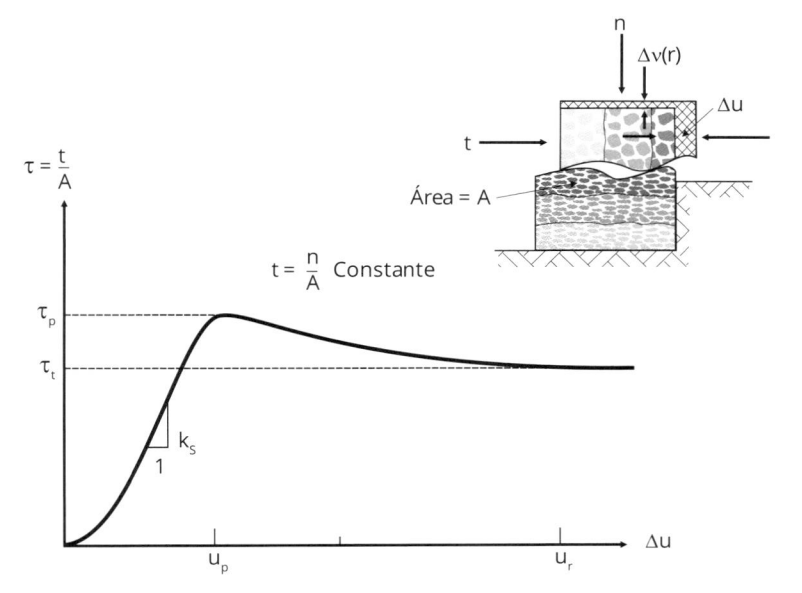

Fig. 3.100 *Deslocamentos tangenciais em um ensaio de cisalhamento direto em uma junta rugosa*
Fonte: adaptado de Goodman (1989).

$$\delta^t_{TOT} = \delta^t_r + \delta^t_j \qquad (3.134)$$

Substituindo as Eqs. 3.131 a 3.133 na Eq. 3.134, obtém-se:

$$\frac{\tau_{nt} S}{G_{nt}} = \frac{\tau_{nt} S}{G} + \frac{\tau_{nt}}{k_s} \qquad (3.135)$$

ou

$$\frac{1}{G_{nt}} = \frac{1}{G} + \frac{1}{S\, k_s} \qquad (3.136)$$

Na direção normal

De maneira similar, atribui-se à junta uma rigidez normal (k_n) igual à inclinação da curva de compressão da descontinuidade (tensão normal) (σ) *versus* deslocamento normal (Δv) (Fig. 3.101). Como a curva de compressão é altamente não linear, k_n depende da tensão normal. O material contínuo equivalente tem módulo de elasticidade E_n, de modo que seu deslocamento normal, dado por:

$$\delta^n_{TOT} = \left(\frac{\sigma}{E_n}\right) S \qquad (3.137)$$

seja igual à soma do deslocamento sofrido pela rocha intacta, dado por:

$$\delta^n_r = \left(\frac{\sigma}{E}\right) S \qquad (3.138)$$

com o deslocamento sofrido pela descontinuidade:

$$\delta^n_j = \frac{\sigma}{k_n} \qquad (3.139)$$

Ou seja:

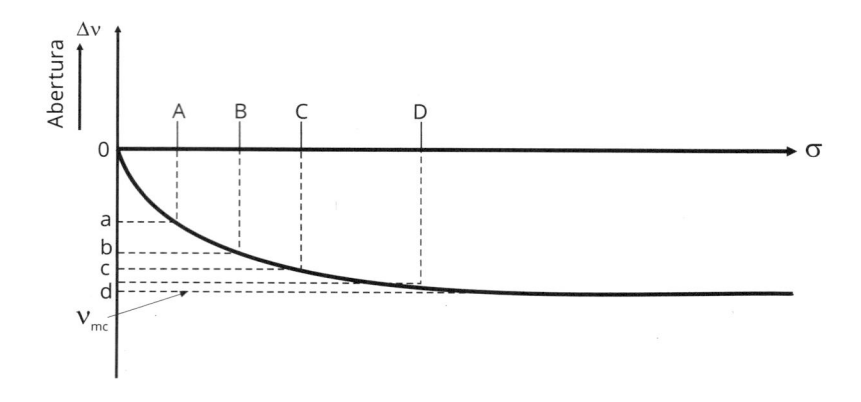

$$\delta^n_{TOT} = \delta^n_r + \delta^n_j \qquad (3.140)$$

Fig. 3.101 *Relação tensão normal versus deslocamento normal de uma junta rugosa*
Fonte: adaptado de Goodman (1989).

Substituindo as Eqs. 3.137 a 3.139 na Eq. 3.140, tem-se que:

$$\frac{\sigma S}{E_n} = \frac{\sigma S}{E} + \frac{\sigma}{k_n} \qquad (3.141)$$

ou

$$\frac{1}{E_n} = \frac{1}{E} + \frac{1}{S k_n} \qquad (3.142)$$

O coeficiente de Poisson, dado pela relação entre a deformação transversal (direção t) e a deformação normal provocada pela tensão na direção normal, é:

$$\nu_{tn} = \nu_r \qquad (3.143)$$

O módulo de elasticidade na direção t é:

$$E_t = E \qquad (3.144)$$

Por razões de simetria na relação tensão-deformação:

$$\frac{\nu_{tn}}{E_t} = \frac{\nu_{nt}}{E_n} \qquad (3.145)$$

De modo que:

$$\nu_{nt} = \frac{E_n}{E_t} \nu_{tn} \qquad (3.146a)$$

ou

$$\nu_{nt} = \frac{E_n}{E} \nu_r \qquad (3.146b)$$

Pelas Eqs. 3.136 e 3.142 a 3.146, podem-se calcular todas as cinco constantes de um meio contínuo equivalente transversalmente isotrópico, que representa um maciço rochoso com uma família de fraturas persistentes.

3.5 Classificação e caracterização de maciços rochosos

Mesmo conhecendo o comportamento mecânico da rocha intacta e das descontinuidades, não é simples estabelecer as propriedades do maciço rochoso. Uma alternativa que pode ser utilizada é o uso de sistemas de classificação de maciços rochosos. Os sistemas de classificação refletem a experiência acumulada em diversas obras/escavações precedentes. Com o intuito de guiar o julgamento, foram desenvolvidos vários esquemas de classificação de maciços, notadamente na década de 1970, por meio de descrições e procedimentos padronizados. Os sistemas mais bem aceitos e utilizados hoje são:

▶ classificação geomecânica de Bieniawski – sistema RMR, cuja versão inicial foi estabelecida em 1973;
▶ classificação geomecânica de Barton, Lien e Lunde – sistema Q, cuja versão inicial foi estabelecida em 1974;

- classificação geomecânica GSI, de Hoek, cuja versão inicial foi estabelecida em 1994.

Essas classificações baseiam-se na determinação – algumas delas de forma ainda qualitativa – de uma série de parâmetros:
- características mecânicas das descontinuidades e da matriz rochosa;
- estado inicial de tensões;
- características hidrogeológicas;
- dimensões da obra;
- esquema executivo.

A dificuldade de obter os valores desses parâmetros, entretanto, limita as técnicas de caracterização, que se baseiam na extrapolação de informações pontuais. Por esse motivo, desenvolveu-se uma via empírica baseada na experiência acumulada em projetos anteriores (experiência do precedente).

3.5.1 Classificação geomecânica de Bieniawski (1973)

Com base em sua grande experiência com escavações subterrâneas na África do Sul, Bieniawski (1973) sugeriu que uma classificação para os maciços rochosos fraturados deveria:
- dividir o maciço em grupos de comportamento semelhante;
- fornecer uma boa base para o entendimento das características do maciço;
- facilitar o planejamento e o projeto de estruturas em rochas por meio de dados quantitativos, necessários à solução de problemas reais de engenharia;
- fornecer uma base para a comunicação entre as pessoas envolvidas no problema geomecânico.

O sistema desenvolvido por ele fornece uma avaliação geral para o maciço (*rock mass rating* – RMR), que aumenta com a qualidade da rocha em uma escala de 0 a 100. Esse critério baseia-se em cinco parâmetros universais:
- resistência à compressão da rocha intacta;
- *rock quality designation* (RQD; índice de qualidade da rocha);
- espaçamento de descontinuidades;
- características das descontinuidades;
- condições de percolação de água.

Um sexto parâmetro, a orientação das descontinuidades, deve ser considerado diferentemente para aplicações específicas em túneis, minas e fundações. A cada parâmetro corresponde uma avaliação (nota); as avaliações individuais são somadas, obtendo-se o RMR geral do maciço. Ao final, corrige-se essa nota em função da relação entre a direção da escavação e a orientação da descontinuidade principal.

Resistência à compressão da rocha intacta

Esse parâmetro pode atingir um valor máximo de 15 pontos. A classificação utilizada por Bieniawski (1973) para a resistência à compressão é a desenvolvida por Deere e Miller (1966) (Tab. 3.12).

Alternativamente, o ensaio de compressão puntiforme pode ser utilizado em fragmentos de rocha intacta dos testemunhos de sondagem para determinar a resistência à compressão.

Tab. 3.12 Classificação da resistência à compressão

Descrição	Resistência à compressão uniaxial			Exemplos de rocha
	lbf/in²	kgf/cm²	MPa	
Resistência muito baixa	150-3.500	10-250	1-25	Sal
Resistência baixa	3.500-7.500	250-500	25-50	Carvão, siltito, xisto
Resistência média	7.500-15.000	500-1.000	50-100	Arenito, ardósia, folhelho
Resistência alta	15.000-30.000	1.000-2.000	100-200	Mármore, granito, gnaisse
Resistência muito alta	> 30.000	> 2.000	> 200	Quartzito, gabro, basalto

Fonte: Bieniawski (1973).

Rock quality designation (RQD)

Esse parâmetro pode atingir um máximo de 20 pontos e foi proposto por Deere (1963) (Tab. 3.13). É amplamente usado como parâmetro único na classificação de maciços, apesar de ser preferível utilizá-lo em combinação com os outros parâmetros, que levam em conta a resistência da rocha, as características das descontinuidades e as condições de água, entre outros.

O RQD é determinado por meio da análise da percentagem de recuperação de testemunhos de sondagem com comprimento maior ou igual a 10 cm, dividida pelo comprimento total da manobra. Portanto:

$$RQD(\%) = 100 \times \frac{\text{Comprimento dos pedaços} \geq 10\text{cm}}{\text{Comprimento da manobra}} \quad (3.147)$$

Tab. 3.13 Avaliação do RQD

RQD (%)	Avaliação
90-100	20
75-90	17
50-75	13
25-50	8
< 25	3

Fonte: Bieniawski (1973).

Espaçamento de descontinuidades

Esse parâmetro atinge um valor máximo de 20 pontos e é avaliado a partir do testemunho de sondagem, quando disponível. O termo *descontinuidade* é utilizado para qualquer superfície natural (juntas, falhas, fraturas, acamamentos, foliações e quaisquer outras superfícies de fraqueza) presente nos testemunhos ou nos afloramentos mapeados e que componha um plano de fraqueza.

No caso de família de descontinuidades com espaçamentos variados, deve-se calcular a média destes. No caso de maciços rochosos com mais de uma família de descontinuidades, considera-se aquela mais crítica (com o menor espaçamento).

Características das descontinuidades

Esse parâmetro pode atingir um valor máximo de 30 pontos. Levam-se em consideração cinco parâmetros (cada um com valor máximo de seis pontos): a abertura (ou largura), a persistência, a rugosidade, a condição das paredes, a presença e o tipo de material de preenchimento das descontinuidades.

É definido para a família de descontinuidades que mais influencia a estabilidade do maciço.

Condições de percolação de água

Esse parâmetro atinge um valor máximo de 15 pontos. A percolação de água pode ter grande influência no comportamento do maciço. Considera-se a velocidade do fluxo de água ou, alternativamente, a razão entre a pressão de água e a tensão principal maior, ou ainda a observação qualitativa das condições de fluxo na descontinuidade.

A classificação do maciço em análise (RMR) é, portanto, o resultado da soma das notas dadas para cada um dos parâmetros descritos anteriormente. O valor calculado deve ser corrigido de acordo com a direção e o mergulho da família de descontinuidades dominante no maciço, conforme mostrado no Quadro 3.5.

Quadro 3.5 Efeito da orientação e do mergulho das descontinuidades sobre a escavação

Direção perpendicular ao eixo da escavação				Direção paralela ao eixo da escavação		
Escavação a favor do mergulho		Escavação contra o mergulho				
Mergulho 45°-90°	Mergulho 20°-45°	Mergulho 45°-90°	Mergulho 20°-45°	Mergulho 45°-90°	Mergulho 20°-45°	Mergulho 0°-20° independente da direção
Muito favorável	Favorável	Regular	Desfavorável	Muito desfavorável	Regular	Desfavorável

Na Tab. 3.14 são apresentados os parâmetros de classificação. Na tabela A listam-se os valores dos cincos parâmetros referentes à condição das descontinuidades. Os ajustes a serem feitos em virtude da orientação das descontinuidades são apresentados na tabela B, enquanto as classes de maciço determinadas ao final da classificação são mostradas na tabela C. O significado de cada uma delas, além de uma estimativa da coesão e do ângulo de atrito, é listado na tabela D.

O ábaco para determinar o tempo de autossuporte em função da dimensão do vão livre, para cada classe de maciço, é exibido na Fig. 3.102.

No Quadro 3.6 é mostrada a relação entre as classes definidas anteriormente, o tipo de suporte e a forma de escavação.

3.5.2 Classificação geomecânica de Barton, Lien e Lunde (1974)

Essa classificação também foi inicialmente desenvolvida para o projeto de suporte em túneis, baseando-se em seis parâmetros para definir a qualidade do maciço:

- RQD;
- índice do número de fraturas (J_n);
- índice de rugosidade das fraturas (J_r);
- índice de alteração das paredes das fraturas (J_a);

Tab. 3.14 Classificação geomecânica RMR para maciços rochosos fraturados

	Parâmetros	Parâmetros de classificação e seus valores						
		Faixas de valores						
1	Resistência da rocha intacta	Resistência à compressão puntiforme	> 8 MPa	4-8 MPa	2-4 MPa	1-2 MPa	Para a faixa de valores inferior, é preferível usar o ensaio de compressão uniaxial	
		Resistência à compressão uniaxial	> 200 MPa	100-200 MPa	50-100 MPa	25-50 MPa	10-25 MPa	3-10 MPa	1-3 MPa
	Valores		15	12	7	4	2	1	0
2	RQD		90%-100%	75%-90%	50%-75%	25%-50%	< 25%		
	Valores		20	17	13	8	3		
3	Espaçamento das descontinuidades		> 2 m	0,6-2 m	0,2-0,6 m	60-200 mm	60 mm		
	Valores		20	15	10	8	5		
4	Condição das descontinuidades (Ver Tabela A)		Superfícies muito rugosas Não contínuas Sem abertura Paredes duras	Superfícies levemente rugosas Separação < 1 mm Paredes duras	Superfícies levemente rugosas Separação < 1 mm Paredes macias	*Slicken sides* ou preenchimento < 5 mm de largura ou descontinuidades abertas com 1-5 mm, contínuas	Preenchimento macio > 5 mm ou descontinuidades abertas > 5 mm, contínuas		
	Valores		30	25	20	10	0		
5	Água subterrânea	Fluxo por 10 m de comprimento de túnel	Nulo	> 10	< 25 L/min	25-125 L/min	> 125 L/min		
		Razão de pressão de água na descontinuidade	0	< 0,1	0,1-0,2	0,2-0,5	> 0,5		
		Condições gerais	Completamente seco	Molhado	Úmido apenas	Água sob pressão moderada	Graves problemas com água		
	Valores		15	10	7	4	0		

A. Tabela de classificação de características das descontinuidades

Parâmetro	Pontuação				
Persistência	< 1 m	1-3 m	3-10 m	10-20 m	> 20 m
	6	4	2	1	0
Abertura	Nenhum	< 0,1 mm	0,1-1,0 mm	1-5 mm	> 5 mm
	6	5	4	1	0
Rugosidade	Muito rugosa	Rugosa	Levemente rugosa	Suave	Espelhada
	6	5	3	1	0
Preenchimento	Nenhum	Preenchimento duro		Preenchimento macio	
		< 5 mm	> 5 mm	< 5 mm	> 5 mm
	6	4	2	2	0

Tab. 3.14 (continuação)

A. Tabela de classificação de características das descontinuidades					
Parâmetro	Pontuação				
Intemperismo	Sã	Levemente alterada	Moderadamente alterada	Altamente alterada	Decomposta
	6	5	3	1	0

B. Ajuste de valores devido à orientação das descontinuidades						
Direção e mergulho das descontinuidades		Muito favorável	Favorável	Regular	Desfavorável	Muito desfavorável
Valores	Túneis	0	−2	−5	−10	−12
	Fundações	0	−2	−7	−15	−25
	Taludes	0	−5	−25	−50	−60

C. Classes de maciços rochosos determinadas a partir do valor total					
Valores	100-81	80-61	60-41	40-21	< 20
Classe número	I	II	III	IV	V
Descrição	Rocha muito boa	Rocha boa	Rocha regular	Rocha pobre	Rocha muito pobre

D. Significado das classes de maciços rochosos					
Número da classe	I	II	III	IV	V
Tempo médio de autossuporte	10 anos para um vão de 5 m	6 meses para um vão de 4 m	1 semana para um vão de 3 m	5 horas para um vão de 1,5 m	10 minutos para um vão de 0,5 m
Coesão do maciço rochoso	> 300 kPa	200-300 kPa	150-200 kPa	100-150 kPa	< 100 kPa
Ângulo de atrito do maciço rochoso	> 45°	40°-45°	35°-40°	30°-35°	< 30°

Fonte: Bieniawski (1989).

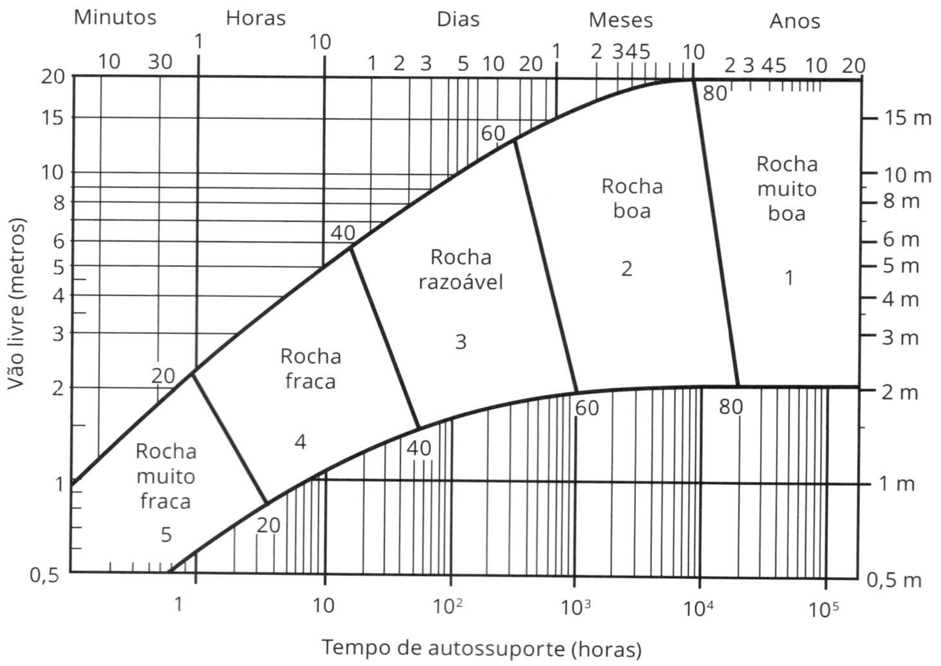

Fig. 3.102 *Ábaco para determinar o tempo de autossuporte para uma escavação de acordo com as diversas classes de maciço determinadas pela classificação de Bieniawski (1973)*

Quadro 3.6 Guia para escavação e suporte de túneis

Classes de maciço	Escavação	Suporte	
Muito boa (I) 81-100	Seção total; 3 m de avanço	Geralmente não requer suporte, a não ser ancoragens ocasionais	
Boa (II) 61-80	Seção total; 1 m a 1,5 m de avanço; suporte completo a 20 m da frente	Ancoragens com 3 m de comprimento, espaçadas de 2,5 m, ocasionalmente com malhas em certas zonas do teto	Concreto projetado de 50 mm no teto, se necessário
Regular (III) 41-60	Seção parcial (frente e rebaixo); 1,5 m a 3 m de avanço; início do suporte após cada fogo; suporte completo a cada 10 m	Ancoragens sistemáticas com 4 m de comprimento, espaçadas de 2 m, nas paredes e tetos, com malha no teto	Concreto projetado de 50 mm a 100 mm no teto e 30 mm nas paredes
Pobre (IV) 21-40	Seção parcial (frente e rebaixo); 1,5 m de avanço; instalação de suporte concomitante com a escavação	Ancoragens sistemáticas com 4 m a 5 m de comprimento, espaçadas de 1 m a 1,5 m, com malha no teto e nas paredes	Concreto projetado de 100 mm a 150 mm no teto e 100 mm nas paredes
Muito pobre (V) < 20	Seções múltiplas; 0,5 m a 1,5 m de avanço; instalação do suporte concomitante com a escavação; concreto projetado logo após fogo	Ancoragens sistemáticas com 5 m a 6 m de comprimento, espaçadas de 1 m a 1,5 m, com malha no teto e nas paredes; ancoragem na soleira	Concreto projetado de 100 mm a 150 mm no teto e 100 mm nas paredes

Seção tipo: ferradura; largura de 1,0 m; tensão vertical < 25 MPa; escavação com explosivos.

- índice do caudal afluente (J_w);
- índice do estado de tensões do maciço (*stress reduction factor* – SRF).

A qualidade do maciço (Q) é dada pela equação:

$$Q = \frac{RQD}{J_n} \frac{J_r}{J_a} \frac{J_w}{SRF}, \text{ sendo } 0{,}001 < Q < 1.000 \qquad (3.148)$$

em que:

RQD/J_n = tamanho dos blocos;

J_r/J_a = resistência ao cisalhamento;

J_w/SRF = estado de tensões.

Nas Tabs. 3.15 a 3.20 são mostrados os valores arbitrados para cada um dos parâmetros analisados.

Tab. 3.15 Índice RQD – descrição e valores adotados

Descrição	Valores
Rocha de muito má qualidade	0-25
Rocha de má qualidade	25-50
Rocha de qualidade regular	50-75
Rocha de boa qualidade	75-90
Rocha de excelente qualidade	90-100

Tab. 3.16 Índice J_n – descrição e valores adotados

Descrição	Valores
A – 0 ou poucas fraturas	0,5-1
B – 1 família	2
C – 1 família mais fraturas esparsas	3
D – 2 famílias	4
E – 2 famílias mais fraturas esparsas	6
F – 3 famílias	9
G – 3 famílias mais fraturas esparsas	12
H – 4 famílias	15
I – Rocha esmagada	20

Tab. 3.17 Índice J_r – descrição e valores adotados

a) Fraturas onde não houve deslocamento relativo. Há contato rocha-rocha entre as paredes das fraturas

Descrição	Valores
A – Fraturas descontínuas	4,0
B – Fraturas ásperas ou irregulares, onduladas	3,0
C – Fraturas lisas, onduladas	2,0
D – Fraturas polidas, onduladas	1,5
E – Fraturas ásperas ou irregulares, planas	1,5
F – Fraturas lisas, planas	1,0
G – Fraturas polidas, planas	0,5

b) Fraturas onde houve deslocamento relativo. Não há contato rocha-rocha entre as paredes das fraturas

Descrição	Valores
H – Fraturas com minerais argilosos	1,0
I – Zonas esmagadas	1,0

Tab. 3.18 Índice J_a – descrição e valores adotados

a) Fraturas onde não houve deslocamento relativo. Há contato rocha-rocha entre as paredes das fraturas

Descrição	Valores
A – Paredes duras, compactas, preenchimentos impermeáveis	0,75
B – Paredes sem alteração, somente leve descoloração ($\phi_r = 25°\text{-}35°$)	1,00
C – Paredes levemente alteradas, com partículas arenosas e rochas desintegradas não brandas ($\phi_r = 25°\text{-}35°$)	2,00
D – Paredes com películas siltosas ou arenoargilosas ($\phi_r = 20°\text{-}25°$)	3,00
E – Paredes com películas de materiais moles ou baixo ϕ_r (talco, grafite etc.) e pequenas quantidades de minerais expansivos ($\phi_r = 8°\text{-}16°$)	4,00

b) Fraturas onde houve deslocamento relativo (< 10 cm). Há contato rocha-rocha entre as paredes das fraturas

Descrição	Valores
F – Paredes com películas de areia e rochas desintegradas ($\phi_r = 25°\text{-}30°$)	4,00
G – Fraturas com preenchimento argiloso sobreconsolidado (espessura de 5 mm; $\phi_r = 16°\text{-}24°$)	6,00
H – Fraturas com preenchimento argiloso subconsolidado (espessura de 5 mm; $\phi_r = 12°\text{-}16°$)	8,00
I – Fraturas com preenchimento argiloso expansivo (espessura de 5 mm; $\phi_r = 6°\text{-}12°$)	8,00-12,00

c) Fraturas onde houve deslocamento relativo. Não há contato rocha-rocha entre as paredes das fraturas

Descrição	Valores
J, K, L – Zonas com rochas desintegradas ou esmagadas com argila (ver G, H e I para as condições do material argiloso; $\phi_r = 6°\text{-}24°$)	6,00-8,00 8,00-12,00
M – Zonas siltosas ou arenoargilosas, com pequena quantidade de argila	5,00
N, O, P – Zonas contínuas de argila (ver G, H e I para as condições do material argiloso; $\phi_r = 6°\text{-}24°$)	10,00-13,00 13,00-20,00

Propriedades de resistência...

Tab. 3.19 Índice J_w – Descrição e valores adotados

Descrição	Valores
A – Caudal nulo ou pequeno (< 5 L/min), pressão de água aproximada < 1,0 kg/cm²	1,00
B – Caudal médio ou pressão que ocasionalmente arrasta o preenchimento das fraturas. P = 1 kg/cm² a 2,5 kg/cm²	0,66
C – Caudal grande ou alta pressão em rocha competente, com fraturas sem preenchimento. P = 2,5 kg/cm² a 10,0 kg/cm²	0,50
D – Caudal grande ou alta pressão, considerável arrastamento do preenchimento. P = 2,5 kg/cm² a 10,0 kg/cm²	0,33
E – Caudal excepcionalmente grande ou pressão explosiva, decaindo com o tempo. P > 10 kg/cm²	0,20-0,10
F – Caudal excepcionalmente grande ou pressão contínua, sem decaimento notável. P > 10 kg/cm²	0,10-0,05

Tab. 3.20 Índice SRF – descrição e valores adotados

a) Zonas alteradas

Descrição	Valores
A – Ocorrência de múltiplas zonas alteradas, com argila ou rocha quimicamente desintegrada (profundidade qualquer)	10,0
B – Zona alterada com argila ou rocha quimicamente desintegrada (profundidade de escavação ≤ 50 m)	5,0
C – Zona alterada com argila ou rocha quimicamente desintegrada (profundidade de escavação > 50 m)	2,5
D – Múltiplas zonas esmagadas em rocha competente, sem argila (profundidade qualquer)	7,5
E – Zona esmagada em rocha competente, sem argila (profundidade de escavação ≤ 50 m)	5,0
F – Zona esmagada em rocha competente, sem argila (profundidade de escavação > 50 m)	2,5
G – Fraturas abertas, fraturamento muito intenso (profundidade qualquer)	5,0

b) Rochas competentes – problemas de tensões

Descrição	Valores
H – Tensões baixas, próximo à superfície (σ_c/σ_1 > 200)	2,5
I – Tensões médias (σ_c/σ_1 = 200 a 10)	1,0
J – Tensões altas (σ_c/σ_1 = 10 a 5)	0,5-2,0
K – Explosões moderadas de rocha (σ_c/σ_1 = 5 a 2,5)	5,0-10,0
L – Explosões intensas de rocha (σ_c/σ_1 = 2,5)	10,0-20,0

c) Plastificação de rochas não competentes sob influência de altas pressões

Descrição	Valores
M – Pressão moderada	5,0-10,0
N – Pressão elevada	10,0-20,0

d) Rochas expansíveis em presença de água

Descrição	Valores
O – Pressão de expansão moderada	5,0-10,0
P – Pressão de expansão elevada	10,0-15,0

Ao realizar estimativas da qualidade do maciço rochoso (Q), as seguintes premissas devem ser seguidas:

- Quando testemunhos de sondagem não estão disponíveis, o RQD pode ser estimado a partir de um número de juntas por volume unitário (J_V), no qual o número de juntas por metro para cada família de juntas é somado. Uma relação simples pode ser usada para converter esse número em RQD, conforme detalhado no trabalho de Palmstrom (2005).

- O parâmetro J_n, representando o número de famílias de juntas, geralmente é afetado por foliação, xistosidade, clivagem ardosiana, acamamento etc. No caso em que essas feições são fortemente desenvolvidas, elas devem ser consideradas uma família de descontinuidades. Entretanto, se apenas algumas descontinuidades, ou apenas quebras ocasionais em testemunhos devidas a essas feições, são visíveis, deve-se considerá-las uma família esparsa.

- Os parâmetros J_r e J_a, representando a resistência ao cisalhamento, devem ser relativos à *família de juntas mais fraca* ou à *descontinuidade preenchida com argila* na zona estudada. Entretanto, se a família de descontinuidades com o menor valor de J_r/J_a é orientada favoravelmente à estabilidade, então uma segunda família menos favorável pode, algumas vezes, ser mais significativa, e sua maior razão J_r/J_a deve ser utilizada na avaliação do valor Q. Portanto, *o valor de J_r/J_a deve ser devido à descontinuidade mais favorável à ruptura*.

- As resistências à compressão e à tração (σ_c e σ_t) da rocha intacta devem ser avaliadas na condição saturada se esta for apropriada às condições *in situ* atuais e futuras. Uma estimativa bastante conservadora dessas resistências deve ser feita para aquelas rochas que se deterioram quando expostas a condições saturadas.

Após a obtenção dos valores relativos a cada um dos parâmetros analisados, chega-se ao valor de Q e classifica-se o maciço conforme a Tab. 3.21.

Tab. 3.21 Classificação do maciço de acordo com o valor de Q

Classe	Q
Maciço de excepcional má qualidade (IX)	0,001-0,01
Maciço de extrema má qualidade (VIII)	0,01-0,1
Maciço de muito má qualidade (VII)	0,1-1,0
Maciço de má qualidade (VI)	1,0-4,0
Maciço de qualidade regular (V)	4,0-10,0
Maciço de boa qualidade (IV)	10,0-40,0
Maciço de muito boa qualidade (III)	40,0-100,0
Maciço de extrema qualidade (II)	100,0-400,0
Maciço de excepcional qualidade (I)	400,0-1.000,0

Visando relacionar o índice Q com o comportamento e o suporte requerido para uma escavação subterrânea, Barton, Lien e Lunde (1974) definiram um parâmetro adicional, denominado dimensão (ou diâmetro) equivalente (D_e) da escavação. Essa dimensão é obtida dividindo-se o vão, o diâmetro ou a altura da parede da escavação por um parâmetro denominado razão de suporte da escavação (*excavation suport ratio* – ESR), relativo ao uso que será dado à escavação e ao grau de instabilidade admitido para ela, como mostrado na Tab. 3.22. O valor do parâmetro ESR é grosseiramente análogo ao inverso do fator de segurança.

$$D_e = \frac{\text{Vão, diâmetro ou altura da escavação (m)}}{\text{Razão de suporte da escavação (ESR)}} \qquad (3.149)$$

Tab. 3.22 Valores de ESR de acordo com o tipo de escavação

Tipo de escavação	ESR
A – Aberturas mineiras temporárias	3,0-5,0
B – Aberturas mineiras permanentes, túneis d'água de hidrelétricas (exceto para alta pressão), túneis pilotos, desvios, galerias de avanço	1,6
C – Salões de armazenamento, plantas de tratamento de água, túneis rodoviários e ferroviários menores, túneis de acesso	1,3
D – Estações de força, túneis rodoviários e ferroviários maiores, abrigos de defesa	1,0
E – Estações nucleares subterrâneas, estações ferroviárias, salões públicos e de esporte, fábricas	0,8

A Fig. 3.103 é utilizada na determinação da necessidade de suporte para cada tipo de classe de maciço, em função da dimensão equivalente (D_e).

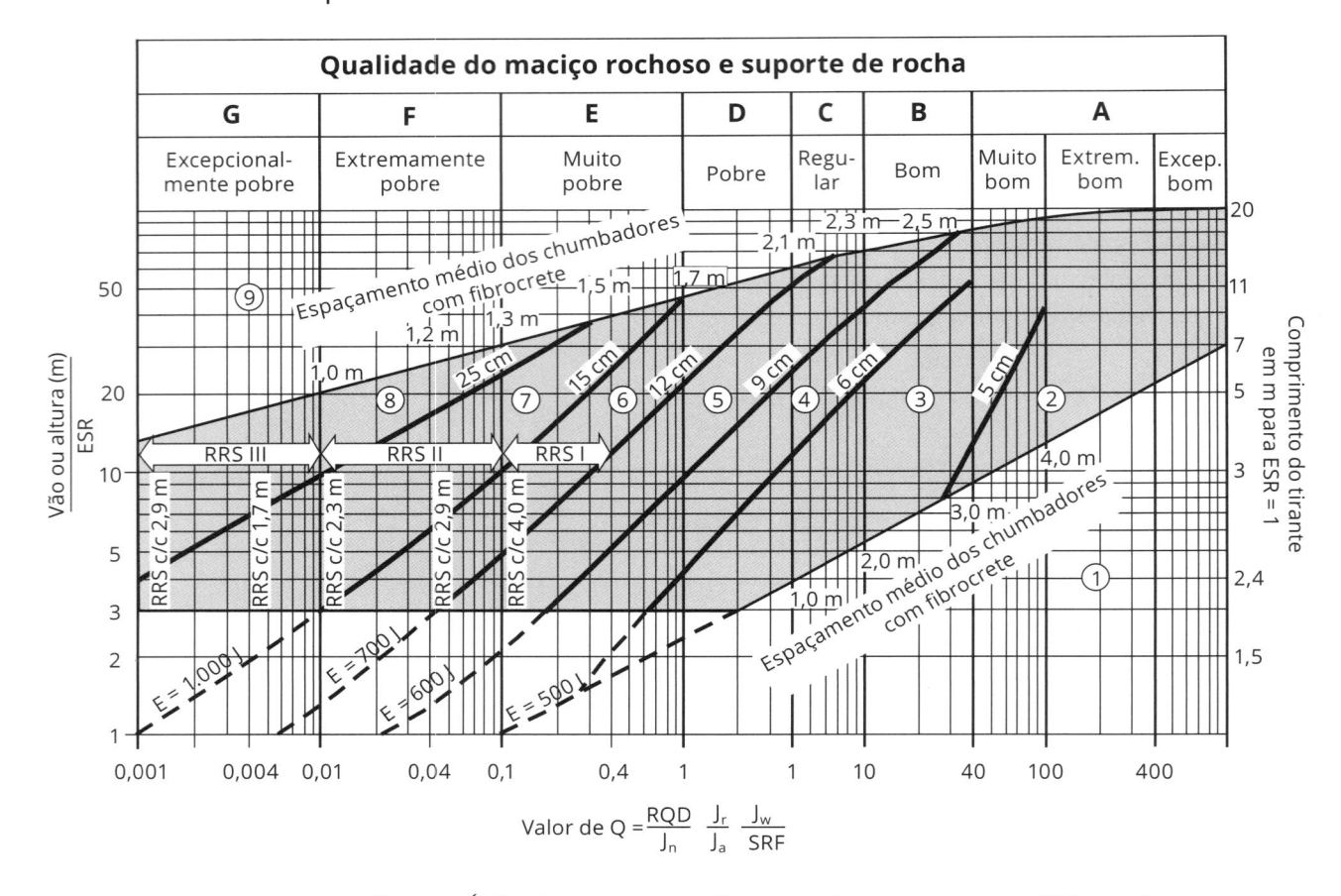

Fig. 3.103 *Índice Q e relação com o tipo de suporte em rocha, em que RRS = cambotas de concreto projetado* (ribs of sprayed concrete), *c/c = espaçamento entre cambotas* (center to center) *e E = energia absorvida pelo concreto projetado reforçado com fibras*
Fonte: modificado de Grimstad et al. (2002).

Fluxo em maciços rochosos | 4

A energia total da partícula de um líquido ideal em movimento (sem viscosidade e sem atrito) é composta de três componentes – a energia cinética, a energia potencial gravitacional e a energia de pressão (Fig. 4.1). Quando se exprime a energia por unidade de peso, obtém-se:

$$z + \frac{p}{\gamma_a} + \frac{v_p^2}{2g} = h = \text{constante} \qquad (4.1)$$

em que:
z = carga de posição ou energia potencial gravitacional (altura geométrica a partir de um plano horizontal de referência);
p/γ_a = carga de pressão ou energia de pressão do fluido ou da carga piezométrica;
$v_p^2/2g$ = carga de energia cinética, carga dinâmica ou energia cinética;
v_p = velocidade de percolação intersticial;
h = carga total ou energia por unidade de peso em cada ponto.

Essa expressão é conveniente, já que se pode medir a energia por sua carga, dada em unidade de comprimento.

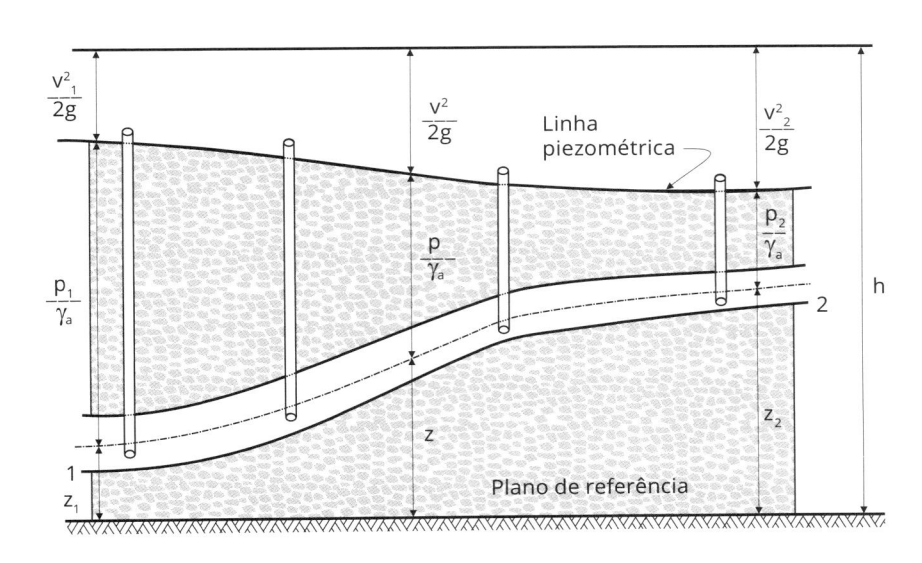

Fig. 4.1 *Variação das cargas de posição, piezométrica e dinâmica para um fluido perfeito, em fluxo permanente (teorema de Bernoulli)*

Como o fluxo em água subterrânea ocorre a velocidades muito baixas (da ordem de alguns milímetros ou centímetros por dia), o termo referente à energia cinética pode ser desprezado, já que é muito pequeno. Uma velocidade de 1 cm/s, considerada como de escoamento rápido, corresponde a uma altura de carga de energia cinética da ordem de apenas $0{,}5 \times 10^{-3}$ cm.

Assim, a Eq. 4.1 pode ser simplificada, passando à forma mostrada a seguir:

$$h = z + \frac{p}{\gamma_a} \qquad (4.2)$$

A Eq. 4.1 é aplicável a um fluido ideal que não tem viscosidade. Na realidade, quando se consideram fluidos reais, aqueles que possuem viscosidade, deve-se levar em conta o efeito do atrito entre o fluido e o meio sólido. O atrito produz uma perda de carga (energia) ao longo da trajetória do fluido. Desse modo, a Eq. 4.1 deve ser escrita como:

$$h_1 = h_2 + \Delta h \qquad (4.3)$$

em que:

h_1 = carga em um ponto 1 situado a montante do ponto 2, ao longo da trajetória do fluido;
Δh = perda de carga entre os pontos.

A água só se movimenta quando ocorrem variações da carga hidráulica (h), sendo o fluxo sempre dos pontos de maior para os de menor potencial hidráulico, e não no sentido das menores pressões hidrostáticas. A água poderá escoar, inclusive, de zonas de baixa pressão para zonas de alta pressão se a diferença de potencial hidráulico for favorável.

Se a velocidade se mantiver constante durante o escoamento, as perdas hidráulicas resultarão apenas na diminuição da carga ($h = z + \frac{p}{\gamma_a}$). Se não houver variação da carga de posição (z), as perdas de carga se refletirão diretamente no valor da carga piezométrica (p/γ_a).

4.1 Propriedades hidráulicas de maciços rochosos

As propriedades hidráulicas de maciços rochosos são devidas à contribuição da rocha intacta e das famílias de fraturas neles existentes.

A seção 4.1.1 descreve as propriedades de permeabilidade de rochas intactas, consideradas meios porosos, e a seção 4.1.2 descreve as propriedades de permeabilidade de meios fraturados.

4.1.1 Fluxo em meios porosos e lei de Darcy

A quantificação de propriedades hidráulicas de meios porosos em escala macroscópica é feita com base no trabalho experimental realizado por Henry Darcy em 1856. Em experimentos com fluxo em colunas de materiais granulares, Darcy estabeleceu uma relação entre velocidade e gradiente hidráulico. Com referência à Fig. 4.2, na qual é mostrada uma coluna análoga às colunas usadas por Darcy, o gradiente hidráulico é dado por:

$$i = \frac{\Delta h}{L} \quad (4.4)$$

e a velocidade de fluxo é dada por:

$$v = \frac{Q}{A} \quad (4.5)$$

em que:
Q = vazão passando pela coluna;
A = área total transversal de uma seção transversal do recipiente da coluna;
Δh = perda de carga total;
L = comprimento ao longo do qual ocorre a perda de carga total.

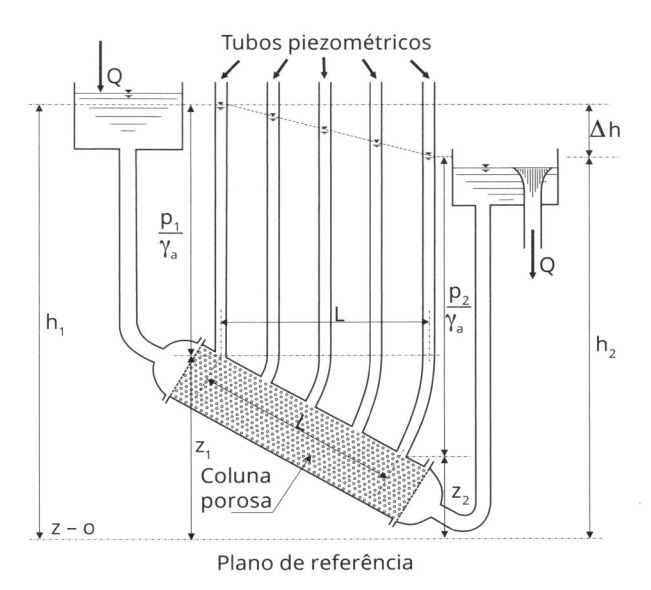

Fig. 4.2 *Coluna preenchida por material poroso, demonstrando o experimento de Darcy*

Nota-se que a velocidade definida por Darcy é uma velocidade fictícia, já que está relacionada com a área total da coluna, e não com a área real por onde há o fluxo dos fluidos nos vazios do meio poroso.

A relação que Darcy obteve em seus experimentos foi:

$$v = ki = k\frac{\Delta h}{L} \quad (4.6)$$

em que:
k = coeficiente de permeabilidade do meio poroso.

A perda de carga na coluna (Δh) está relacionada ao atrito do fluido com a superfície dos sólidos em contato.

A lei de Darcy também pode ser escrita como:

$$Q = kA\frac{\Delta h}{L} \quad (4.7)$$

A velocidade real do fluido no meio poroso pode ser determinada pela relação:

$$\bar{v} = \frac{v}{n} \quad (4.8)$$

em que:
n = porosidade do meio.

A velocidade v é chamada também de velocidade de Darcy.

Experimentos demonstraram que são necessários gradientes elevados, mesmo para materiais granulares, para atingir regime de transição ou mesmo turbulento de fluxo. Isso indica que a lei de Darcy, caracterizada por uma relação linear entre velocidade e gradiente, é válida para a grande maioria de problemas de fluxo em meios porosos.

Meios porosos podem ser isotrópicos ou anisotrópicos em função da geometria da sua estrutura porosa, que tem bastante relação com sua gênese. Em meios isotrópicos, a permeabilidade é uma grandeza escalar, sendo assim independente da direção. Supondo que *x*, *y* e *z* são direções principais de permeabilidade, pode-se escrever a lei de Darcy para meios anisotrópicos como:

$$v_x = -k_x \frac{\partial h}{\partial x}; v_{yx} = -k_y \frac{\partial h}{\partial y}; v_x = -k_z \frac{\partial h}{\partial z}$$

em que:

v_x, v_y e v_z = componentes da velocidade nas direções *x*, *y* e *z*;

k_x, k_y e k_z = coeficientes de permeabilidade nas direções *x*, *y* e *z*;

$\frac{\partial h}{\partial x}, \frac{\partial h}{\partial y}, \frac{\partial h}{\partial z}$ = gradientes nas direções *x*, *y*, *z*.

Pode-se notar que o gradiente é uma grandeza vetorial adimensional e que a velocidade é também uma grandeza vetorial. A permeabilidade em um meio isotrópico é uma grandeza escalar, enquanto em um meio anisotrópico é um tensor de segunda ordem.

4.1.2 Escoamento em meios fraturados

Nos meios fraturados, com porosidade essencialmente de fraturas, o escoamento é determinado pela permeabilidade da matriz rochosa e pela permeabilidade das descontinuidades.

Em rochas cristalinas, com baixo grau de porosidade, o escoamento pela matriz é praticamente nulo e as descontinuidades desempenham papel fundamental no escoamento. A comparação de medidas de permeabilidade efetuada em matrizes rochosas cristalinas indica que a permeabilidade é desprezível em relação ao valor da permeabilidade das descontinuidades.

Uma vez que a permeabilidade matricial geralmente é inferior a 10^{-8} cm/s, a matriz pode ser considerada impermeável em comparação com as descontinuidades, que, mesmo com aberturas muito pequenas, apresentam valores de permeabilidade significativamente maiores, sendo essas aberturas que efetivamente controlam o fluxo nos maciços rochosos fraturados.

Interessam ao fluxo, portanto, todas as descontinuidades presentes nas rochas; as descontinuidades são aqui entendidas como toda e qualquer estrutura que corta o maciço, englobando diaclases, juntas, fraturas e falhas, tornando-o essencialmente descontínuo, heterogêneo e anisotrópico. Acamamentos, xistosidades, estratificações etc., embora sejam estruturas do maciço, podem não constituir descontinuidades em relação ao fluxo de água, já que são feições intrínsecas à matriz rochosa.

Assim, é de importância considerar os diferentes tipos litológicos, pois as descontinuidades presentes estão intimamente ligadas à sua gênese e aos esforços a que estiverem submetidas durante sua evolução.

Na Fig. 4.3 são apresentados, de forma esquemática, modelos teóricos da distribuição da permeabilidade em diferentes tipos de maciço em função da profundidade.

De modo geral, nos granitos e nas rochas de alto grau de metamorfismo, como gnaisses, migmatitos e granulitos, a permeabilidade tende a zero em profundidade, devido ao confinamento. Em superfície, por alívio de tensões, as fraturas encontram-se mais abertas, resultando não só no aumento da permeabilidade do maciço, mas também no desenvolvimento de juntas de tração. Estas são descontinuidades de andamento subparalelo à topografia, que mostram permeabilidades elevadíssimas (Fig. 4.3A).

Nos maciços magmáticos extrusivos, como os basaltos, gerados por emissões sucessivas de lavas, a qualquer profundidade são esperadas descontinuidades sub-horizontais de alta permeabilidade (contato entre diferentes derrames), separadas por corpos tabulares praticamente estanques. Estes podem apresentar em

(A) Granitos e rochas metamórficas de alto grau (gnaisses, migmatitos, granulitos)

(B) Rochas efusivas básicas (basaltos)

(C) Rochas sedimentares

(D) Rochas metamórficas de médio a baixo grau (xistos, ardósias, filitos)

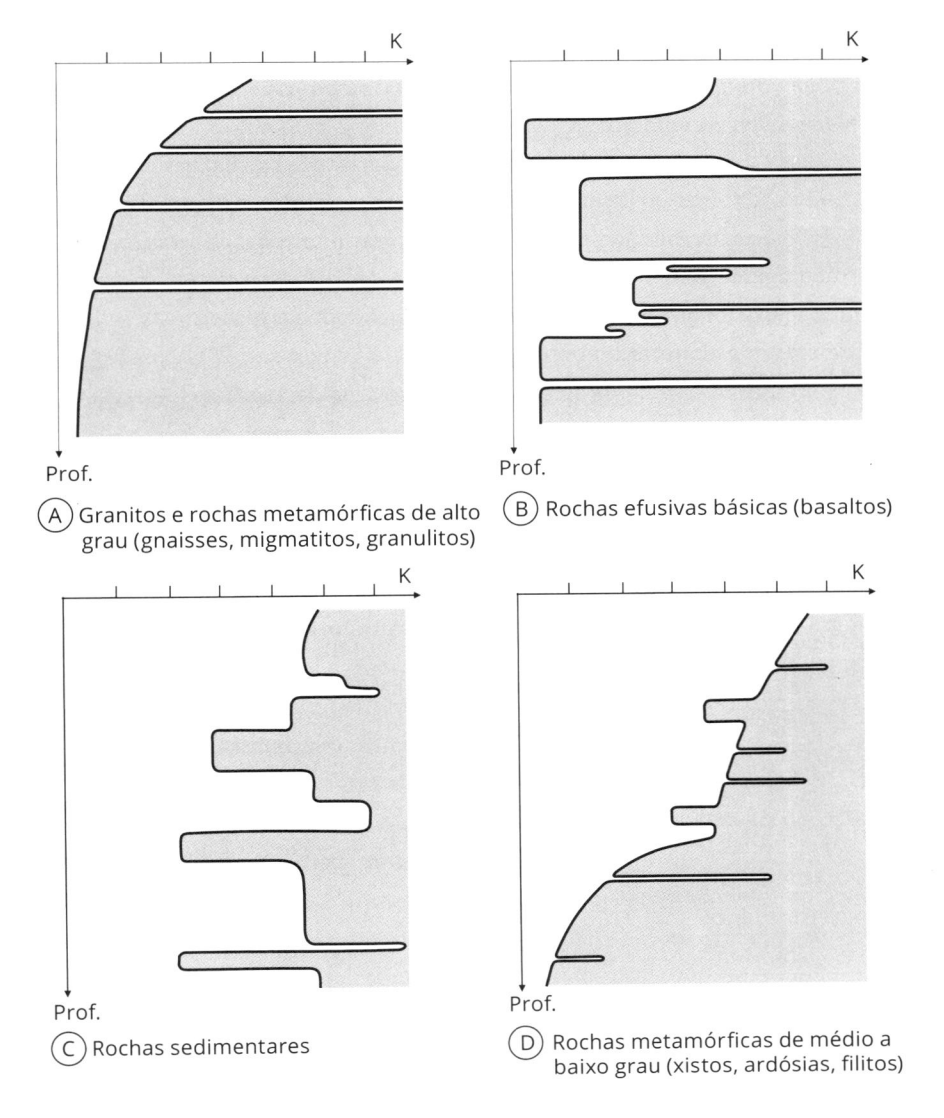

Fig. 4.3 *Comportamento esperado da permeabilidade em diferentes litologias*
Fonte: adaptado de ABGE (1998).

seu interior descontinuidades também sub-horizontais subparalelas aos contatos, igualmente com elevada permeabilidade (Fig. 4.3B).

Esse comportamento é análogo àquele dos maciços de rochas sedimentares, ressaltando-se, porém, que as descontinuidades podem não ser tão expressivas nesse caso, e as permeabilidades, tão elevadas. Em cada estrato, a permeabilidade vai depender da granulometria, do imbricamento, do tipo e da quantidade de matriz e de cimento, entre outros fatores (Fig. 4.3C).

As rochas de médio a baixo grau metamórfico, como xistos e filitos, apresentam um padrão de permeabilidade influenciado por diversos fatores. Verifica-se, em geral, um horizonte de rocha alterada bem desenvolvido; embora a permeabilidade diminua com a profundidade, essa diminuição não é tão pronunciada quanto aquela verificada nas rochas magmáticas intrusivas ou de alto grau metamórfico.

Normalmente, a passagem da zona de rocha alterada para a rocha sã é relativamente brusca, havendo, de maneira concomitante, uma diminuição significativa na permeabilidade do maciço. Com frequência, esses maciços são entrecortados por veios de quartzo ou de outros materiais, remobilizados ou não, que conferem localmente permeabilidades elevadas ao maciço, favorecendo a penetração da alteração, mesmo em níveis profundos. Horizontes mais argilosos podem resultar em trechos menos permeáveis na zona alterada (Fig. 4.3D).

Depreende-se que conhecer as características dos maciços, e particularmente das descontinuidades, é de extrema importância para o estudo da permeabilidade em meios fraturados. Nesses meios, os principais parâmetros que influenciam o escoamento são (Fig. 4.4):

- orientação espacial das famílias de descontinuidades (atitude);
- abertura das descontinuidades (e);
- espaçamento entre as descontinuidades (s);
- rugosidade absoluta das paredes (R_a).

Entre eles, a abertura e a rugosidade constituem os parâmetros mais importantes para o estudo do escoamento em meios fraturados, e sua determinação pode ser efetuada mediante as leis que governam o fluxo de água nas fraturas.

4.1.3 Leis de escoamento em fraturas

Os estudos para a determinação das leis de escoamento em fraturas basearam-se nos estudos da Mecânica dos Fluidos para o fluxo em condutos de seção circular constante. Aplicando-se essas teorias a placas planas paralelas, foram obtidas leis de escoamento válidas para condutos retangulares, cuja largura é muito maior que a altura. Em princípio, é possível representar fraturas por placas paralelas, com paredes mostrando certa rugosidade, com uma abertura média que as caracteriza.

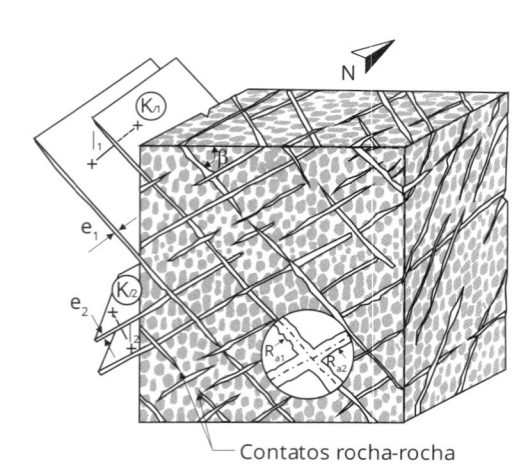

Fig. 4.4 *Maciço rochoso fraturado com os parâmetros de interesse ao fluxo*

Para o fluxo entre duas placas paralelas, a equação teórica proposta por Louis (1969) é:

$$\frac{Q}{A} = v = \frac{\gamma e^2}{12\mu} i \frac{1}{\left[1+C\left(\frac{R_a}{DH}\right)^{1,5}\right]} \quad (4.9)$$

em que:
v = vazão específica (Q/A) ou velocidade;
g = aceleração da gravidade;
e = abertura hidráulica da fratura;
μ = coeficiente de viscosidade dinâmica do fluido;
i = gradiente hidráulico;
C = constante empírica (associada às perdas de carga que ocorrem no escoamento e dependente do material);
R_a = rugosidade absoluta;
DH = diâmetro hidráulico ($DH = 2e$);
R_a/DH = rugosidade relativa;
γ = peso específico do fluido.

Nessa equação, o fator de correção para o regime não laminar depende de três variáveis: constante empírica (C), rugosidade absoluta (R_a) e diâmetro hidráulico (DH) da fratura, que equivale a duas vezes a abertura hidráulica da fratura (2e).

A constante empírica, como visto, depende da natureza do material. Estudos desenvolvidos em laboratório resultaram em valores desse parâmetro iguais a 8,8 para concreto, 17,0 para vidro e 20,5 para granito, demonstrando que, para cada tipo de material, as relações entre R_a e e são diferentes.

A rugosidade absoluta mede a aspereza da superfície da fratura e é extremamente variável, atingindo valores da ordem de milímetros nas fraturas muito rugosas.

A rugosidade relativa relaciona a rugosidade absoluta e o diâmetro hidráulico da fratura e pode variar entre 0 (fratura ideal, perfeitamente polida, com $R_a = 0$) e 0,5, quando as duas paredes da fratura estão em contato.

A aplicação dessas teorias ao fluxo de água em uma fratura de rocha confirmou, para o regime laminar, a proporcionalidade entre a vazão específica e o gradiente hidráulico, assim como a proporcionalidade da vazão específica com o cubo da abertura. Da mesma forma, é possível correlacionar a permeabilidade (K_f) com a abertura da fratura por meio de uma equação do tipo (Quadros, 1992):

$$K_f = C e^\beta \quad (4.10)$$

em que:
C = constante empírica (depende do material);
β = índice que é função do regime de fluxo e da rugosidade (varia entre 1,0 e 3,0).

As constantes C e β prevalecem para determinado regime de fluxo e para cada tipo de fratura (ABGE, 1998).

Permeabilidade de uma fratura

A permeabilidade de uma fratura é determinada por meio de sua idealização como placas planas paralelas, sem rugosidade ($R_a = 0$) e sem material de preenchimento, conforme mostrado na Fig. 4.5. O fluxo é considerado laminar, viscoso e incompressível. Não há variação da viscosidade do fluido por efeito da temperatura.

A integração das equações de Navier-Stokes para as condições descritas anteriormente em duas placas paralelas fornece a relação (Louis, 1969):

$$v = \frac{\gamma_e^2}{12\mu} i \qquad (4.11)$$

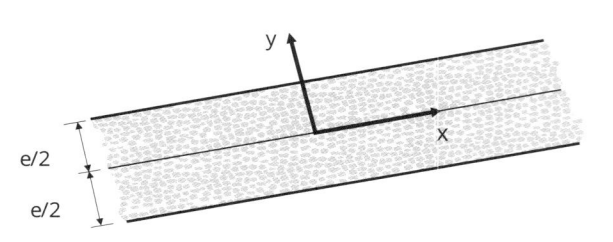

Fig. 4.5 *Fratura idealizada como placas planas paralelas*

A permeabilidade (K_f) de uma fratura é igual a:

$$K_f = \frac{\gamma_e^2}{12\mu} \qquad (4.12)$$

A relação entre vazão e gradiente para única fratura, conhecida como *lei cúbica*, é obtida por meio de:

$$q = \frac{\gamma_e^2}{12\mu} i \qquad (4.13)$$

A respeito dessa lei, cabem algumas observações:
- supõe-se que o fluxo se dá entre placas paralelas cujas paredes são lisas e não estão em contato;
- resultados experimentais indicaram a inadequação da lei cúbica quando aplicada a descontinuidades irregulares;
- é válida somente para descontinuidades muito abertas ou para descontinuidades cujas superfícies sejam lisas.

Estudos experimentais permitiram estender a relação entre velocidade e gradiente dada pela Eq. 4.11 para condições de fluxo turbulento e fraturas rugosas (Louis, 1969).

Em maciços rochosos descontínuos, o comportamento do fluxo é anisotrópico e governado pelas características das descontinuidades, como espaçamento, orientação, abertura, número de famílias e rugosidade.

É praticamente impossível definir o comportamento do fluxo estimando-se apenas as características de uma descontinuidade e, a partir daí, construir um modelo de fluxo para o meio fraturado capaz de fornecer uma resposta para o problema de fluxo como um todo. Imprecisões na obtenção das características de uma única junta têm efeito cumulativo no modelo como um todo. Ensaios *in situ* permitem determinar o comportamento geral da família de juntas, tanto para a definição do comportamento como um todo quanto para a calibração de uma única descontinuidade.

A abertura é, em particular, o parâmetro da descontinuidade que mais afeta a definição de sua permeabilidade. Assim como a persistência, ela é muito difícil de ser estimada, mesmo por meio de imagens de TV do furo de sondagem.

Embora sejam desenvolvidos estudos em laboratório para o estabelecimento de leis para o fluxo em regime turbulento e para fraturas com paredes não paralelas, nos meios naturais os fluxos subterrâneos ocorrem quase sempre em regime laminar (Louis, 1969). Regimes turbulentos são observados somente em situações específicas, como algumas condições de ensaios de campo, drenagem artificial muito severa, proximidade de poços de bombeamento com rebaixamento muito pronunciado etc., quando são estabelecidos gradientes hidráulicos bastante elevados.

A Eq. 4.13, que mostra uma relação cúbica entre vazão e abertura, indica que mesmo pequenas variações na abertura podem provocar variações significativas das velocidades e das vazões nas fraturas. Essas variações de abertura podem ser causadas por eventuais alterações no estado de tensões no maciço rochoso, configurando, assim, um acoplamento hidromecânico.

Os maciços rochosos possuem diversas famílias de descontinuidades, cada qual com sua atitude e distribuição do espaçamento e abertura de fraturas que lhe são particulares. Em geral, as fraturas nos maciços são de dimensões finitas quando comparadas à escala do problema, porém o fluxo em uma fratura não é independente das demais, ou seja, para percolar através das fraturas em certa direção, o fluido terá que percolar através de fraturas em outras direções que se interconectam às primeiras.

Não é possível, portanto, tratar de forma individual cada uma das fraturas presentes no maciço aplicando-se, de imediato, as equações e os conceitos apresentados anteriormente. Para a determinação dos parâmetros hidráulicos de maciços rochosos, são utilizados basicamente dois métodos: amostragem de fraturas e ensaios hidráulicos de campo.

O primeiro método baseia-se na obtenção de informações acerca do sistema de fraturas do maciço (número de famílias, orientação, abertura, espaçamento, preenchimento etc.), a partir das quais é obtido, por determinação analítica, um *tensor de permeabilidade*, ou seja, a determinação, no espaço, dos módulos e das direções principais (triortogonais) de permeabilidade. A maior dificuldade associada a esse método é a obtenção de informações representativas do sistema de fraturamento. Nesse método, estão implícitas ainda hipóteses de uniformidade das variáveis dos sistemas de fraturas, além de sua extensão infinita, quando, na realidade, essas grandezas são estatisticamente distribuídas de diferentes formas – por exemplo, o espaçamento apresenta nos maciços uma distribuição exponencial; a abertura, uma distribuição log-normal; a orientação, uma distribuição normal hemisférica; etc.

Os ensaios hidráulicos de campo, porém, são baseados em ensaios de bombeamento ou injeção d'água, nos quais a influência individual dos vários parâmetros do sistema de fraturas se integra nos próprios resultados dos ensaios. Nesses métodos, a principal dificuldade que se interpõe é a determinação de um volume de ensaio que seja representativo do maciço rochoso, volume esse denominado *volume elementar representativo* (VER), cujo conceito é apresentado na Fig. 4.6.

Com o aumento do volume do maciço, sua permeabilidade média varia bruscamente, em virtude da inclusão de novas fraturas ou de novas porções de matriz rochosa. A partir de certo volume, essas novas inclusões não mais interferem significativamente na média, sendo definido, então, o VER. Esse volume deve ser pequeno o bastante para que o gradiente hidráulico seja constante em seu interior e grande o suficiente para que todas as feições condicionantes, na escala do problema, sejam englobadas.

Caso não sejam atendidas essas condições, o meio não poderá ser assemelhado a um *meio homogêneo equivalente*, não sendo válidos, portanto, os preceitos estabelecidos pela lei de Darcy.

Diversos autores têm demonstrado, com base em estudos, que, a partir de determinada escala, certa densidade de fraturas e valores relativos de permeabilidade, é possível adotar a aproximação de maciço homogêneo equivalente.

Embora diversos métodos para a determinação dos parâmetros hidráulicos de maciços rochosos tenham sido desenvolvidos, quase todos apresentam limitações, resultantes da própria dificuldade em reproduzir a complexidade estrutural dos maciços, o que implica, muitas vezes, simplificações necessárias ao equacionamento dos problemas, mas que nem sempre correspondem à realidade.

Atualmente, o método mais promissor e que apresenta melhores resultados consiste na injeção ou no bombeamento de água em um trecho de um furo e na observação em trechos de furos circunvizinhos. Esse método baseia-se na solução geral do problema da variação de carga hidráulica com o tempo, em um ponto qualquer de um meio anisotrópico, causada pela injeção ou pelo bombeamento de uma vazão constante em outro ponto do mesmo meio. Para a execução desse ensaio, não se requer conhecimento prévio das direções principais do fraturamento. Os furos de ensaio podem ser executados em quaisquer direções, e os volumes

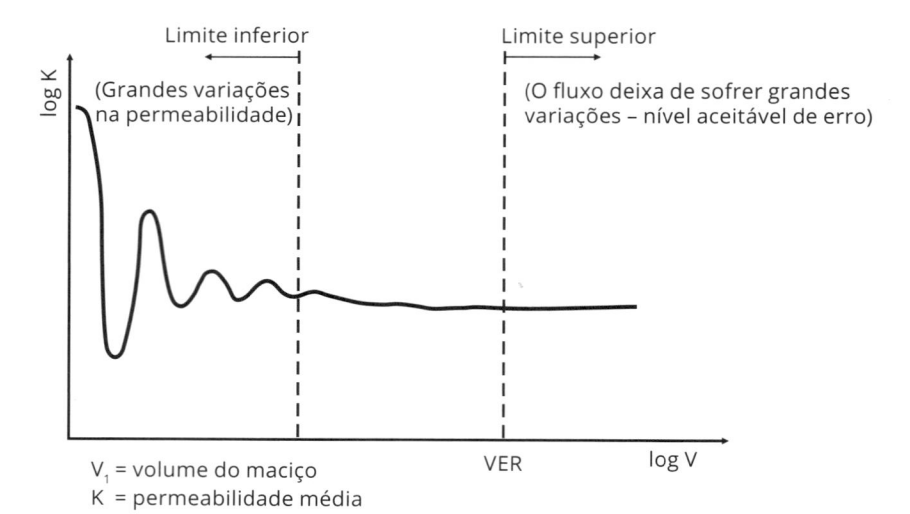

Fig. 4.6 *Conceito de volume elementar representativo (VER)*

V_1 = volume do maciço
K = permeabilidade média

ensaiados podem ser controlados pela escolha do espaçamento entre os furos de injeção e os de observação. Não é necessária a elaboração de nenhuma hipótese, *a priori*, sobre qualquer propriedade das fraturas. O método é capaz, ainda, de detectar a presença, nas proximidades da região ensaiada, de uma feição muito permeável, ou muito impermeável, não interceptada pelos furos de ensaio (Quadros, 1992).

Em inúmeros casos práticos, a permeabilidade dos maciços é estimada a partir de ensaios pontuais de permeabilidade (perda de água sob pressão, infiltração etc.), obtendo-se valores de permeabilidade equivalente.

4.2 Modelos de fluxo em maciços rochosos

A escolha do modelo de fluxo é de importância fundamental no caso de fluxo de água através de um maciço rochoso.

Louis (1976 apud Giani, 1992) dividiu os maciços rochosos nos seguintes grupos, de acordo com seus defeitos de fábrica (Fig. 4.7):

- *meio poroso*, principalmente homogêneo, contendo somente pequenos poros;
- *meio poroso fraturado*, no qual as fissuras determinam o comportamento hidráulico do maciço rochoso;
- *meio poroso contendo barreiras impermeáveis*, no qual as descontinuidades são preenchidas com material composto de partículas impermeáveis e onde somente as pontes de rocha fornecem conexões hidráulicas;
- *meio poroso com pequenos canais*, nos quais descontinuidades maiores, preenchidas com material impermeável, contêm canais através dos quais a água pode percolar;
- *meio cárstico*, contendo passagens largas e cavernas de formas geométricas diversas, originadas da solução e da remoção da rocha pelo fluxo de água subterrânea.

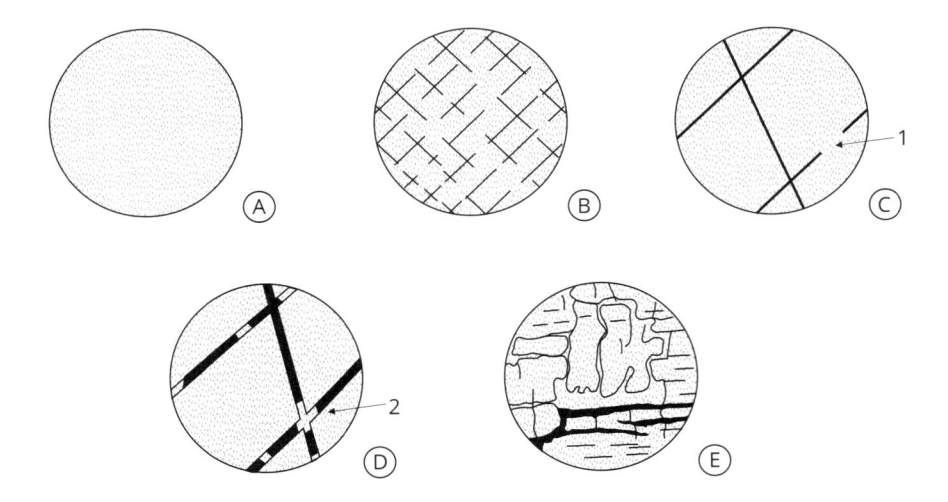

Fig. 4.7 *Tipos de meios de maciços rochosos: (A) meio poroso, (B) meio poroso fraturado, (C) meio poroso com barreiras impermeáveis (1 = ponte de rocha), (D) meio poroso contentdo canais (2 = canais) e (E) meio cárstico* Fonte: adaptado de Giani (1992).

Os maciços rochosos são divididos, nesses grupos, de acordo com os tipos mais comuns de fluxo. Entretanto, a escolha da modelagem do maciço rochoso como um meio contínuo ou descontínuo depende da escala relativa do problema e das características das famílias de descontinuidades, como espaçamento e persistência.

Exemplos da importância da escala relativa do problema na escolha do comportamento do fluxo estão mostrados na Fig. 4.8, em que um caso típico de fluxo de água subterrânea através da fundação de uma barragem é apresentado, considerando-se quatro diferentes tipos de maciço rochoso.

Um meio fraturado estará corretamente esquematizado como um meio contínuo equivalente quando o tamanho dos blocos for desprezível em relação à escala do problema analisado (caso B da Fig. 4.8). Nessa situação, métodos de análise de fluxo em meios porosos podem ser adotados na solução do problema hidráulico. Quando os blocos têm tamanho apreciável em relação à escala do problema e forem constituídos por descontinuidades não preenchidas, devem ser empregados os métodos de análise de fluxo de água através das descontinuidades. As propriedades hidráulicas de um maciço rochoso fraturado dependem da permeabilidade das famílias individuais de descontinuidades ou de uma única descontinuidade.

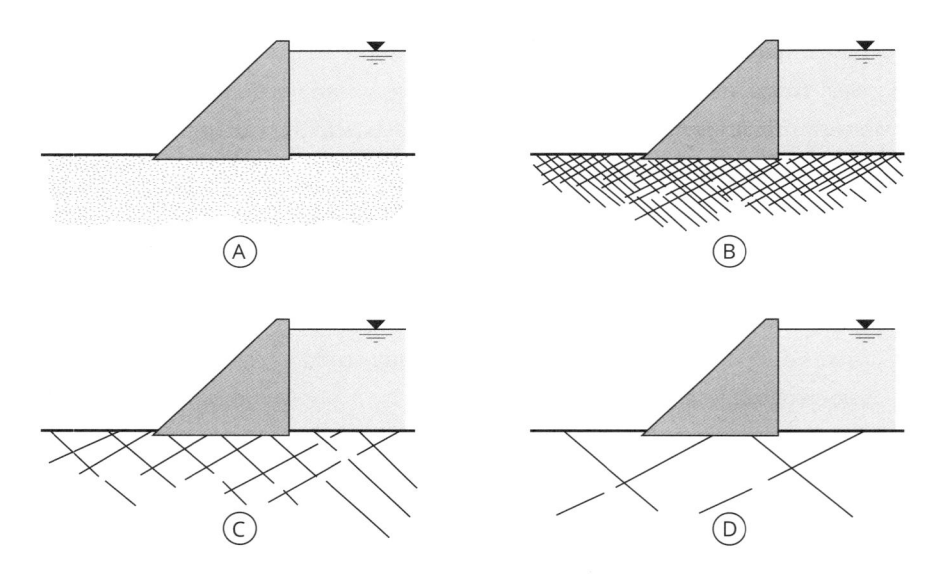

Fig. 4.8 *Exemplo de fluxo na fundação de uma barragem, em meios contínuos (A – sem fraturas e B – fraturas persistentes e com pequeno espaçamento) e descontínuos (C e D – fraturas com menor persistência e maior espaçamento)*

4.2.1 Modelagem do maciço rochoso como um meio contínuo equivalente

O tratamento do meio descontínuo como um meio contínuo equivalente impõe a definição de uma permeabilidade equivalente para cada família de descontinuidades (Fig. 4.9). As descontinuidades são, em princípio, persistentes.

A vazão em uma fratura (descontinuidade) e o gradiente hidráulico são dados por:

$$q_f = K_f \underbrace{e1}_{\text{área}} i \qquad (4.14)$$

A vazão total no maciço fraturado é calculada a partir da vazão em cada fratura, de modo que:

$$q = n\,q_f = n\,K_f\,e\,i \qquad (4.15)$$

A vazão total no meio contínuo equivalente q^{ce} é:

$$q^{ce} = K_{eq} L \, i \qquad (4.16)$$

Como as vazões totais devem ser iguais, então:

$$q = q^{ce} \qquad (4.17)$$

e, portanto,

$$n \, K_f \, e \, i = K_{eq} L \, i \qquad (4.18)$$

$$K_{eq} = K_f \frac{n}{L} e \qquad (4.19)$$

Como o espaçamento médio da família de juntas é igual a:

$$s = \frac{L}{n} \qquad (4.20)$$

então

$$K_{eq} = K_f \frac{e}{s} = \frac{\gamma e}{12 \mu s} \qquad (4.21)$$

Fig. 4.9 *(A) Maciço rochoso fraturado e (B) meio contínuo equivalente*

Oda (1985) apresentou uma extensão do procedimento descrito anteriormente, para determinar a permeabilidade equivalente de um maciço rochoso fraturado no caso de as fraturas não serem persistentes (Fig. 4.10).

Nesse caso, a relação entre velocidade e gradiente do meio equivalente pode ser dada por:

$$v = \frac{\gamma e^2}{12 \mu} \sum_{i=1}^{n} \frac{l_i e}{a \times b} \qquad (4.22)$$

em que:
n = número de fraturas na janela.

Havendo duas famílias de fraturas persistentes, como mostrado na Fig. 4.11, as permeabilidades do meio poroso equivalente seriam:

$$K_{eq}^x = \frac{\gamma e_1^3}{12 \mu S_1} \, e \, K_{eq}^z = \frac{\gamma e_2^3}{12 \mu S_2} \qquad (4.23)$$

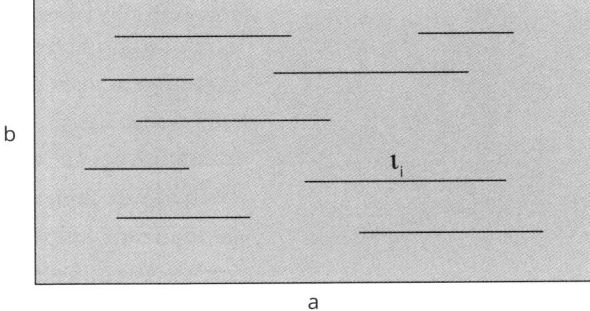

Fig. 4.10 *Famílias de fraturas não persistentes, em que l_i é o comprimento do traço de cada fratura em uma janela de área $a \times b$*

Assim, a permeabilidade de um maciço rochoso contendo várias famílias de fraturas será definida por um tensor de segunda ordem e o meio equivalente será, em geral, um meio anisotrópico.

Outra forma de determinar a permeabilidade equivalente é utilizando programas de análise numérica específicos. Nesses programas, usando modelos conhecidos como *discrete fracture network* (DFN), é possível gerar geometrias representativas das famílias de fraturas, como apresentado na Fig. 4.12.

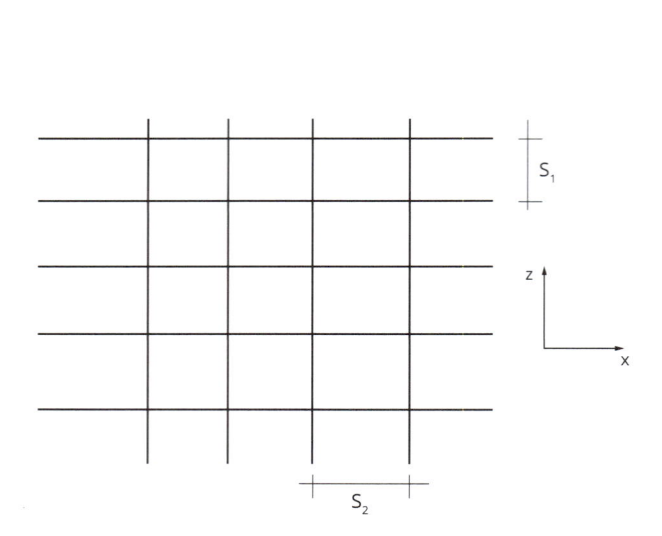

Fig. 4.11 *Arranjo mostrando duas famílias de fraturas, em que, no caso da família 1, espaçamento = S_1 e abertura = e_1, e, no caso da família 2, espaçamento = S_2 e abertura = e_2*

Fig. 4.12 *Exemplo de geometria com três famílias ortogonais de fraturas (em verde, amarelo e azul), definidas com base na técnica DFN*

O enfoque do contínuo equivalente é válido quando a densidade de fraturas é alta. Quando essa densidade não é alta, o enfoque não é válido e torna-se necessário usar o chamado enfoque discreto, em que cada fratura deve ser representada individualmente.

4.3 Ensaios de campo

4.3.1 Ensaios de perda d'água sob pressão (ensaio Lugeon)

O ensaio de perda d'água sob pressão tem por objetivo determinar a permeabilidade média do trecho ensaiado, por meio da medida da quantidade de água (volume) absorvida durante um período de tempo em um trecho do maciço rochoso, como resultado da injeção de água sob pressão em um furo de sondagem. O ensaio pode ser realizado para vários estágios de pressão, mas usualmente se adotam três ou cinco estágios. Pelo exposto, compõe o ensaio mais comumente utilizado no campo para a caracterização hidrogeológica de maciços rochosos.

Os trechos ensaiados usualmente variam entre 3 m e 5 m de extensão. Nos ensaios com três estágios são utilizados três níveis de pressão: mínima, máxima e mínima. Nos ensaios com cinco estágios, utilizam-se as pressões: mínima, intermediária, máxima, intermediária e mínima. A determinação da pressão a ser aplicada em cada estágio é feita com base nos seguintes critérios:

▶ *pressão mínima*: igual a 0,10 kgf/cm²;
▶ *pressão intermediária*: igual à metade da pressão máxima;
▶ *pressão máxima*: igual a 0,25 kgf/cm² (0,025 MPa) por metro de profundidade, na vertical, desde a boca do furo até a metade do trecho ensaiado. No

caso de rocha friável ou muito alterada, pode-se reduzir essa pressão para 0,15 kgf/cm²/m (0,15 MPa/m).

Com base nos resultados obtidos, há três possibilidades de comportamento de fluxo:
- *com abertura*: nos estágios de pressão mínima e intermediária, as vazões medidas após a vazão máxima são maiores dos que as vazões medidas nesses mesmos estágios antes da máxima;
- *sem alteração*: nos estágios de pressão mínima e intermediária, as vazões medidas após e antes da vazão máxima são as mesmas;
- *com fechamento*: nos estágios de pressão mínima e intermediária, as vazões medidas após a vazão máxima são menores dos que as vazões medidas nesses mesmos estágios antes da máxima.

Esses comportamentos permitem identificar se está havendo mudança nos volumes de fluxo e são importantes para avaliar, por exemplo, o efeito do enchimento de um reservatório de uma barragem sobre o fluxo pela fundação e ombreiras.

Como citado anteriormente, o ensaio pode ser executado com diferentes quantidades de estágios de pressão. Em ensaios em maciços/rochas muito permeáveis, pode ser recomendado realizar um maior número de estágios de baixa pressão (ensaio de múltiplos estágios), permitindo uma melhor interpretação do comportamento.

Uma unidade também usualmente utilizada nos ensaios de perda d'água é a unidade Lugeon (UL), que equivale a 1 L/min · m a uma pressão de 10 kg/cm² ($\approx$ 1 MPa) por 10 min.

4.3.2 Ensaio de bombeamento

O termo *ensaio de bombeamento*, ou *teste de bombeamento*, representa um conjunto de métodos práticos de campo que permitem:
- a estimativa de capacidade de produção de um poço de extração de água;
- a definição da área (raio) de influência do poço;
- a obtenção de parâmetros hidráulicos do aquífero (permeabilidade).

O teste consiste em extrair água de um poço de bombeamento a uma vazão conhecida. A duração do teste pode variar de acordo com a finalidade pretendida, desde horas até dias de bombeamento. Para outorga, usualmente o período de bombeamento é de 24 h e 12 h de recuperação (ou até se recuperar completamente o nível estático medido antes do início do teste).

Existe um segundo tipo de teste de bombeamento, mais conhecido como *teste de aquífero*, no qual se extrai água de um poço de bombeamento a uma vazão conhecida e se monitora o rebaixamento no próprio poço e em poços de monitoramento localizados nas suas proximidades (Fig. 4.13). A duração do teste pode variar de acordo com a finalidade pretendida, desde horas até dias de bombeamento. Na Fig. 4.14 exibe-se, como exemplo, um resultado de teste de bombeamento com recuperação.

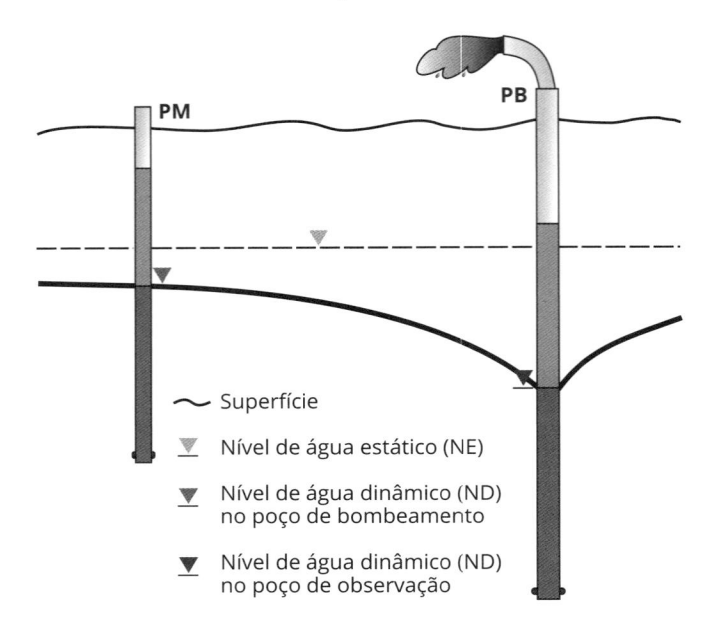

Quadros (1992) apresenta um ensaio especial de campo através do qual é possível a determinação do tensor de permeabilidade equivalente de um maciço rochoso fraturado. Esse ensaio inclui o estabelecimento de um pulso de pressão em um furo central e a medida da influência desse pulso em transdutores localizados em outros furos dispostos ao redor do furo central. Os resultados obtidos são analisados através de técnicas numéricas de inversão para obter o tensor de permeabilidade equivalente.

Fig. 4.13 *Exemplo de arranjo de teste de bombeamento com poço de observação (teste de aquífero)*

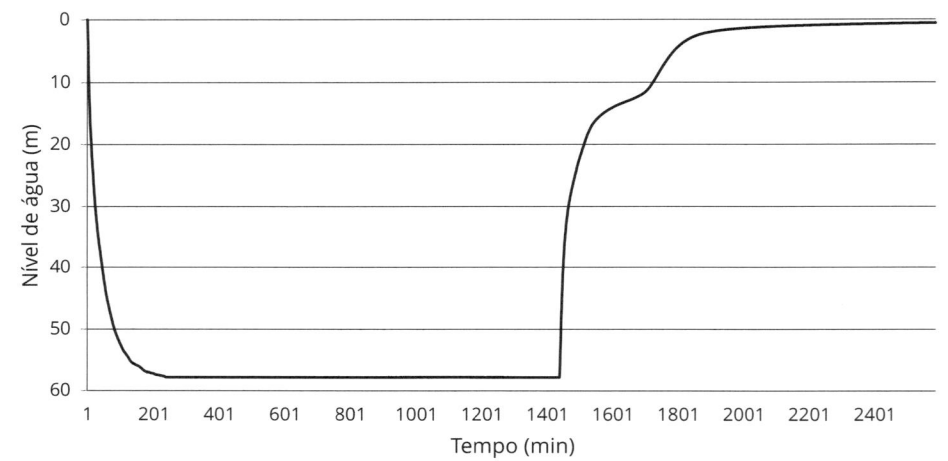

Fig. 4.14 *Exemplo de resultado de teste de bombeamento com recuperação*

Apêndice
Projeção estereográfica

A projeção estereográfica é uma ferramenta muito utilizada para solucionar questões e problemas envolvendo análises cinemáticas referentes a maciços rochosos, por meio de relações angulares entre linhas e planos no espaço, usando uma projeção de uma esfera sobre um plano. A Geologia de Engenharia e a Mecânica das Rochas utilizam a projeção estereográfica para resolver uma série de problemas encontrados em geologia estrutural, mapeamento geológico superficial e subsuperficial, mineração e escavações (taludes, escavações subterrâneas, fundações etc.). É utilizada na análise de descontinuidades planares (falhas, fraturas, dobras etc.) e lineares (lineações, eixos de dobra etc.).

AP.1 Termos geométricos

Para facilitar o entendimento dessa técnica, faz-se necessário definir alguns termos geométricos, a saber:

- *Direção do plano*: é dada pela linha de interseção do plano inclinado em análise com o plano horizontal de referência. É tomada sempre em relação ao Norte, variando de zero a 90° para Leste (E) ou para Oeste (W). Comparando-se com coordenadas topográficas, a direção seria o rumo, tomado sempre a partir do Norte. É representada pelo ângulo beta (β) na Fig. AP.1.
- *Inclinação (ou mergulho do plano)*: é dada pela reta de máxima inclinação do plano em questão. É o valor do ângulo entre o plano horizontal de referência e a reta de máxima inclinação do plano em questão. Na Fig. AP.1, é representada pelo ângulo alfa (α). A reta que define a máxima inclinação é perpendicular à direção do plano. O valor da inclinação de um plano vai de zero a 90°, sendo zero grau o próprio plano horizontal, e 90°, o plano vertical.
- *Direção de inclinação (ou de mergulho)*: é dada pela projeção da reta de máximo declive do plano inclinado no plano horizontal de referência. É o valor do ângulo formado entre o Norte e a projeção da reta de inclinação do plano. É medida sempre a partir do Norte no sentido horário, variando de zero a 360°. Comparando-se com coordenadas topográficas, a direção de inclinação seria o azimute da inclinação, contado sempre do Norte, no sentido horário. A reta que define a direção de inclinação também é perpendicular à direção do plano. Na Fig. AP.1, é representada pelo ângulo gama (γ).

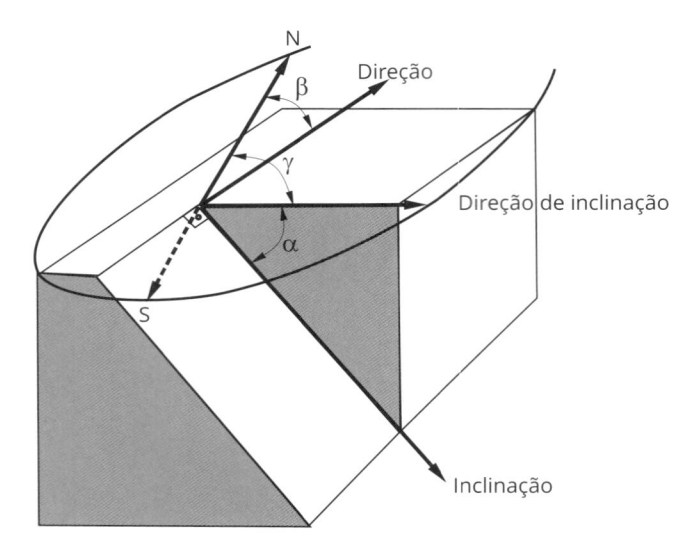

Fig. AP.1 *Termos geométricos utilizados nas notações para definição da atitude de planos e linhas*

▶ *Atitude de um plano*: é o termo que descreve a orientação de um plano pertencente a um maciço rochoso, usualmente referenciada à direção, à inclinação e à direção de inclinação. Dessa forma, a atitude de um plano é dada segundo duas notações, geralmente conhecidas como:
  ◆ *notação americana*: é dada pela direção do plano/inclinação do plano;
  ◆ *notação europeia*: é dada pela inclinação do plano/direção de inclinação (mergulho).

Com base na Fig. AP.2, têm-se, por exemplo, segundo a nomenclatura americana:
a.1) N60°E/30°SW;
a.2) N60°E/30°NW;
a.3) N80°W/52°NE.

E, de acordo com a nomenclatura europeia:
  b.1) 150°/30°;
  b.2) 330°/30°;
  b.3) 010°/52°.

Nos exemplos a.1, a.2 e a.3, referentes à notação americana, na inclinação do plano, deve-se indicar o quadrante em que o plano mergulha. No caso do plano com direção N60°E, pode inclinar-se tanto para o quadrante SE quanto para o

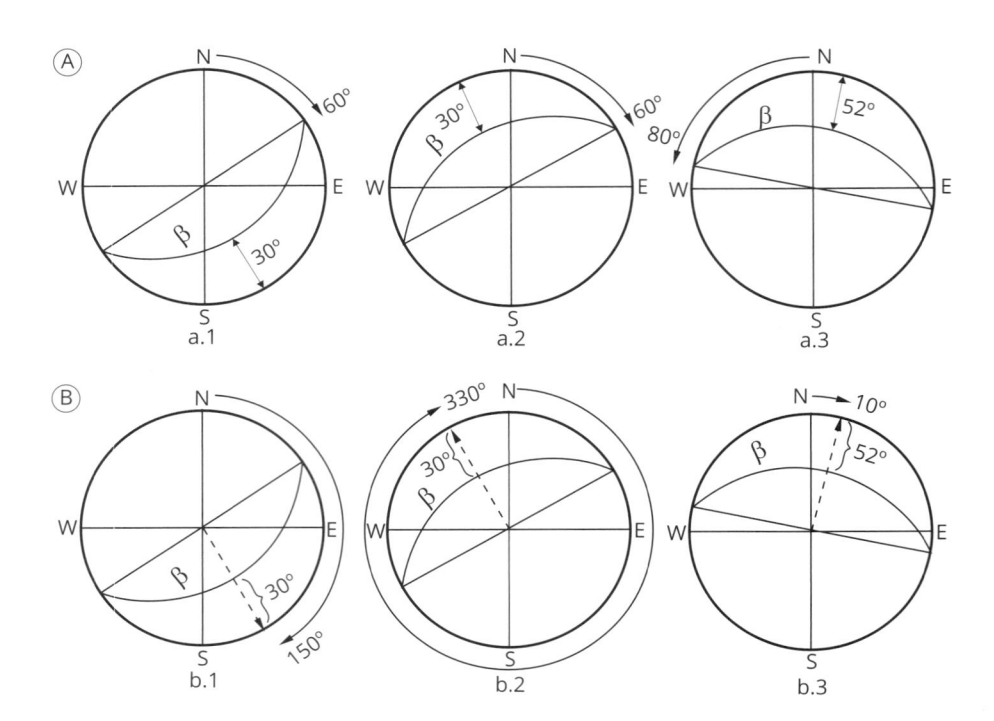

Fig. AP.2 *Representação dos planos de acordo com: (A) nomenclatura americana e (B) nomenclatura europeia*

quadrante NW. Isso não ocorre na notação europeia, pois a projeção da direção de inclinação já indica o quadrante para o qual o plano mergulha.

Como a notação da atitude de um plano é questão de preferência de quem vai usá-la, é possível dizer então que um mesmo plano pode ser representado pelas duas notações. Para isso, é necessária apenas a transformação de notação. Na Fig. AP.2, pode-se verificar que os exemplos a.1 e b.1 referem-se a um mesmo plano, assim como os exemplos a.2 e b.2 e também a.3 e b.3. Ressalta-se, entretanto, que todos os programas de computador que fazem análises cinemáticas utilizam notação europeia, razão pela qual ela tem sido mais empregada recentemente.

A transformação de nomenclatura já citada é muito fácil de ser executada, bastando apenas que se conheçam as definições de cada termo geométrico e sejam seguidos basicamente os itens subsequentes:
- o valor da inclinação é o mesmo para qualquer notação, bastando indicar o quadrante de mergulho para a notação americana;
- a direção do plano é marcada diametralmente em linha cheia a partir do Norte, para Leste ou para Oeste, sempre perpendicular à direção de inclinação;
- a direção de inclinação é marcada de forma pontilhada só no quadrante devido, contando do Norte no sentido horário, e é sempre perpendicular à direção do plano.

AP.2 Projeção estereográfica

A projeção estereográfica é uma das muitas formas para representar a esfera sobre um plano. Para ajudar o entendimento e a visualização desse método, imagine-se a seguinte situação (Fig. AP.3):
- uma esfera oca com um plano diametral horizontal transparente;
- um local para visualização no polo superior P;
- um plano inclinado passando pelo centro da esfera, com atitude N45°W/45°SW. Esse plano irá seccionar a esfera segundo um círculo.

Com o olho em P, o plano inclinado é visto interceptar duas superfícies:
- o plano horizontal, cuja interseção é a direção do plano;
- a superfície lateral da esfera, onde a interseção se faz segundo um grande círculo.

A linha que define a direção do plano é o diâmetro horizontal do traço desse grande círculo que o divide em dois semicírculos simétricos, um no hemisfério superior e outro no hemisfério inferior. Em virtude dessa simetria, é necessária apenas uma semiesfera para a representação das feições estruturais. Em Geologia de Engenharia, convencionou-se a utilização da semiesfera inferior. A projeção da interseção do grande círculo do plano sobre o plano horizontal é o estereograma.

Para facilitar as construções na projeção estereográfica, foram construídos diversos tipos de rede, que consistem, basicamente, na projeção de metade do globo terrestre sobre um plano que passa pelo centro da esfera terrestre e contém os polos Norte e Sul. Entre essas redes, têm-se:

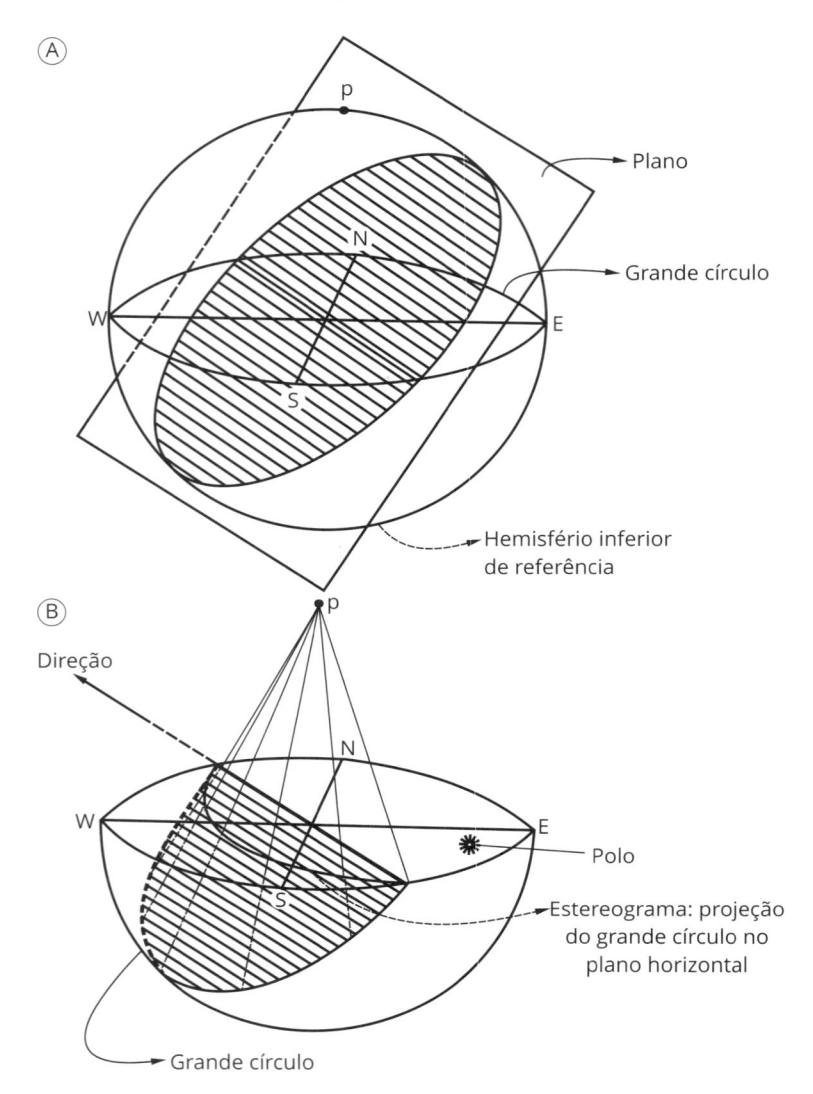

Fig. AP.3 *(A) Plano inclinado passando pelo centro da esfera e tocando a superfície lateral num traço de grande círculo e (B) projeção desse plano inclinado sobre o plano diametral horizontal*

▶ *Rede de Wulff* (Fig. AP.4), também chamada de igual ângulo (equiângulo). Nesse diagrama, as projeções das áreas dos setores definidos pelos círculos máximo e mínimo são fortemente deformadas nas bordas em relação ao centro. E, quando se faz a projeção de numerosos polos, essa distorção impede a fácil visualização da distribuição dos polos e dificulta a contagem para a determinação da concentração. Permite, entretanto, uma melhor representação dos ângulos de atrito dos planos de descontinuidade, que sempre formam círculos.

▶ *Rede de Schmidt* (Fig. AP.5) ou de igual área (equiárea – a área é a mesma dentro de cada equilátero). Nesse caso, os meridianos da longitude representam uma família de grandes círculos formados por uma série de planos separados de 2° em 2°, cada um dos quais passando pelo centro e pelos dois polos, Norte e Sul. Os paralelos da latitude representam uma família de pequenos círculos, também separados de 2° em 2°, são formados pela interseção de planos paralelos ao plano do equador e são perpendiculares ao eixo NS, descrevendo semicírculos na semiesfera.

A atitude de um plano também pode ser definida pelo *polo do plano*, que é a reta que passa pelo centro perpendicular ao plano e intercepta a esfera em dois pontos diametralmente opostos. Assim, o polo pertence a uma reta que é perpendicular à reta que define a inclinação do plano, conforme se observa na Fig. AP.6.

AP.3 Construção

Para a utilização da projeção, é necessária uma cópia da projeção (Wulff ou Schmidt) e uma folha de papel transparente.

AP.3.1 Construção do plano (β)

Passos

Notação americana

1. Gire a folha transparente para o lado contrário ao dado pela direção, no valor de sua direção.
2. No diâmetro Leste/Oeste, procure o quadrante do mergulho.

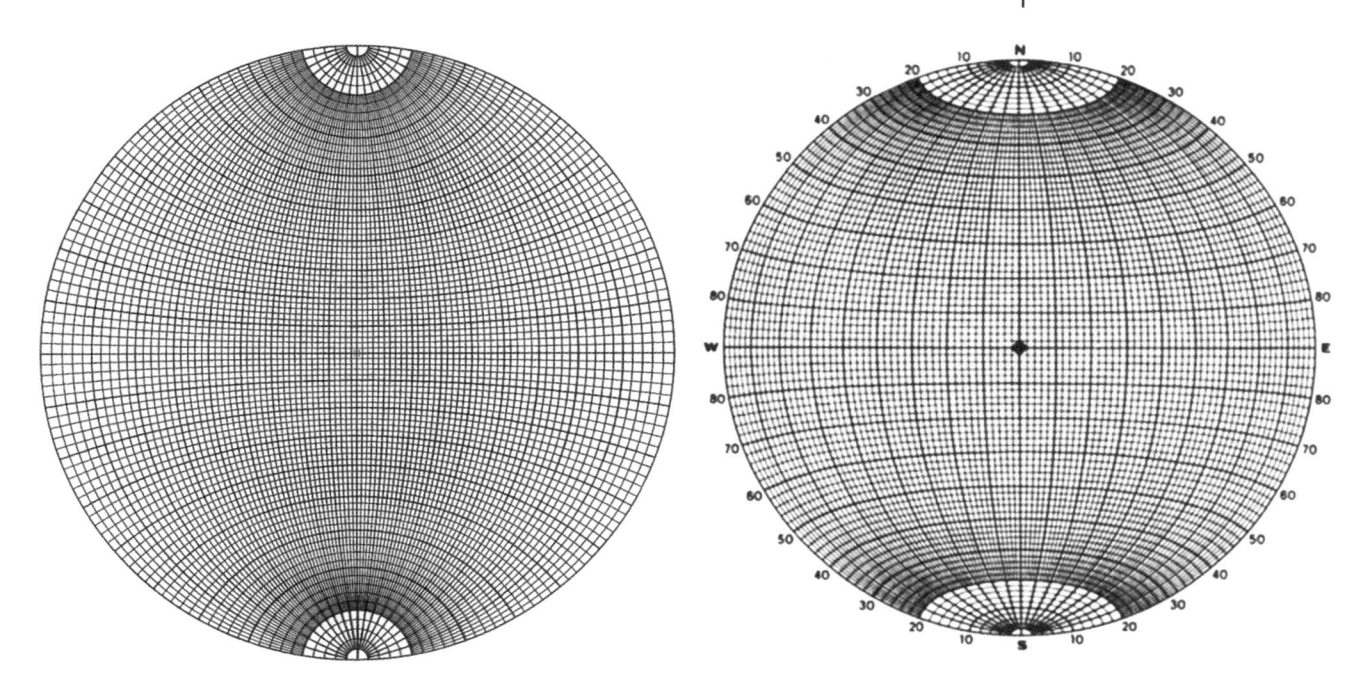

Fig. AP.4 *Rede de Wulff*

Fig. AP.5 *Rede de Schmidt*

3. Da borda para o centro, conte o valor do mergulho.
4. Ao determinar o meridiano correspondente, trace-o de Norte a Sul e também preencha o seu diâmetro. Voltando o papel transparente à posição original, o plano está definido.

Notação europeia

1. Identifique sobre a folha transparente o valor da direção de inclinação do plano, contado a partir do Norte no sentido horário (marque esse ponto).
2. Gire a folha transparente de modo a situar o ponto indicado do passo anterior sobre o eixo Leste/Oeste.
3. Conte sobre ele, da borda para o centro, o valor da inclinação do plano, determinando o meridiano.
4. Ao determinar o meridiano correspondente, trace-o de Norte a Sul e também preencha o seu diâmetro. Voltando o papel transparente à posição original, o plano está definido.

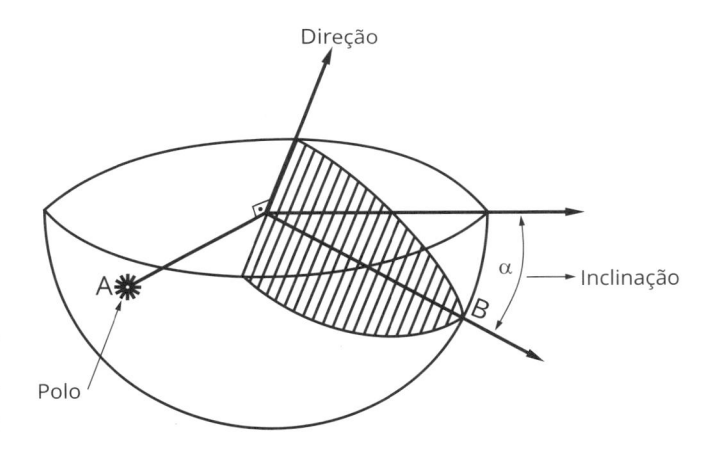

Fig. AP.6 *Definição do polo de um plano*

AP.3.2 Construção do polo (π)

A representação de um plano em projeção estereográfica segundo o seu polo é denominada diagrama pi (π). Toda a sequência descrita para o traçado do polo é executada sobre o papel transparente e deve seguir os mesmos passos anteriormente apresentados para a determinação do plano. Após seguir essa sequência, basta que, a partir do meridiano desenhado do plano na direção Norte-Sul, determine-se outro ponto, também sobre o eixo Leste/Oeste, distanciado de 90°. Esse ponto é definido como polo do plano, pois se o polo, por definição, é pertencente à reta perpendicular ao plano que passa pelo centro da esfera, as projeções também o serão.

As vantagens da utilização da representação dos planos segundo o diagrama π fundamentam-se principalmente na facilidade de sua determinação, na não existência de muitos traços criando confusão quando se faz a plotagem de muitos planos e, mais ainda, na análise estatística estrutural, feita também sobre os planos plotados.

AP.3.3 Determinação da inclinação aparente

Quando se define a inclinação de um plano, sabe-se que se está referindo à inclinação verdadeira, que é a reta de máximo declive ou máxima inclinação do plano. Essa reta de máxima inclinação (RMI) é, por definição, perpendicular à direção do plano. Logo, só existe *uma* inclinação verdadeira. No entanto, há várias inclinações aparentes ou não verdadeiras, dadas por retas não perpendiculares à direção e, por sua vez, formando ângulos menores que a inclinação real do plano.

O processo de projeção estereográfica também permite, por um simples procedimento, a determinação de inclinações aparentes, segundo várias retas formando vários ângulos com a direção do plano em questão.

Passos para a determinação da inclinação aparente

1. Projete o plano inclinado, baseado na notação em que foi dado, voltando em seguida a folha transparente à posição inicial.
2. Trace a reta que define a direção sobre a qual se pretende obter a inclinação aparente, de modo que intercepte o grande círculo do plano inclinado projetado.
3. Gire o papel transparente até posicionar a interseção do item 2 sobre o eixo Leste-Oeste.
4. Leia a posição dessa interseção sobre a linha Leste-Oeste, contando da parte externa da rede para a parte interna.

AP.3.4 Determinação da reta (linha) de interseção de dois planos

Dois planos quaisquer que interceptam um maciço rochoso determinam uma reta de interseção que define a atitude da cunha formada pelos dois planos (Fig. AP.7).

A determinação da atitude da reta pode ser feita de duas maneiras, demonstradas a seguir.

Com base na reta de interseção

1. Encontre o ponto de interseção dos dois planos e, em seguida, gire a folha transparente até posicionar a interseção dos dois grandes círculos sobre a linha Leste-Oeste da rede de projeção. Uma vez executada essa etapa, basta medir a inclinação a partir da parte externa da rede para o centro.

Fig. AP.7 *Determinação da atitude da reta de interseção entre dois planos*

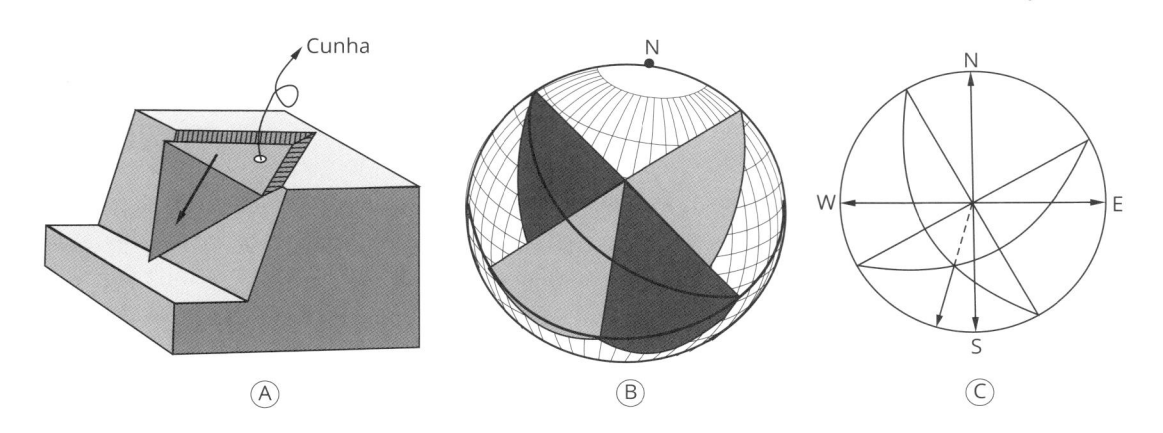

2. Para medir o valor da direção de inclinação da reta de interseção, quando o papel estiver na posição do item 1, faça uma marca na interseção da linha Leste-Oeste com o limite externo da projeção. Retorne o papel transparente para a posição original (Norte) e leia, no sentido horário a partir do Norte, o valor do ângulo.

Com base nos polos

1. Gire o papel transparente que contém os dois polos dos planos até que ambos fiquem posicionados sobre o mesmo meridiano da rede de projeção. Esse grande círculo define um plano que contém os dois polos.
2. Determine o polo, que é o ponto de interseção dos dois grandes círculos, desse plano que contém os dois polos, medindo, em seguida, a inclinação desse plano a partir da borda externa da projeção até esse terceiro polo sobre a linha Leste-Oeste da rede de projeção. Para medir o valor da direção de inclinação da reta de interseção, faça uma marca na interseção da linha Leste-Oeste com o limite externo da projeção, gire o papel transparente para a posição inicial e conte o valor do ângulo no sentido horário a partir do Norte.

AP.3.5 Determinação do ângulo diedro entre dois planos

O ângulo diedro é a abertura da cunha formada pela interseção dos dois planos. Esse ângulo, juntamente com a atitude da reta de interseção, define o volume de material que constitui a cunha.

O ângulo diedro da abertura da cunha é medido entre as retas normais aos dois planos que formam a cunha, para os quais há os respectivos polos. Logo, basta determinar o ângulo formado entre os dois polos.

Para definir o ângulo entre os dois polos, gira-se o papel transparente até que ambos sejam posicionados sobre um mesmo meridiano da rede de projeção. Nessa posição, basta contar as divisões dos paralelos existentes entre os dois polos, determinando o valor do ângulo entre os polos.

AP.3.6 Determinação da inclinação verdadeira através de duas aparentes

A nomenclatura mais utilizada para a reta de interseção entre dois planos é a europeia. Assim, na projeção de uma reta qualquer ficam definidos:

- o valor da direção de inclinação, que é a direção da reta em relação ao Norte;
- o valor da inclinação, que é o ponto do eixo Leste-Oeste que localiza graficamente a reta dada na rede de projeção.

Passos

1. Plotagem das retas na rede de projeção – para plotar uma reta na rede, marque sobre o contorno da rede o valor da direção de inclinação e, depois, situe essa marca sobre o eixo Leste-Oeste. De fora para dentro sobre o eixo Leste-Oeste, conte o valor da inclinação, obtendo um ponto.
2. Marcadas as duas retas, para determinar a inclinação verdadeira do plano que as contém, gire o papel transparente sobre a rede de projeção até que os dois pontos fiquem sobre o mesmo meridiano. Trace esse arco e leia sobre o eixo Leste-Oeste o valor da inclinação verdadeira. Voltando a folha transparente à posição original, leia o valor da direção de inclinação verdadeira da reta de máxima inclinação.

Exercícios

1. Plote os seguintes planos:
   - N40°W/50°SW;
   - N80°E/46°SE;
   - 080°/20°;
   - 223°/40°;
   - 360°/30°.

2. Plote as seguintes retas:
   - N40°W/10°SW;
   - N30°E/80°NW;
   - 030°/90°;
   - 122°/80°;
   - 310°/80°.

3. Encontre o mergulho aparente nos casos a seguir:
   - plano N30°W/70°NE nas direções 090°, NS e 150°;
   - plano 316/80° nas direções NS e N20°E.

4. Encontre a atitude das interseções dos planos e o ângulo diedro nos casos a seguir:
   - N80°E/50°SE e N30°W/60°NE;
   - 009°/32° e N30°W/70°SW.

AP.4 Tipos de ruptura nos diagramas de contorno

Nesta seção pretende-se, de maneira esquemática, sem entrar em maiores detalhes, mostrar os principais tipos de ruptura de taludes relacionados com os diagramas de contorno.

Essas análises de estabilidade, por serem estatísticas, não se prestam para o projeto final de uma obra, mas sim como análise preliminar, denominada *análise cinemática*, que tem por objetivo avaliar se existem condições geométricas de ocorrer algum dos tipos possíveis de ruptura de taludes/escavações em maciços rochosos. Essa análise preliminar vai indicar a necessidade ou não de estudos posteriores e também os locais mais viáveis para possíveis obras de contenção, além de aconselhar ou não estudos posteriores mais minuciosos de ensaios de laboratório e/ou de campo.

AP.4.1 Ruptura planar

Ocorre em material com fraturas, falhas ou uma estrutura grandemente orientada (acamamento sedimentar ou foliação), tal como em folhelhos, ardósias, filitos e xistos, conforme se mostra na Fig. AP.8, nos quais a ruptura acontece por um único plano de descontinuidade. As condições para que haja ruptura são:

- o plano de ruptura deve interceptar a face do talude, portanto o seu mergulho deve ser menor que o da face do talude ($\Psi_P < \Psi_F$);
- a inclinação do plano de ruptura tem de ser maior que o ângulo de atrito do plano ($\Psi_P > \phi$);
- a direção do plano tem de fazer até ± 30° com a direção do talude.

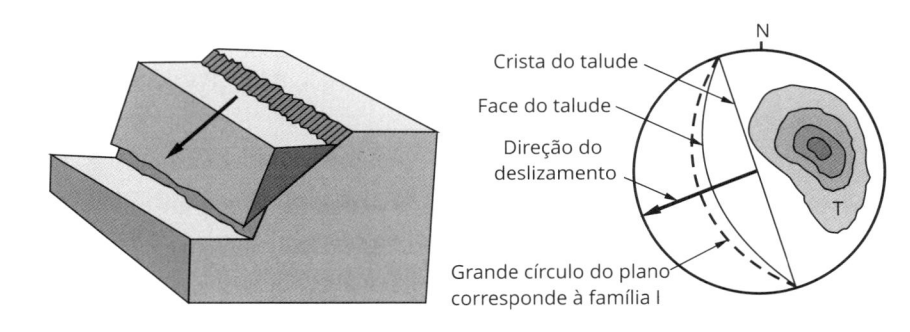

Fig. AP.8 *Modelo 3D e projeção estereográfica de uma ruptura planar*

AP.4.2 Ruptura por cunha

É aquela cujo deslizamento se dá ao longo da linha de interseção (LI) e é originada pela interseção de duas descontinuidades, como apresentado na Fig. AP.9. As condições para que haja ruptura são:

- a direção da LI deve ser aproximadamente perpendicular (± 30°) à direção do talude;
- a inclinação da LI deve ser menor que a inclinação do talude;
- a inclinação da LI tem de ser maior que o ângulo de atrito.

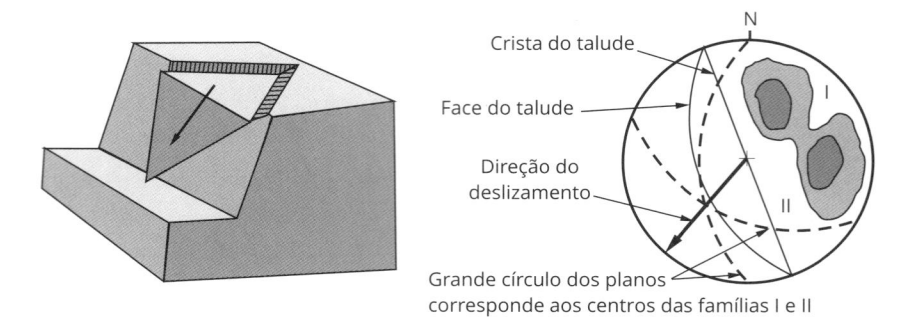

Fig. AP.9 *Modelo 3D e projeção estereográfica de uma ruptura por cunha*

AP.4.3 Ruptura por tombamento

É aquela que ocorre em rochas com estruturas pouco espaçadas, aproximadamente verticais, conforme mostrado na Fig. AP.10. As condições para que haja ruptura são:

▶ a direção do talude tem de fazer até ± 20° com a direção do plano de deslizamento;
▶ a inclinação do plano de fratura deve ser aproximadamente vertical;
▶ a estrutura tem de apresentar mergulho para dentro da escavação.

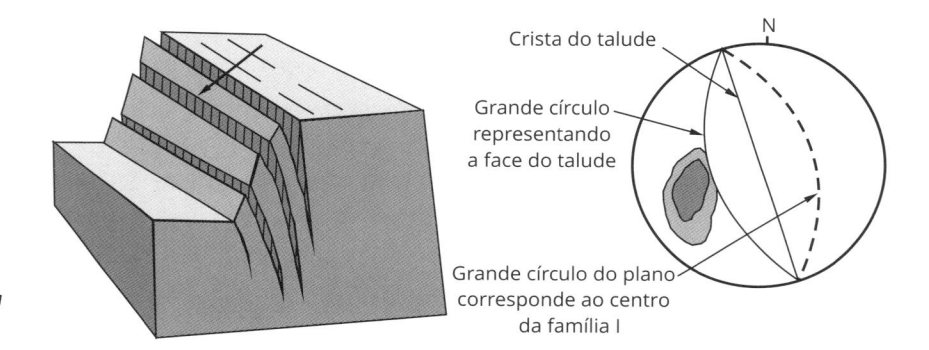

Fig. AP.10 *Modelo 3D e projeção estereográfica de uma ruptura por tombamento*

AP.4.4 Ruptura circular

Ocorre em solos e/ou rochas extremamente intemperizadas (saprolito) ou extremamente fraturadas com padrão estrutural não identificável, como se indica na Fig. AP.11. Não é possível fazer a análise de ruptura por meio de projeções estereográficas.

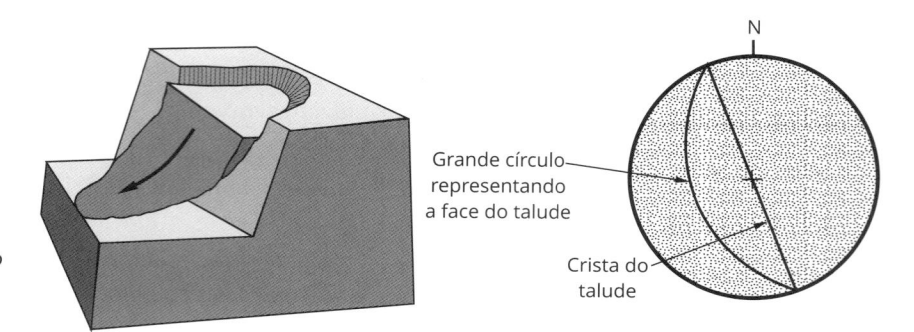

Fig. AP.11 *Modelo 3D e projeção estereográfica de uma ruptura circular*

Referências bibliográficas

ABGE – ASSOCIAÇÃO BRASILEIRA DE GEOLOGIA DE ENGENHARIA. *Geologia de Engenharia*. [S.l.]: ABGE; Fapesp; CNPq, 1998. 576 p.

AFNOR – ASSOCIATION FRANÇAISE DE NORMALISATION. NF P94-430-1: rock – determination of rock abrasiveness – part 1: scratching-test with a pointed tool. Oct. 2000.

AL-AMEEN, S. I.; WALLER, M. D. The influence of rock strength and abrasive mineral content on the Cerchar Abrasive Index. *Engineering Geology*, v. 36, p. 293-301, 1994. DOI: 10.1016/0013-7952(94)90010-8.

ASTM – AMERICAN SOCIETY FOR TESTING AND MATERIALS. D7625-10: standard test method for laboratory determination of abrasiveness of rock using the Cerchar method (withdrawn 2019). 2010. 6 p. DOI: 10.1520/D7625-10.

ATKINSON, T.; CASSAPI, V. B.; SINGH, R. N. Assessment of abrasive wear resistance potential in rock excavation machinery. *Int. J. of Mining and Geological Engineering*, v. 3, p. 151-163, 1986.

AYDIN, A.; BASU, A. The Schmidt hammer in rock material characterization. *Engineering Geology*, v. 81, n. 1, p. 1-14, 2005.

BAÊSSO, A. C. D. *Experimental study of the determination of the direct tensile strength of rocks*. Masters dissertation. Pontifical Catholic University of Rio de Janeiro. Rio de Janeiro, 2021.

BANDIS, S. *Experimental studies on scale effects on shear strength and deformation of rock joints*. 385 p. Thesis (Ph.D.) – University of Leeds, England, 1980.

BARROSO, E. V. *Estudo das características geológicas e do comportamento geotécnico de um perfil de intemperismo em leptinito no Rio de Janeiro*. 251 f. Dissertação (Mestrado em Geologia) – Universidade Federal do Rio de Janeiro, Rio de Janeiro, 1993.

BARTON, N. A relationship between joint roughness and joint shear strength. In: INT. SYMPOSIUM ON ROCK FRACTURES, 1971, Nancy. *Proceedings...* [S.l.: s.n.], 1971. (Paper 1-8).

BARTON, N. Application of Q-system and index tests to estimate shear strength and deformability of rock masses. In: INT. SYMP. ON ENGINEERING GEOLOGY AND UNDERGROUND CONSTRUCTION, 1983, Lisbon. *Proceedings...* [S.l.: s.n.], 1983. v. 2, n. 2, p. 51-70.

BARTON, N.; BANDIS, S. Effects of block size on shear behaviour of jointed rock. In: U.S. SYMP. ON ROCK MECH., 23., 1982, Berkeley, CA. *Proceedings...* [S.l.: s.n.], 1982. p. 739-760.

BARTON, N.; BANDIS, S. Review of predictive capabilities of JRC-JCS model in engineering practice. In: INTERNATIONAL SYMPOSIUM ON ROCK JOINTS, 1990, Loen. *Proceedings...* [S.l.]: A. A. Balkema, 1990. p. 603-610.

BARTON, N.; CHOUBEY, V. The shear strength of rock joints in theory and practice. *Rock Mechanics*, v. 10, p. 1-54, 1977.

BARTON, N.; BANDIS, S.; BAKHTAR, K. Strength, deformation and conductivity coupling of rock joints. *Int. J. Rock Mech. Min. Sci.*, v. 3, p. 121-140, 1985.

BARTON, N.; LIEN, R.; LUNDE, J. Engineering classification of rock masses for the design of tunnel support. *Rock Mech.*, v. 6, n. 4, p. 183-226, 1974.

BEHRAFTAR, S.; TORRES, S. A. G.; SCHEUERMANN, A.; WILLIAMS, D. J.; MARQUES, E. A. G.; AVARZAMAN, H. J. A calibration methodology to obtain material parameters for the representation of fracture mechanics based on discrete element simulations. *Computers and Geotechnics*, 2017.

BIENIAWSKI, Z. T. Engineering classification of jointed rock masses. *Trans. S. Afr. Inst. Civ. Eng.*, v. 15, p. 335-344, 1973.

BIENIAWSKI, Z. T. *Engineering rock mass classification*: a complete manual for engineers and geologists in Mining, Civil and Petroleum Engineering. New York, USA: Wiley, 1989. 251 p.

BIENIAWSKI, Z. T.; DENKHAUS, H. G.; VOGLER, U. W. Failure of fractured rock. *Int. J. Rock Mech. Min. Sci.*, v. 6, 1969. DOI: 10.1016/0148-9062(69)90009-6.

BVP ENGENHARIA. *Mapeamento geológico-geotécnico dos taludes da Mina de Alegria, cavas 1/2/6 e 3/4/5*. Relatório interno. Mariana (MG): Samarco Mineração S.A., 2009. 67 p.

CARNEIRO, S. R. C. *Caracterização mecânica e hidrogeológica dos maciços das cavas de Alegria Centro e Sul, Samarco Mineração S.A*. 161 f. Dissertação (Mestrado) – Departamento de Engenharia Civil, Universidade Federal de Viçosa, 2013.

CERCHAR – CENTRE D'ÉTUDES ET RECHERCHES DES CHARBONNAGES DE FRANCE. *The Cerchar abrasiveness index*. Verneuil, 1986.

DEERE, D. U. Technical description of rock cores for engineering purposes. *Rock Mechanics and Engineering Geology*, v. 1, n. 1, p. 16-22, 1963.

DEERE, D. U.; MILLER, R. P. *Engineering classification and index properties for intact rock*. Report AFWL-TR-65-116. New Mexico: Air Force Weapons Laboratory (WLDC); Kirtland Air Force Base, 1966.

DOBEREINER, L.; DURVILLE, J. L.; RESTITUIO, J. Weathering of the Massiac gneiss (Massif Central, France). *Bull. of the IAEG*, v. 47, 1993.

DONATH, F. A. Strength variation and deformational behavior in anisotropic rocks. In: JUDD, W. (Ed.). *State of stress in the Earth's crust*. New York: Elsevier, 1964. p. 281-300.

ERARSLAN, N.; WILLIAMS, D. J. Experimental, numerical and analytical studies on tensile strength of rocks. *Int. J. of Rock Mech. and Min. Sci.*, v. 49, p. 21-30, 2012.

FOURMAINTRAUX, D. Characterization of rocks: laboratory tests. In: MARC PARET et al. (Ed.). *La mécanique des roches appliquée aux ouvrages du génie civil*. Paris: École Nationale des Ponts et Chaussées, 1976.

FOWELL, R. J.; ABU BAKAR, M. Z. A review of the Cerchar and LCPC rock abrasivity measurement methods. In: CONGRESS OF THE INTERNATIONAL SOCIETY FOR ROCK MECHANICS – ISRM, 11., Lisbon, Portugal. *Proceedings...* London: Taylor & Francis, 2007. p. 155-160.

FRANKLIN, J. A.; CHANDRA, R. The slake durability test. *Int. J. of Rock Mech. and Min. Sci.*, v. 9, p. 325-328, 1972. DOI: 10.1016/0148-9062(72)90001-0.

FRANKLIN, J. A.; DUSSEAULT, M. B. Viscous, thermal and swelling behavior. In: FRANKLIN, J. A.; DUSSEAULT, M. B. *Rock engineering*. New York: McGraw-Hill, 1989. chap. 10.

GAMBLE, J. C. *Durability-plasticity classification of shales and other argillaceous rocks*. Thesis (Ph.D.) – University of Illinois, 1971.

GIANI, G. P. *Rock stability analysis*. Rotterdam: A. A. Balkema, 1992. ISBN: 9054101229.

GOODMAN, R. E. *Introduction to rock mechanics*. 2. ed. New York: John Wiley & Sons, 1989. 562 p.

GOODMAN, R. E. *Methods of geological engineering in discontinuous rocks*. St. Paul (MN): West Publishing, 1976. 472 p.

GRIFFITH, A. A. The phenomena of rupture and flow in solids. *Phil. Trans. R. Soc.*, v. 221, p. 163-198, 1921.

GRIMSTAD, E.; KANKES, K.; BHASIN, R.; MAGNUSSEN, A. W.; KAYNIA, A. *Rock mass quality used in designing reinforced ribs of sprayed concrete and energy absorption*. Oslo: Norwegian Geotechnical Institute, 2002. 18 p.

HENDERSON, P. J.; MCMARTIN, I.; HALL, G. E.; PERCIVAL, J. B.; WALKER, D. A. The chemical and physical characteristics of heavy metals in humus and till in the vicinity of the base metal smelter at Flin Flon, Manitoba, Canada. *Environmental Geology*, v. 34, p. 39-58, 1998.

HERRENKNECHT Tunnelling Systems. [s.d.]. Disponível em: <https://www.herrenknecht.com/en/products/tunnelling>. Acesso em: 2017.

HOEK, E. Brittle failure of rock. In: STAGG, K.; ZIENKIEWICZ, O. (Ed.). *Rock mechanics in engineering practice*. New York: John Wiley & Sons, 1968.

HOEK, E. Strength of jointed masses. *Géotechnique*, v. 33, n. 3, p. 187-223, 1983.

HOEK, E. Strength of rock and rock masses. *ISRM News J.*, v. 2, n. 2, p. 4-16, 1994.

HOEK, E.; BROWN, E. T. The Hoek-Brown failure criterion: a 1988 update. In: 15TH CANADIAN ROCK MECHANICS SYMPOSIUM, 1988, Toronto. *Proceedings*... [S.l.]: University of Toronto, 1988. p. 31-38.

HOEK, E.; BROWN, E. T. *Underground excavations in rock*. London: Institution of Mining and Metallurgy, 1980. 527 p.

HOEK, E.; FRANKLIN, J. A. Simple triaxial cell for field or laboratory testing of rock. *Trans. Inst. Min. Metall.*, v. 77, p. 22-26, 1968.

HOEK, E.; MARINOS, P. G. Predicting tunnel squeezing problems in weak heterogeneous rock masses. *Tunnels & Tunnelling International*, v. 132, n. 11, p. 45-51, 2000.

HOEK, E.; MARTIN, C. D. Fracture initiation and propagation in intact rock: a review. *Journal of Rock Mechanics and Geotechnical Engineering*, v. 6, n. 4, p. 278-300, 2014.

HOEK, E.; KAISER, P. K.; BAWDEN, W. F. *Support of underground excavations in hard rock*. Rotterdam: A. A. Balkema, 1995.

HOEK, E.; MARINOS, P.; BENISSI, M. Applicability of the geological strength index (GSI) classification for very weak and sheared rock masses. The case of the Athens Schist Formation. *Bulletin of Engineering Geology and the Environment*, v. 57, n. 2, p. 151-160, 1998.

HUDSON, J. A. *Rock mechanics principles in engineering practice*. CIRIA Ground Engineering Report. London: Butterworths, 1989. 72 p.

HUDSON, J. A.; HARRISON, J. P. *Engineering rock mechanics*. UK: Elsevier Science, 1997. DOI: 10.1016/B978-0-08-043864-1.X5000-9.

HUDSON, J. A.; BROWN, E. T.; FAIRHURST, C. Shape of the complete stress-strain curve for rock. In: SYMPOSIUM ON ROCK MECHANICS, 13., 1971, Urbana, Illinois, United States. *Proceedings*... New York: American Society of Civil Engineers, 1972.

ISRM – INTERNATIONAL SOCIETY OF ROCK MECHANICS. Suggested methods for the quantitative description of discontinuities in rock masses. *Intl. J. Rock Mech. Min. Sci. and Geomech. Abstr.*, v. 15, p. 319-388, 1981.

ISRM – INTERNATIONAL SOCIETY OF ROCK MECHANICS. *Suggested methods for rock characterization, testing and monitoring*: 2007-2014. ISRM; Springer, 2014. 292 p.

ISRM – INTERNATIONAL SOCIETY OF ROCK MECHANICS. *The complete ISRM suggested methods for rock characterization, testing & monitoring*: 1974-2006. (Ed. R. Ulusay; J. A. Hudson). Ankara, Turkey: Kozan Ofset Matbaacilik San. ve Tic. Ti., 2007. 628 p.

JAEGER, J. Friction of rocks and the stability of rock slopes. *Géotechnique*, v. 21, n. 2, p. 97-134, 1971.

JAEGER, J. Shear failure of anisotropic rocks. *Geol. Mag.*, v. 97, p. 65-72, 1960.

JAEGER, J. C.; COOK, N. G. W. *Fundamentals of rock mechanics*. 3. ed. London: Chapman & Hall, 1979. 593 p.

JENNINGS, J. D. Canyonlands-aborigines. *Naturalist*, v. 21, summer spec. issue 2, p. 10-15, 1970.

KÄSLING, H.; THURO, K. Determining the rock abrasivity in the laboratory. In: ISRM INTERNATIONAL SYMPOSIUM – EUROCK 2010, Lausanne, Switzerland. [S.l.]: ISRM, 2010. 4 p.

LADANYI, B.; ARCHAMBAULT, G. Évaluation de la résistance au cisaillement d'un massif rocheux fragmenté. In: INT. GEOLOGICAL CONGRESS, 24., Montreal, 13D. Anais... Montreal: [s.n.], 1972. p. 249-260.

LADANYI, B.; ARCHAMBAULT, G. Simulation of the shear behavior of a jointed rock mass. In: SYMPOSIUM ON ROCK MECHANICS (AIME), 11., 1970. Proceedings... [S.l.: s.n.], 1970.

LAMBE, T. W.; WHITMAN, R. V. *Soil mechanics*. New York: John Wiley & Sons, 1969.

LEÃO, M. F. *Comportamento geomecânico de frente de intemperismo em filito da região do Quadrilátero Ferrífero*. 188 f. Tese (Doutorado em Geologia) – Programa de Pós-Graduação em Geologia, Instituto de Geociências, Universidade Federal do Rio de Janeiro, Rio de Janeiro, 2017.

LOCZY, L.; LADEIRA, E. A. *Geologia estrutural e introdução à geotectônica*. [S.l.]: CNPq; Edgard Blücher, 1980. 528 p.

LOUIS, C. *A study of ground water flow in jointed rock and its influence on the stability of rock masses*. 1969. (Imperial College Research Report, n. 10).

MARCELINO, L. C. *Estudo de mecânica da fratura associada à alterabilidade em rochas básicas intrusivas do Quadrilátero Ferrífero – MG*. 95 f. Dissertação (Mestrado) – Departamento de Engenharia Civil, Universidade Federal de Viçosa, Viçosa, 2020.

MARINOS, P.; HOEK, E. Estimating the geotechnical properties of heterogeneous rock masses such as flysch. *Bulletin of Engineering Geology and the Environment*, n. 60, p. 85-92, 2001. DOI: 10.1007/s100640000090.

MARINOS, P.; HOEK, E. GSI: a geological friendly tool for rock mass strength estimation. In: GEOENG 2000 AT THE INTERNATIONAL CONFERENCE ON GEOTECHNICAL AND GEOLOGICAL ENGINEERING, Melbourne, 19-24 Nov. 2000. Proceedings... [S.l.: s.n.], 2000, p. 1422-1446.

MARINOS, V.; MARINOS, P.; HOEK, E. The geological strength index: applications and limitations. *Bull. Eng. Geol. Env.*, v. 64, p. 55-65, 2005.

MARQUES, E. A. G. *Caracterização geomecânica de um perfil de intemperismo em kinzigito*. 271 f. Tese (Doutorado) – Departamento de Geologia, Universidade Federal do Rio de Janeiro, Rio de Janeiro, 1998.

MARQUES, E. A. G. *Estudo da alteração e alterabilidade de alguns folhelhos e siltitos da Bacia Sedimentar do Recôncavo – Bahia*. Dissertação (Mestrado) – Departamento de Geologia, Universidade Federal do Rio de Janeiro, Rio de Janeiro, 1992.

MARQUES, E. A. et al. Weathering zones on metamorphic rocks from Rio de Janeiro – physical, mineralogical and geomechanical characterization. *Engineering Geology*, v. 111, n. 1-4, 2010.

MARQUES, E. A. G.; VARGAS, E. A. Jr.; ANTUNES, F. S.; DOBEREINER, L. A study of the durability of some shales, mudrocks and siltstones from Brazil. *Geot. Geol. Eng.*, v. 23, p. 321-348, 2005. DOI: 10.1007/s10706-004-1605-5.

MENEZES FILHO, A. P. *Aspectos geológico-geotécnicos de um perfil de alteração de gnaisse facoidal*. 229 f. Dissertação (Mestrado) – DEC/PUC-Rio, Rio de Janeiro, 1993.

MICHALAKOPOULOS, T; ANAGNOSTOU, V. G.; BASSANOU, M. E.; PANAGIOTOU, G. N. The influence of steel styli hardness on the Cerchar abrasiveness index value. *International Journal of Rock Mechanics and Mining Sciences*, v. 43, n. 2, p. 321-327, 2006. DOI: 10.1016/j.ijrmms.2005.06.009.

MINETTE, E. *Geologia de engenharia: glossário de termos técnicos*. Viçosa (MG): Universidade Federal de Viçosa, 1985. 43 p.

MOHAMAD, E. T.; SAAD, R.; NAZRN, N.; HAMZAH, N. N. B.; NORSALKINI, S.; TAN, S. N. M. A.; LIANG, M. Assessment on abrasiveness of rock material on the wear and tear of drilling tool. *Electronic Journal of Geotechnical Engineering*, v. 17, 2012.

MOYE, D. Engineering geology for the Snowy Mountains Scheme. *Journal of the Institution of Engineers*, Australia, v. 27, p. 287-298, 1955.

NAS – NATIONAL ACADEMY OF SCIENCES; NRC – NATIONAL RESEARCH COUNCIL. *Rock-mechanics research*. Pub. 1466. Washington, D.C., 1966.

ODA, M. Permeability tensor for discontinuous rock masses. *Géotechnique*, v. 35, n. 4, p. 483-495, 1985.

OLIVIER, H. J. Some aspects of the engineering geological properties of swelling and slaking mudrocks. In: INT. IAEG CONGRESS, 6. *Proceedings...* Rotterdam: A. A. Balkema, 1990. v. 1, p. 707-712.

PALMSTROM, A. Measurements of and correlations between block size and rock quality designation (RQD). *Tunnels and Underground Space Technology*, v. 20, p. 362-377, 2005.

PATTON, F. D. Multiple modes of shear failure in rocks. In: CONG. ISRM, 1., 1966, Lisbon. *Proceedings...* [S.l.: s.n.], 1966. v. 1, p. 509-513.

PLINNINGER, R. J.; RESTNER, U. Abrasivity testing, Quo Vadis? – a commented overview of abrasivity testing methods. *Geomechanik und Tunnelbau*, v. 1, p. 61-70, 2008.

PLINNINGER, R. J.; KÄSLING, H.; THURO, K. Wear prediction in hard rock excavation using Cerchar Abrasiveness Index (CAI). In: ISRM REGIONAL SYMPOSIUM – EUROCK 2004 & 53rd GEOMECHANICS COLLOQUY, Salzburg, Austria. *Proceedings...* Essen: Glückauf, 2004. 6 p.

POIATE Jr., E. *Mecânica das rochas e mecânica computacional para projeto de poços de petróleo em zonas de sal*. Tese (Doutorado). Programa de Pós-Graduação em Engenharia Civil, Pontifícia Universidade Católica, Rio de Janeiro, 2012. 2 v.

POULOS, H. G.; DAVIS, E. H. *Elastic solutions for soil and rock mechanics*. [S.l.]: John Wiley & Sons, 1973. 411 p.

QUADROS, E. de F. *A condutividade hidráulica direcional dos maciços rochosos*. Tese (Doutorado) – Escola Politécnica, Universidade de São Paulo, 1992.

QUADROS, E. de F. *Determinação das características do fluxo de água em fraturas de rochas*. Dissertação (Mestrado) – Escola Politécnica, Universidade de São Paulo, 1982.

REICHMUTH, D. R. Correlation of force-displacement data with physical properties of rock for percussive drilling systems. In: SYMPOSIUM ON ROCK MECHANICS, 5., 1963. *Proceedings...* New York: Pergamon Press, 1963.

RUXTON, B. P.; BERRY, L. Weathering of granite and associated erosional features in Hong Kong. *Bull. Geol. Soc. Amer.*, v. 68, p. 1263-1292, 1957.

SMITH, J. V. Self-stabilization of toppling and hillside creep in layered rocks. *Engineering Geology*, v. 196, p. 139-149, 2015. DOI: 10.1016/j.enggeo.2015.07.008.

SOARES, E. P. *Caracterizações geotécnica e mineralógica de um filito dolomítico do Quadrilátero Ferrífero com vistas ao estudo de estabilidade de taludes incorporando a sucção*. Tese (Doutorado) – Departamento de Engenharia Civil, Universidade Federal de Viçosa, Viçosa, 2008.

SOMMERS, G. F. Foundation problems of residual soils. In: INTERNATIONAL CONFERENCE ON ENGINEERING PROBLEMS OF RESIDUAL SOILS, Beijing, China. *Proceedings...* Beijing: [s.n.], 1988. p. 154-171.

SUANA, M.; PETERS, Tj. The Cerchar Abrasivity Index and its relation to rock mineralogy and petrography. *Rock Mechanics*, v. 15, p. 1-8, 1982. DOI: 10.1007/BF01239473.

TALOBRE, J. *Mécanique des roches*. Paris: Dunod, 1957.

TAYLOR, R. K. Swelling strain development in sedimentary rock in northern New York. *Int. J. Rock Mech. Min. Sci.*, v. 7, p. 481-501, 1979.

TAYLOR, R. K.; CRIPPS, J. C. Mineralogical controls on volume change. In: ATTEWELL, P. B.; TAYLOR, R. K. (Ed.). *Ground movements and their effects on structures*. Glasgow: Blackie, 1984. p. 268-302.

TEIXEIRA, W. et al. *Decifrando a Terra*. São Paulo: Oficina de Textos, 2000.

THURO, K.; KÄSLING, H. Classification of the abrasiveness of soil and rock. *Geomechanik und Tunnelbau*, v. 2, p. 179-188, 2009.

TIMOSHENKO, S. P.; GOODIER, J. N. *Teoria da elasticidade*. 3. ed. Rio de Janeiro: Guanabara Dois, 1980. 545 p.

VAN EECKHOUT, E. M. The mechanisms of strength reduction due to moisture in coal mine shales. *Int. J. Rock Mech. Min. Sci. & Geomech. Abst.*, v. 13, p. 61-67, 1976.

VARGAS Jr., E. A.; NUNES, A. L. L. S. *Noções de mecânica das rochas*. Notas de aula. Rio de Janeiro: PUC/RJ, 1992. 191 p.

VARNES, D. J. Slope movement types and processes. In: SCHUSTER, R. L.; KRIZEK, R. J. (Ed.). *Landslides*: analysis and control. Washington: National Academy of Sciences, 1978. p. 11-33.

VERHOEF, P. N. W. *Wear of rock cutting tools*: implications for the site investigation of rock dredging projects. Rotterdam: A. A. Balkema, 1997. 327 p.

WEST, G. Rock abrasiveness testing for tunnelling: technical note. *Int. J. of Rock Mechanics and Mining Sciences*, v. 26, n. 2, p. 151-160, 1989.

WINKLER, S.; MATTHEWS, J. A. Comparison of electronic and mechanical Schmidt hammers in the context of exposure age dating: Are Q- and R- values interconvertible? *Earth Surface Processes and Landforms*, v. 39, n. 8, p. 1128-1136, 2014. DOI: 10.1002/esp.3584.